JN233581

講座 情報をよむ統計学 3

統計学の数理

上田尚一 著

朝倉書店

講座「情報をよむ統計学」
刊行の辞

情報化社会への対応　情報の流通ルートが多様化し，アクセスしやすくなりました．誰もが簡単に情報を利用できるようになった … このことは歓迎してよいでしょう．ただし，玉石混交状態の情報から玉を選び，その意味を正しくよみとる能力が必要です．現実には，玉と石を識別せず誤用している，あるいは，意図をカムフラージュした情報に誘導される結果になっている … そういうおそれがあるようです．

　特に，数字で表わされた情報については，数値で表現されているというだけで，正確な情報だと思い込んでしまう人がみられるようですね．

情報のよみかき能力が必要　どういう観点で，どんな方法で計測したのかを考えずに，結果として数字になった部分だけをみていると，「簡単にアクセスできる」ことから「簡単に使える」と勘違いして，イージィに考えてしまう … こういう危険な側面があることに注意しましょう．

　数値を求める手続きを考えると，「たまたまそうなったのだ」という以上にふみこんだ言い方はできないことがあります．また，その数字が正しいとしても，その数字が「一般化できる傾向性と解釈できる場合」と，「調査したそのケースに関することだという以上には一般化できない場合」とを，識別しなければならないのです．

その基礎をなす統計学　こういう「情報のよみかき能力」をもつことが必要です．また，情報のうち数値部分を扱うには，「統計的な見方」と「それに立脚した統計手法」を学ぶことが必要です．

　この講座は，こういう観点で統計学を学んでいただくことを期待してまとめたものです．

　当面する問題分野によって，扱うデータも，必要とされる手法もちがいますから，そのことを考慮に入れる … しかし，できるだけ広く，体系づけて説明する … この相反する条件をみたすために，いくつかの分冊にわけています．

まえがき

このテキストの主題　このテキストでは，データ解析の手法として広く使われている「回帰分析」を例にとって解説します．

　まず，回帰分析の**原理とその数理構成**を，第1章，第2章で説明します．この部分は多くのテキストで取り上げられていますが，それだけでは実際の問題を扱えません．

　数理は，あるモデルを想定できることを前提として展開されていますから，それを適用するには，まずどんなモデルを想定するかという問題があります．このような，**適用上の問題**についてくわしく解説するのがこのテキストのねらいです．

このテキストの構成　適用前の問題としては，**説明変数の選び方**があります．この問題について，種々の注意点を体系づけて説明します（第3章）．また，どんなデータにも多数部分と一緒には扱えない外れ値が混在している可能性がありますから，それらが混在しているときの影響の評価法，あるいは，それらの影響を受けにくい方法について，第8章で説明します．

　また，計算によってどんなことがわかったかを説明する場面 … いわば数理を適用した後の問題についても，各説明変数の影響度を計測するなど，数理的な手法を適用できることを説明します（第4章）．

　適用という意味では，当然，扱うデータのタイプに応じて考えるべき注意点があり，それをくわしく説明しているのがこのテキストの特徴でしょう．

　第5章では，統計調査の結果などの**集計データ**を扱う場合について，それぞれのデータのサイズが異なることへの対応など，いくつかの見過ごされている問題を取り上げています．

　第6章では，**時系列データ**を扱う場合に，ある時点における状態を表わす変数と，ある期間における変化を表わす変数を区別して現象を説明できることを示し，次の第7章では，その見方を入れた「時間的推移の分析」の典型例とし

て，成長現象に関するロジスティックカーブについて説明します．

このテキストの説明方法　このテキストでは，**実際の問題解決に直結**するように，適当な実例を取り上げて説明しています．数理を解説するのですが，その数理がなぜ必要となるのか，そうして，数理でどこまで対応でき，どこに限界があるのか … そこをはっきりさせるために選んだ実例です．

実際の問題を扱いますから，コンピュータを使うことを前提としています．

学習を助けるソフト　このシリーズでは，そういう学習を助けるために，第9巻『統計ソフト UEDA の使い方』にデータ解析学習用として筆者が開発した**統計ソフト UEDA** (Windows 版 CD-ROM) を添付し，その解説を用意してあります．

分析を実行するためのプログラムばかりでなく，手法の意味や使い方の説明を画面上に展開するプログラムや，適当な実例用のデータをおさめたデータベースも含まれています．

これらを使って，
　　　テキスト本文をよむ
　　　　　→ 説明用プログラムを使って理解を確認する
　　　　　→ 分析用プログラムを使ってテキストの問題を解いてみる
　　　　　→ 手法を活用する力をつける
　　　　　→ …

という学び方をサポートする「学習システム」になっているのです．

このテキストと一体をなすものとして，利用していただくことを期待しています．

　　2002 年 10 月

上 田 尚 一

目　　次

1. 回帰分析 ———————————————————— 1
　　1.1　傾向性と個別性　1
　　1.2　傾向線の求め方　2
　　1.3　傾向線の有意性判定　2
　　1.4　回帰分析とは　3
　　　問　題　1　6

2. 回帰分析の基本 ———————————————— 8
　　2.1　回帰分析の構成　8
　　2.2　最小2乗法の数理　16
　　2.3　適用上の問題　19
　　2.4　一般線形モデル　21
　　2.5　回帰分析の計算手順　24
　　2.6　回帰分析の進め方　30
　　2.7　残差プロット　34
　　2.8　補足：回帰推定値の確率論的性質　38
　　　問　題　2　41

3. 分析の進め方 ——— 説明変数の取り上げ方 ——————— 46
　　3.0　問題例　46
　　3.1　説明変数選択と分散分析　49
　　3.2　アウトライヤーの影響　54
　　3.3　説明変数の変換　56
　　3.4　説明変数の追加，変更　57
　　3.5　説明変数の細分　60
　　3.6　質的変数の扱い(数量化)　62
　　3.7　数量データの再表現(数量化)　66
　　　問　題　3　71

4. 回帰分析の応用 ——— 75

4.1 被説明変数に対する寄与度・寄与率の計算　75
4.2 平均値対比における混同効果の補正　78
4.3 回帰推定値における混同効果の補正　81
4.4 相関係数における混同効果の補正　82
4.5 分析例　84
　問題 4　88

5. 集計データの利用 ——— 91

5.0 この章の問題　91
5.1 集計データとそのタイプ　92
5.2 決定係数の解釈　94
5.3 値域区分の仕方とウエイトづけ　97
5.4 第三の変数の影響への考慮　101
　問題 5　106

6. 時系列データの見方 ——— 108

6.1 季節性とトレンドの分離　108
6.2 タイムラグ　119
6.3 変化の説明　124
6.4 レベルレート図　130
6.5 レベルレート図上での直線　134
　問題 6　139

7. 時間的推移の分析 ——— 142

7.1 成長曲線のモデル —— ロジスティックカーブ　142
7.2 ロジスティックカーブ(一般型)　145
7.3 成長曲線のパラメータ推定　147
7.4 ロジスティックカーブの適用例　149
7.5 モデル選定の考え方　160
　問題 7　163

8. アウトライヤーへの対処 ——— 166

8.1 観察単位の異質性　166
8.2 ハット行列　168
8.3 残差プロット　170

8.4　補足：影響分析　175
　　　8.5　補足：回帰推定値に対する影響分析　176
　　　8.6　加重回帰（ロバスト回帰）　178
　　　　問　題　8　184

9.　2変数の関係要約──────────────────── 186
　　　9.1　平均的傾向を表わす線の求め方（1線要約）　186
　　　9.2　傾向を拾い上げる　188
　　　9.3　ひろがり幅を示す（3線要約）　190
　　　　問　題　9　193

付　　録　194
　　　A．分析例とその資料源　194
　　　B．付表：図・表・問題の基礎データ　196
　　　C．統計ソフト UEDA　217

索　　引　219

◉ **スポット**
　　　EDA と CDA　　5
　　　予　測　　109
　　　dirty data の cleaning　　157
　　　システムダイナミックス　　165

◉ **プログラム**
　　　DATAIPT の使い方　　44
　　　DATAEDIT の使い方（キイワードの挿入）　　45
　　　VARCONV の使い方（1）　　73
　　　VARCONV の使い方（2）　　140

《シリーズ構成》

1. 統計学の基礎 ……………………… どんな場面でも必要な基本概念.
2. 統計学の論理 ……………………… 種々の手法を広く取り上げる.
3. 統計学の数理 ……………………… よく使われる手法をくわしく説明.
4. 統計グラフ ………………………… 情報を表現し,説明するために.
5. 統計の活用・誤用 ………………… 気づかないで誤用していませんか.
6. 質的データの解析 ………………… 意識調査などの数字を扱うために.
7. クラスター分析 …………………… ⎤ 多次元データ解析とよばれる
8. 主成分分析 ………………………… ⎦ 手法のうちよく使われるもの.
9. 統計ソフト UEDA の使い方 …… 1~8 に共通です.

1

回　帰　分　析

　このテキストで説明しようとすること，および，説明のスタンスのあらましを示しておきます．くわしくは次章以降で解説していきますが，要は，回帰分析などの統計手法を「現象を説明する手段として考えていく」ということです．

▷ 1.1　傾向性と個別性

① 2つの変数 X, Y が次のように10個の観察単位について観察されているものとしましょう．X, Y の観察値が対になっていることに注意してください．

表 1.1.1 (X, Y) の観察値

データ番号	1	2	3	4	5	6	7	8	9	10
Y	1.3	1.5	1.2	1.8	1.5	1.4	1.8	1.8	1.7	1.7
X	3.4	3.6	3.5	3.9	4.0	4.1	4.2	4.4	3.7	4.1

② この例のように，X, Y の情報が対の形になっている場合，次ページの図1.1.2のように平面上の点の位置で図示することができます．また，この例については，点の分布がほぼ直線に沿っていることから，この傾向性を表わす線をえがいてよいでしょう．いいかえると，傾向性を傾向線で表わすことができるのです．
　そうして，点の分布が「左下から右上方向に散布している」ことから，「X が大きくなると Y が大きくなる」という傾向を見出すことができます．
　当然のことをいっているようですが，基礎データの情報のうちの「傾向性」に注目しているのだということを，はっきり意識してください．
　また，傾向線では表現されない部分があることに注意しましょう．それを「個別性」とよぶことにしましょう．

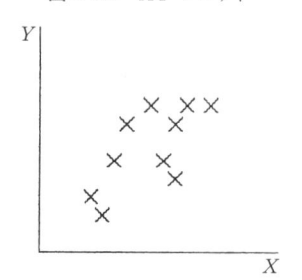

図 1.1.2 XY プロット　　**図 1.1.3** 傾向性と個別性を識別

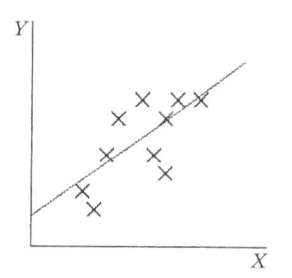

　図 1.1.3 のように傾向線を書き込むことは，データのもつ情報を
　　　データ全体を通してみたときに検出される「傾向性」
　　　それによっては説明されない「個別性」
とわけてみることを意味します．そのことを目的として，傾向線（場合によっては直線以外の線でもよい）を求めるのです．個別性の小さい問題分野なら傾向線に注目してよいのですが，個別性の大きい問題分野がありますから，まず，プロットして，傾向性・個別性の大きさを把握するのです．

▷1.2　傾向線の求め方

　①　「傾向線の求め方」についてはまだ言及していません．データの見方などに応じて考えるべきことですが，よく採用されるのは，図 1.2.1 に示すように各点と傾向線のへだたり (D_I) を測るものとし，その分散 $(1/N)\sum D_I{}^2$ が最小になるように定めるという原理です．これを「最小 2 乗法」とよびます．

　ただし，これが唯一ではありません．また，それを適用するにあたって必要な前提がありますから，順を追って説明していきます．

図 1.2.1 傾向線の求め方

　②　また，Y の値の大小を 1 つの変数 X で説明できるとは限りません．最小 2 乗法の数理は，2 つ以上の変数（説明変数）を組み合わせて使う方向に拡張できますが，どんな変数をいくつ使うかは，数理の枠内で決まることではありません．個々の問題ごとに，考えるべきことです．

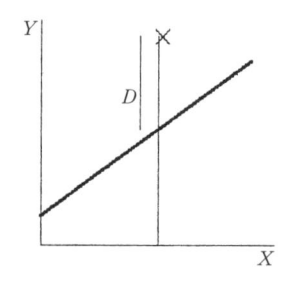

▷1.3　傾向線の有意性判定

　①　どんな方法を採用したときにも，傾向線を使うことの有意性を測ることが必要

です．そのためには，上掲の分散が

　　　「傾向値を基準とした分散」……残差分散とよばれる

であることから，傾向線を使わなかった場合の分散，すなわち

　　　「全体での平均値を基準とした分散」……全分散とよばれる

と比べた減少率に注目します．これを「決定係数」とよびます．すなわち

$$\text{決定係数} = 1 - \frac{\text{残差分散}}{\text{全分散}}$$

です．

② この値が大きければ，その傾向線を使ってデータの変動を十分説明できると了解できます．

この値が小さいときには，その傾向線では十分説明できないということですから，傾向線の求め方をさらに工夫しましょう．ただし，個別性が大きいので「どんな方法で傾向線を求めても傾向性を見出せない場合」がありうることに注意しましょう．そういう場合には，決定係数は大きくなりえません．

以上が，回帰分析の数理 (第2章) です．

▶1.4　回帰分析とは

① 回帰分析の数理とことわったのは，それを現実の問題に適用する場面に関して種々の考えるべき点があるからです．

このテキストでは，これらの点を含めて，傾向線を求める数理と実際問題への適用の接点に関して，くわしく説明していきます．

② Y (被説明変数) の値の変動を説明するために，それと関連をもつとみられる別の説明変数 $(X_I, I=1, \cdots, K)$ を使って関係式 $Y = A + \sum B_I X_I$ を見出す … そのための手法が回帰分析ですが，現実の問題に適用しようとすると，説明変数の選び方と観察単位の選び方など「運用の仕方」として考えるべき問題があります．そうして，それが結果を左右します．

したがって，候補となる変数と観察単位の範囲を広く取り上げ，データセット X_{In} $(I=1, \cdots, K, n=1, \cdots, N)$ から「説明変数をどう選ぶか，またはどれを外すか」，あるいは，「観察単位をどう選ぶか，またはどれを外すか」を検討するステップをおりこむことが必要です (第3章)．

この検討なしに多くの変数を含めた場合，推定精度が落ちるなど推定上の問題が発生しますが，問題はそれだけではありません．計算上解が得られても，それをどう解釈するかという難問があります．

③ 基礎データのタイプも考慮しなければなりません．

たとえば，基礎データが「すべてが同じ条件下で求められた情報」だといいにくいため，すべてを使うよりも「ある範囲に限定する方がよりよく説明できる」場合があ

るものです．

　また，ひとつひとつの観察単位に対応する個別データではなく，それを集計する手順を経て求められた集計データや，年次区分に対応するデータなど，タイプに応じて適用の仕方を考えることが必要です．

表 1.4.1 区別すべきデータタイプ

観察単位番号 1 2 3 …
変数

集計区分番号 1 2 3 …
変数

いくつかの観察単位からなる集計区分に対応する場合

年次番号 1 2 3 …
変数

集計区分が系列に対応する場合

　多くの手法では「個別データを使えることを暗黙の前提」としていますが，集計データや時系列データを扱う場合にはそれぞれ特有な手法が，種々，展開されています（第5章，第6章）．

　特に，時系列データについては，「時間的変化を説明する」という観点でモデルを想定することが必要です（第7章）．

　④ 観察値の性質について「ある前提をおけば」数理としてはきれいな形にまとめられる「最小2乗法」ですが，適用する問題分野によっては，その前提が成り立っているとはいいにくいので，その前提をゆるめた状態で適用できる「頑健性」のある手法を組み立てるとか，対象データ中に含まれる「アウトライヤー」，すなわち傾向性から外れたデータを検出する機能をおりこむなど，種々の対応策が提唱されています．

　⑤ 説明変数や観察単位の範囲をどう決めるかは，手法の数理の枠外であり，手法の適用上の問題として考えよ … こういう言い方は，不適当です．「手法を適用して現実の問題を解決しよう」とするなら，数理と適用をわけて考えることはできません．数理の方も，こういう問題を「数理の枠内に取り込む」方向で拡張する試みが，たとえば「回帰診断」とか「影響分析」として展開されています（第8章）．

　こういう話題は，入門書では取り上げないのが普通ですが，手法の適用という意味では必要かつ重要な点です．

　⑥ ただし，どんな場合にも通用する形にはなっていませんから，まず，
　　　ありのまま図示することによってデータの特性を客観的に把握する …
こういう原則にたった手法に注目しましょう（第9章）．

　⑦ このテキストでは，広い観点をとっているにしても，回帰分析に焦点をあてていきます．現象を説明するための手法という意味では，回帰分析以外に種々の手法があります．それらの手法を幅広く取り上げて解説したテキスト（本シリーズ第2巻『統計学の論理』）を別に用意してありますから，それも参照するとよいでしょう．

EDAとCDA

　回帰分析に関する解説で「データのあてはめ」という表現や「傾向線を求める」という表現を使うことがあります．わかりやすく説明するという趣旨で使う…それでよいのですが，回帰分析を適用する場面や適用方針に立ち入って考える場合には，区別したくなる点があります．

　どんな場合にも「基礎データと合致しているか否か」をみるとともに，それによって「現象を説明する」ことを考えるのですが，

　　a. 説明は後のこととし，
　　　まず「基礎データをありのまま把握する」ことを考える

という使い方をする場合と

　　b. まず説明の仕方を考えて傾向線のタイプに関する「モデルを想定し」
　　　データを使って「想定されたタイプに属する傾向線を特定する」

という使い方をする場合を区別しましょう．

　たとえば，アウトライヤー（外れ値）の扱い方でちがいが出てきます．

　aの立場では，アウトライヤーが他と離れている，よって，その理由を調べようと，他の多数部分と同等の注意を向けます．

　bの立場では，（それが少数なら，）想定された傾向から外れた例外値だから，それを除外して傾向線を求めようという方向に進みます．

　これらの立場を，それぞれ「データ主導型」，「仮説主導型」とよぶことにしましょう．手法の組み立て方や適用の仕方でも，

　　「探索的データ解析」（exploratory data analysis … EDA と略称）
　　「検証的データ解析」（confirmatory data analysis … CDA と略称）

と区別されます．

● 問題 1 ●

問1 プログラム REG00 は，このテキストの主題である回帰分析のあらましの説明をパソコンの画面に表示します．よんでください．

  注：UEDA の使い方はシリーズ第 9 巻に詳述していますが，このプログラムについては，アイコンをクリックしてメニューを表示し，まず 4（区分番号），次に 1（プログラム REG00 の番号）を入力するだけです．

   説明文が自動的に表示されます．区切りで静止状態になったときには Enter キイをおします．

問2 手元にある（または利用できる）統計学のテキストについて，次の語の解説が含まれているか調べよ．

  a．最小 2 乗法，b．変数選択，c．回帰診断，d．アウトライヤーまたは外れ値，e．仮説検定，f．確率，g．行列，h．ロジスティックカーブ

  注：このテキストでは，a, b, c, d, h を解説しています．このうち c は，初級のテキストでは取り上げないのが普通ですが，このテキストでは，その意義を解説しています．f, g は，必ずしも必要ではないので，このテキストでは（一部の箇所を除き）使っていません．

問3 問 2 のテキストで「回帰分析の例題」を示している場合，次のタイプのデータを取り上げているか調べよ．

  a．ひとつひとつの観察単位に対応する「個別データ」
  b．一連の区分に対応する平均値の「系列データ」
  c．年あるいは月などの区分に対応する「時系列データ」

  注：扱うデータのタイプによって，手法の適用の仕方に特別な注意が必要となりますから，種々のタイプのデータを取り上げて学習することが必要です．このテキストでは，このことを重視しています．また，UEDA には種々のタイプのデータを収録したデータベースを添付してあります．

問4 統計計算のために利用できるソフトがある場合，次のプログラムが含まれているか調べよ．

  a．回帰式の適合度を示す決定係数
  b．説明変数の自動選択
  c．2 変数の関係を示すグラフ
  d．残差と推定値の関係を示すグラフ

e. 非線形モデルについての逐次近似計算
   f. ハット行列
   注：このテキストに沿った学習をするためには，a, c, d の機能をもつ統計ソフトを使うと有効です．このシリーズには，そういう学習用ソフト UEDA が用意されています．また，各章末の問題にはこのソフトを使うことを想定したものが含まれています．

問題について

(1) 問題の中には，UEDA のプログラムを使って，テキスト本文での説明を確認するための問題や，テキストで使った説明例をコンピュータ上で再現するものなどが含まれています．
　　したがって，UEDA のプログラムを使うことを想定しています．
(2) UEDA の使い方については，本シリーズの第 9 巻『統計ソフト UEDA の使い方』を参照してください．
(3) 問題文中でプログラム○○という場合，UEDA のプログラムを指します．
(4) 多くのデータは，UEDA のデータベース中に収録されています．そのファイル名は，それぞれの付表に付記されていますが，それをそのまま使うのでなく，いくつかのキイワードを付加したものを使うことがありますから，問題文中に示すファイル名を指定してください．
(5) 付表には，収録したデータを識別するために X1, X2, …, などの変数記号をつけた場合があります．問題文でも同様の記号を使っていますが，それは，適用する方法やプログラムとの関係を考えた記号ですから，付表の記号と一致するとは限りません．したがって，付表のデータを参照するときには，変数記号ではなく，変数名によって照合してください．
(6) プログラム中の説明文や処理手順の展開が，本文での説明といくぶんちがっていることがありますが，判断できる範囲のちがいです．
(7) コンピュータで出力される結果の桁数などが本文中に表示されるものとちがうことがあります．

2 回帰分析の基本

回帰分析の適用にあたって必要な手順は，計算部分だけでなく，モデルの想定，結果の解釈を含めて考えることが必要です．この章では，この手順のあらましを説明します．

▶2.1 回帰分析の構成

① Y（被説明変数）の値の変動を説明するために，それと関連をもつとみられる別の変数 X（説明変数）を使って，傾向線，たとえば $Y=A+BX$ を見出す…そのための手法が回帰分析ですが，もちろん，説明変数の数や傾向線のタイプについての限定をゆるめて，もっと広い場面でも適用できます．一般化していうと，そのために必要な手続きは，

a. X, Y の関係を調べ，どんな型の傾向線を想定しうるか判断すること．
b. 想定された型の傾向線を，データに合致するよう特定すること．
c. データとの合致度によってその傾向線の有効度を評価すること．
d. その傾向線で事態を説明すること．

を含んでいます．このうちbとcが数理的な手法として取り扱われる部分で，それを説明するのがこの節です．

ただし，このテキストで回帰分析という場合は，a, dの部分を含むものと了解してください．b, cの部分だけを指すときには回帰分析の数理ということにします．

数理の前後にあるa, dは，数理として抽象化される部分b, cと，問題ごとに具体的に扱う部分との接点にあたり，それぞれの問題分野における理論や知識を参照して考察を進めます．また，たとえば傾向線の型や説明変数をしぼっていく手続きやデータの中に含まれるアウトライヤーを検出する手続きなど，数理と密接につながる重要な問題点がありますから，後の節でふれます．

② 回帰分析の数理の部分は，

"データと照合し，それと最もよく合致するように定める"
という形で，数学の問題として扱うことができます．すなわち，
　　　(X, Y) の値が $(X_1, Y_1), (X_2, Y_2), \cdots$ として，N 組得られているとき，
　　　これらの情報にもとづいて，関係式 $Y=f(X)$ を定める
という問題です．ただし，たいていの場合 $f(X)$ として
　　　いくつかのパラメータを含む関数形 (モデル) を想定し，
　　　そのパラメータを定める問題
におきかえて扱います．たとえばモデルとして $Y=a+bX$ を想定する場合は a, b がパラメータです．

求めた関係式によって Y と X の関係 (傾向) を説明しようという意図ですから，Y を被説明変数，X を説明変数とよびます．

③　この意図からいうと
　　　Y の観察値 Y_n と，傾向値 $Y_n{}^*$ とができるだけ近い方がよい
といえます．したがって，傾向値 $Y_n{}^*$ を基準として測った偏差 $Y_n-Y_n{}^*$ に注目して，その一種の平均である分散

$$V_{Y|X} = \frac{\sum(Y_n-Y_n{}^*)^2}{N}$$

の大きさ (小さい方がよい) をみるのです．Y の値だけしか使えない場合は，平均値 $\bar{Y}$ を基準として測った偏差 $Y_n-\bar{Y}$ に注目し，その分散

$$V_Y = \frac{\sum(Y_n-\bar{Y})^2}{N}$$

を使うことになりますが，この節の問題は，Y のほかに X の観察値を使える場合です．当然，X を使わない場合よりもよい基準を見出せるはずです．たとえば，Y と X の関係を表わす傾向線を探究し，その傾向値 $Y_n{}^*$ を基準値とした場合の分散によって，想定した基準の有効度を測るのです．

◆注1　分散 $V_{Y|X}$ あるいは V_Y の定義式の分子を偏差平方和とよび，S と表わします．分散の定義で偏差平方和 S を N でわることに関して，$N-1$ や $N-K-1$ (K は説明変数) でわることが考えられます．2.2節で説明します．

◆注2　このテキストでは，上下に添字をつけた記号を使いますが，その記号にはある意味をもたせています．たとえば，添字中の「|」はその後ろが条件であることを表わします．また，$\bar{Y}$ の上の線は平均値を表わし，Y^* の上つきの「*」は，ある意味での標準値を表わします．

④　「説明変数 X を使わない場合と比べて X を使う方がよい」のは当然ですが，どの程度の改善かが問題になります．また，X を使うにしても，使い方によって有効度に差が生じます．したがって，まず Y と X の関係を観察し，想定すべき関数型を検討することが必要となるのですが，それは後の節で考えることとし，この節では，被説明変数 Y と説明変数 X との関数関係 $Y=f(X)$ が与えられた後の数理を説

明します。

⑤ 想定した傾向線を $Y=f(X)$ と表わしましょう。したがって，この関係式 $f(X)$ による "Y の計算値" を基準として残差を測り，分散（残差分散）

$$V_{Y|X} = \frac{\sum(Y_n - f(X_n))^2}{N} \tag{1}$$

を求めます。その値は，Y の平均値を基準とした場合の分散 V_Y（全分散）と比べると $V_{Y|X} \leq V_Y$ が成り立ちますから，減少率

$$R^2 = 1 - \frac{V_{Y|X}}{V_Y} \tag{2}$$

すなわち，決定係数を指標として，想定した関係式の有効性を評価するのです。あるいは，有効な関係式を探索していくのです。たいていの場合は，関係式として，いくつかのパラメータを含む型を想定し，その範囲で最適なパラメータをみつけることを考えます。

◆注 (2)式は，$R^2 = 1 - S_{Y|X}/S_Y$ としても同じです。ただし，分散の見積もりであり，前ページ注1で付記した「自由度でわる扱い」を採用している場合には，ちがってきます。この扱いをした場合を "自由度調整ずみの決定係数" とよびます。
　このことに関しては，2.8節でさらに補足します。

⑥ 関係式の想定基準としては，式の形の簡明さも大切な要件です。
　"できるだけ簡単な形で，しかも，分散が小さくなる"
ものを探索する方針をとるのです。
　簡明さという意味では，直線で表わされる関係

$$Y = a + bX \tag{3}$$

が，第一候補です。まずこの範囲で考えましょう。
　この範囲でも a, b の選び方に応じて種々の直線がありえます。その中で，データに最もよく合致するものを選びます。
　ただし，データ (X_I, Y_I) の平均値 $(\bar{X}, \bar{Y})$ の位置を通るという条件下で考えるのが自然です。この条件下では，$\bar{Y} = a + b\bar{X}$ が成り立ちますから，関係式

$$Y = \bar{Y} + b(X - \bar{X}) \tag{4}$$

を想定し，その範囲で，b の選び方を考える問題に帰着します。

⑦ Y の残差分散を表わす(1)式にこの関係を代入すると，

$$V_{Y|X} = \frac{\sum((Y_I - \bar{Y}) - b(X_I - \bar{X}))^2}{N}$$

となりますが，さらに書き換えて，

$$V_{Y|X} = V_{YY} - 2bV_{XY} + b^2 V_{XX}$$

と表わすことができます。
　ここで，V_{XX}, V_{XY}, V_{YY} は，

$$V_{XX} = S_{XX}/N, \quad S_{XX} = \sum(X_I - \bar{X})(X_I - \bar{X})$$

$$V_{XY} = S_{XY}/N, \quad S_{XY} = \sum(X_I - \bar{X})(Y_I - \bar{Y})$$
$$V_{YY} = S_{YY}/N, \quad S_{XX} = \sum(Y_I - \bar{Y})(Y_I - \bar{Y})$$

と定義される指標です．X の偏差，Y の偏差を測る V_{XX}, V_{YY} すなわち分散に対し

図 2.1.1 回帰分析の計算手順

X_n, Y_n の平均値 $\bar{X}, \bar{Y}$ の計算	$S_X = \sum X_n, \quad \bar{X} = S_X/N$ $S_Y = \sum Y_n, \quad \bar{Y} = S_Y/N$
$\bar{X}, \bar{Y}$ を基準とする偏差 DX_n, DY_n の計算	$DX_n = X_n - \bar{X}$ $DY_n = Y_n - \bar{Y}$
X_n, Y_n の偏差積和と分散・共分散の計算	$S_{XX} = \sum DX_n DX_n, \quad V_{XX} = S_{XX}/N$ $S_{XY} = \sum DX_n DY_n, \quad V_{XY} = S_{XY}/N$
回帰式の係数 a, b の計算	$b = V_{XY}/V_{XX}$ $a = \bar{Y} - b\bar{X}$
回帰式による傾向値 Y_n^* の計算	$Y_n^* = a + bX_n$
残差 $Y_n - Y_n^*$ の計算	$e_n = Y_n - Y_n^*$
残差平方和および残差分散の計算	$S_{Y\mid X} = \sum e_n^2, \quad V_{Y\mid X} = S_{Y\mid X}/N$ （別法）$V_{Y\mid X} = V_{YY} - bV_{XY}$
決定係数(分散の減少率)の計算	$R^2 = (V_{YY} - V_{Y\mid X})/V_{YY}$

b の算式は次のように理解することができます．
傾向線として $(\bar{X}, \bar{Y})$ を通るものの範囲で考えることから
$$Y_n - \bar{Y} = b(X_n - \bar{X})$$
いいかえると，傾向線上では，傾斜 $b_n = (Y_n - \bar{Y})/(X_n - \bar{X})$ は一定です．

したがって，b は，b_n の平均として求めます．ただし，$(\bar{X}, \bar{Y})$ に近いものは直線の傾斜を定めるために大きい誤差をもたらしますから，その影響が小さくなるように，$W_n = (X_n - \bar{X})^2$ をウエイトとする加重平均を使うものとします．

したがって，
$$b = \frac{1}{\sum W_I} \sum W_I \frac{Y_n - \bar{Y}}{X_n - \bar{X}} = \frac{\sum (X_n - \bar{X})(Y_n - \bar{Y})}{\sum (X_n - \bar{X})^2}$$

て，V_{XY} は，「X の偏差と Y の偏差の関係をみるため 両方を同時に取り上げたもの」になっているので，共分散とよばれています．2変数を同時に扱うことにともなう分散の定義の拡張だと受けとればよいでしょう．

この関係から，V_{XY} を最小にするには，b を

$$b = \frac{V_{XY}}{V_{XX}} \tag{5}$$

とすればよいことがわかります．

回帰式を (3) 式の形に表わすには，この b を使って a を求めます．

$$a = \overline{Y} - b\overline{X} \tag{6}$$

こうして求めた a, b を回帰係数とよびましょう．

⑧ 図 2.1.1 のフローチャートは，以上の展開のまとめです．

こうして定めた回帰係数 a, b が，データからみて最適な（もちろん想定した (3) 式の範囲で）関係を表わすものです．また，その場合の残差分散は

$$V_{Y|X} = V_{YY} - bV_{XY} \tag{7}$$

となります．

なお，決定係数 R^2 の平方根 R は，重相関係数とよばれます．それは，R が，Y の観察値 Y_n と Y の計算値 $Y_n{}^*$ との相関係数になっているからです．

「重」がつく理由は後の節のこととします．この節の場合（説明変数が 1 つの場合）に限れば，これは，さらに，Y_n と X_n の相関係数と一致します．

⑨ 以上の説明に対応する計算手順を，表 2.1.3 に例示しましょう．

図 2.1.1 と対照しつつみていってください．

計算過程は，「後で必要とされる情報も含めて記録すること」を考えたフォームによって進めましょう．ひとつひとつの観察単位に対応する残差を記録していることに注意してください．残差の大きい観察単位はどれかを探索する場面を予想して，そうしてあるのです．

表示桁数は，例示程度で十分でしょう．計算は，パソコンまたは電卓を使って，そ

表 2.1.2 この節の説明に使うデータ

#	$X(\#)$	$Y(\#)$
1	3.4	1.3
2	3.6	1.5
3	3.5	1.2
4	3.9	1.8
5	4.0	1.5
6	4.1	1.4
7	4.2	1.8
8	4.4	1.8
9	3.7	1.7
10	4.1	1.7

例示に使っているデータは
　　Y＝雑費支出，X＝支出総額の観察値
　　10 世帯分です．
基礎データを，説明変数 X，被説明変数 Y の順にリストしたことは意味があります．後でわかるでしょう．

表 2.1.3 計算手順例（計算フォームの設計例）

#	X(#)	Y(#)	DX(#)	DY(#)	Y^*(#)	DY^*(#)
1	3.4	1.3	-0.49	-0.27	1.3440	-0.0440
2	3.6	1.5	-0.29	-0.07	1.4362	-0.0638
3	3.5	1.2	-0.39	-0.37	1.3901	-0.1901
4	3.9	1.8	0.01	0.23	1.5746	0.2254
5	4.0	1.5	0.11	-0.07	1.6207	-0.1207
6	4.1	1.4	0.21	-0.17	1.6690	-0.2669
7	4.2	1.8	0.31	0.23	1.7130	0.0070
8	4.4	1.8	0.51	0.23	1.8053	-0.0053
9	3.7	1.7	-0.19	0.13	1.4824	0.2176
10	4.1	1.7	0.21	0.13	1.6669	0.0331
計	38.9	15.7	0.969	0.447		0.235
			0.447	0.441		
平均	3.89	1.57	0.0969	0.0447		0.0235
			0.0447	0.0441		

$B = 0.0447/0.0969 = 0.4613$
$A = 1.57 - B \times 3.89 = -0.2245$
$\sigma_{Y|X}^2 = 0.0441 - B \times 0.0447 = 0.0235$
$R^2 = 0.0235/0.0441 = 0.533$

れぞれの標準の桁数で進めています．

フォームは，

  ステップ1：平均の計算   1～3列
  ステップ2：分散共分散の計算 4，5列
  ステップ3：回帰係数の計算   枠外
  ステップ4：残差と残差分散の計算 6，7列

にわかれていることを確認してください．

⑩ ステップ3のところで，回帰式の係数が求められています．すなわち

  $Y = -0.02245 + 0.4613X$

これが結果の核心部分ですが，求められた関係式が，データの変動をどの程度まで説明するものかを評価しておくべきです．そのために，ステップ4で残差分散 0.0235 が求められています．

その値は，平均値を基準とした分散（全分散）と比べて小さくなっているはずですが，どの程度の減少率かが問題です．よって，決定係数を使って評価します．

この評価を示す部分を通常は図2.1.5のような"分散分析表"の形式に要約しておきます．これにかわって図2.1.4の形式も考えられます．

⑪ 残差分散や決定係数で評価されるのは「データ全体をとおしてみた適合度」ですから，傾向線の適合度は，これらの指標値で評価するだけでなく，ひとつひとつの観察値 Y について，傾向値からの差（残差）をみておくことが必要です．

図 2.1.4 分析のフロー

全分散
0.0441
⇓
関係式を考慮して ⇒ 回帰分散 0.0206
⇓
残差分散
0.0235

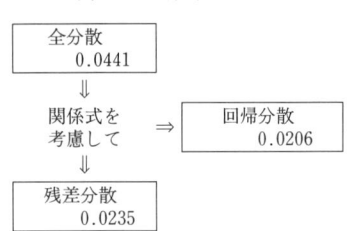

表 2.1.5 分散分析表

	SS	V	R^2
Y	0.441	0.0441	100
$Y \times X$	0.206	0.0206	46.7
$Y\|X$	0.235	0.0235	

図 2.1.6 残差対推定値プロット

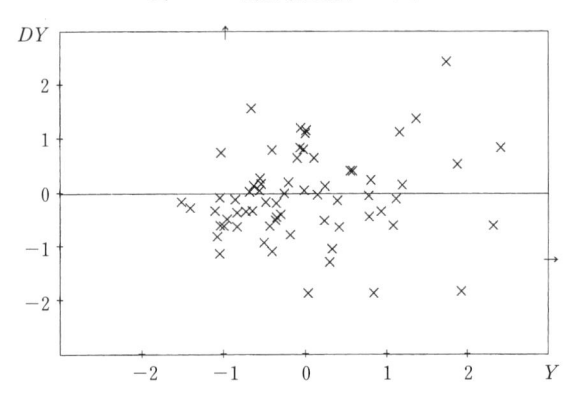

したがって，計算のステップ4をおき，残差 DY を求めています．
また，その結果を示す図，たとえば図 2.1.6 も必要です．

◇注　図の横軸は，回帰式による推定値，縦軸は残差ですが，いずれも偏差値におきかえて図示しています．

これによって，たとえば，
　　X のすべての範囲にわたって一様に適合しているか，
　　特別な事情をもつとみられるデータが混在していることはないか
をチェックできるでしょう．

推定値からの差は，Y の値が大きいところでも小さいところでもほぼ一様だとわかります．また，↑で示した1点を除いて，±3σ の範囲です．↑で示した点については事情を調べましょう．他と同一には論じにくい事情があるとわかれば，それを除いて再計算するなどの処置をとります．

観察値の散布図に傾向線を書き込んだものが図 2.1.7 です．図 2.1.6 とのちがいは，横軸が説明変数 X であることです．そのことにともなって傾向線を書き込んであるのですが，「説明変数が1つだからそうできる」ことに注意してください．説明

図 2.1.7 回帰推定値対説明変数プロット

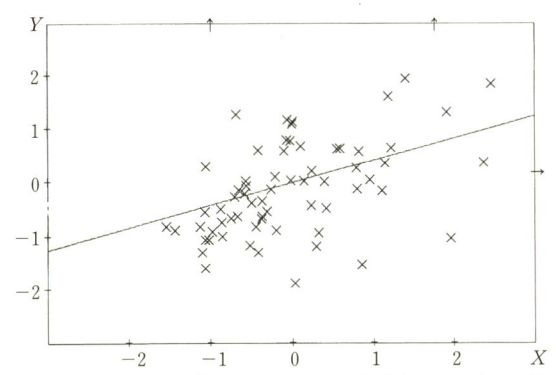

図の横軸縦軸とも，「平均値 ±K×標準偏差」の K にあたる箇所に目盛りをとり，$K=-3\sim3$ の範囲を図示．
この範囲外の値については，$K=|3|$ の箇所に矢印で図示．

図 2.1.8 残差対観察単位番号プロット

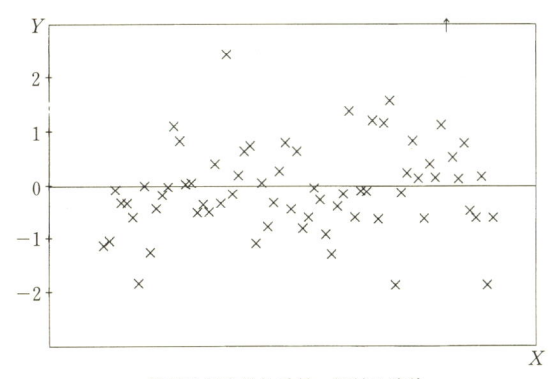

横軸は観察単位番号．縦軸は残差．

変数が2つ以上のときは，図示の仕方を考えなおすことが必要です．また，傾向線というコトバを，より精密に考えなければならなくなります．

この例に関しては，図の枠外に出た点が3つあります．

左上の↑は，Y の値も，傾向値からのはずれも大きいものです．右上の↑は，Y の値は 3σ 外であったが，傾向線を考慮に入れることにより，それが大きいことがある程度説明できたケースです．

右の方の→は，説明変数 X が他と大きく離れたケースです．説明変数は，説明を考える範囲をどうとるかという観点で決めることですから，被説明変数の範囲とはちがった見方をすべきです．X の位置（作用点という）が離れていることによる Y のち

がいとして，他のケースと区別して考えることになります．このための図示法などは，8.3節で説明します．

図2.1.8は，データ番号順にプロットしたものです．

たとえばデータを求める順に対応して，系統的な誤差が発生する場合があります．また，データが年次に対応している場合には，導出した傾向線が適合する範囲を判断するために参照します．こういう場合に，この図が必要です．

このような図の意義については，2.7節および8.3節で，くわしく説明します．

▷ 2.2 最小2乗法の数理

① 前節で説明した最小2乗法による計算手順について，数理的な根拠を説明しましょう．なぜそうするのか … そうするのがよいということが，どういう条件下で保証されているのか … それを知っておくことが必要です．

② **モデル** 2つの変数 X, Y について，観察値
$$(X_n, Y_n)$$
が求められているものとします．これを使って，Y と X の間に，モデル
$$Y = \alpha + \beta X \tag{1}$$
で表わされる傾向性が存在するものとして，モデルに含まれる2つのパラメータ α, β を推定せよという問題を扱うのです．

そのために，観察値 (X_n, Y_n) を使うのですが，観察作業における誤差，観察単位そのものの条件のちがいなどによっても変動しますから，そのことを考慮に入れることが必要です．よって，モデルに「誤差項」ε を付加します．
$$Y = \alpha + \beta X + \varepsilon \tag{1a}$$
そうして，この誤差項については

「その値が観察をくりかえすごとに異なる」とみなされる確率変数

だと想定します．

想定されたモデルに含まれるパラメータ α, β を定めるのが問題ですが，誤差項が関与してきますので，その扱いを考慮に入れることが必要です．

◆**注1** 慣用にしたがって，誤差という呼称を使いましたが，問題領域によっては，個人差，企業間格差 … などであり，その大きさ自体が重要な分析対象とされる場合があります．

したがって，前節の⑪では，データのもつ傾向線 $Y = \alpha + \beta X$ を求め，それで説明されない部分を残差と呼んでいました．それが(1a)式の ε にあたるものですが，モデルとしては，それが「誤差項」とみなされる場合を想定しているのです．

◆**注2** この節では，モデルに含まれるパラメータ，すなわちデータにもとづく推定の対象とされる量をギリシャ文字で表わします．

誤差項 ε についても，注1に述べたように推定の対象とされますが，その平均値は0だと想定し，標準偏差 σ を推定します．

③ 最小2乗法の数理では，
　　X は確定変数，すなわち，確定値をもつ変数
　　ε は，ある確率分布をもつ確率変数
とみなして，組み立てられているのです．

ε は，「その値 e_n が観察されるが，それらの値としてどんな値が起こりうるかを示す確率法則が想定される」確率変数だという仮定です．X は「未知だがある特定の値をもつ」確定変数だと想定されているのですが，その観察値 X_n は，ε の影響が加わって，確率変数と同じタイプのデータとなります．

④ この確率変数について，
　a. $E(e_n)=0$ ……不偏性
　b. $V(e_n)=\sigma^2$ ……分散の一様性
　c. e_n は相互に独立……独立性
がみたされているものと仮定します．
　また，場合によっては，さらに
　d. e_n の確率分布は正規分布
が適合するものとします．

◆**注1** e_n の確率分布に対応する残差が得られたときに，e_n の平均値あるいは分散が「どういう値になると期待されるか」を示すものが，$E(e_n)$, $V(e_n)$ です．それぞれを期待値，バリアンスとよびます．現実に e_n が求められた段階ではそれらの平均値，分散を計算できますが，方法の性質を論じる段階では，こういう値が得られるはずだという形で考えるので，平均値，分散とよばず，期待値，バリアンスとよぶのです．

◆**注2** 傾向線を求める問題では，Y_N は与えられたデータ，すなわち確定変数ですが，$Y_N{}^*$ は，Y_N のもつ個別変動などを考慮に入れて誘導された結果ですから，確率変数です．

⑤ 実際の観察値は
$$Y_n = A + BX_n + e_n \tag{2}$$
となっています．観察単位全体をとおして見出される傾向を表わす $Y_n{}^* = A + BX_n$ に，個々の観察単位に対応する誤差 e_n が加わった形です．

モデルをあてはめるという意味では，これらの $e_n \equiv Y_n - Y_n{}^*$ ができるだけ小さい方がよいといえます．よって
$$V_e \equiv \frac{\sum(Y_n - Y_n{}^*)^2}{N} \quad \text{が最小になるように } A, B \text{ を定める}$$
ものとします．これが，最小2乗法です．誤差項 ε を「傾向性を表わす部分を差し引いた残りとみなす」ことを意味しているのです．その意味で，e_n を「残差」とよびます．

⑥ 最小2乗法を適用すると，前節に示したように，α, β の推定値は
$$B = \frac{\sum(X_n - \bar{X})(Y_n - \bar{Y})}{\sum(X_n - \bar{X})^2}$$

$$A = \overline{Y} - B\overline{X}$$

とせよということになります．これらの推定値が，観察値 Y_n の線形結合になっていることに注意しましょう．

誤差項に関しては

$$\sigma^2 = \frac{\sum(Y_n - \overline{Y})^2}{N} - B\frac{\sum(X_n - \overline{X})(Y_n - \overline{Y})}{N}$$

と推定されます．これは，観察値 Y_n の線形結合になっていません．

⑦ **最小2乗法の前提**　最小2乗法による推計値 A, B は

　　　仮定 a, b, c のもとで "最良線形不偏推定値"

であることが証明されています．

観察値 Y_l の線形結合，すなわち $\sum W_l Y_l$ の形式で求められる推定値の範囲で最も推定精度がよく，かつ，不偏性をもつ推定値だということです．

また，

　　　仮定 d をつけ加えると "最小分散推定値"

であることが証明されています．観察値の線形結合という範囲限定をはずした範囲でみても，最も精度のよい推定値だということです．

⑧　このような理論づけをもつ最小2乗法ですが，それを使うためには，それぞれの問題ごとに，使うデータなどを検討して，この理論づけの前提がみたされているかどうかをチェックしなければなりません．

◆**注1**　最小2乗法は，推定値を求める手順のひとつです．これに対して，最良線形不偏推定値や最小分散推定値などは，求められた推定値の性質です．

　最小2乗法で求められた推定値は，ある仮定のもとで「よい推定値」ですが，前提をみたしていない場合がありますから，その範囲で考えればすむとはいえないのです．

◆**注2**　推定値を求める手順としては，「最尤法」とよばれる方法がありますが，このテキストでは取り上げません．

⑨　まず注意しなければならないのは，観察値に関する前提 b, c です．

実験を行なえる問題分野では，これらの前提をみたすように実験計画をたててデータを求めます．したがって，これらの前提を受け入れてよいケースが多いのですが，実験を行なえない問題分野では，受け入れにくい前提です．

まず，データの散布図をかくなどして，前提をみたしているか否かを検討することが必要です．

⑩　もちろん，"こういう前提をみたしていないから使えない" というわけではありません．"前提がみたされていないときにどの程度結果にひびくか" が問題です．

いずれにしても，分散によって適合度が評価できるのですから，試してみることでよいでしょう．

また，最小2乗法の適用前の問題（たとえば説明変数やモデルの選び方や基礎データ自体の精度），あるいは結果が得られた後で検討すべき問題（たとえば残差の検討）

が多々あり，それらの影響の方がより大きいものです．
　したがって，これらの点も含めた，より広い観点で"分析手法の適用の仕方"を選ぶべきです．
　⑪　手法の研究も必要であり，種々の点で改善案が提唱されています．
　正規性の仮定は，推定結果の有意性検定の段階で F 検定を使うために必要ですが，この F 検定は正規性の仮定に対して頑健性があると指摘されています．
　不偏性については，不偏でなくても，平均2乗誤差が小さければよい … そういう観点で組み立てられた手法があります．
　誤差を「残差の2乗」でなく，「残差の絶対値」で測ろうという提唱があります．これは，偏差の大きいデータの影響を受けにくくするという趣旨です．
　この考え方をより一般化して扱うために観察値にウエイトをつけて扱う加重回帰法(8.6節参照)が提唱されています．
　モデル自体が線形でない場合には，推定値も線形の範囲外で探索しなければならないので，必然的に別の方法が必要です．
　⑫　モデルの想定という意味では，モデル自体が変化してしまう可能性があります．また，それが適合するとみなしうる範囲があります．
　したがって，
　　　　どの範囲でそのモデルを適用しうるかを調べるためのステップ
をおくことが必要となります．
　因果関係は，一般に多くの変数が網の目状につながっています．また，ループ状態になっていることもあります．そういう場面では，複数の式で表現されるモデルを扱うことが必要となってきます．その一局面だけを切り出して扱うのでは，おのずから限界がありますが，視点をひろげると，観察値が得られるか否かが問題となってきます．
　⑬　また，最も基本のところで，結果の評価に分散を使うことに関して，モデルの適合度を1つの指標値で評価することになるがそれでよいのか … こういう問題があります．たとえば，説明変数値の値域で(大きいところ，小さいところなどで)一様にフィットしているかどうかを評価しうる形に改めることが必要でしょう．
　このような理由で，残差を1つの指標で評価するのでなく，種々の残差プロットをかいて検討すべきです．
　⑭　このテキストでは，これらの点のいくつかを2.8節および第8章で概説します．

▶2.3　適用上の問題

　①　回帰分析を適用する際に最も重要なことは，モデルの選択です．選択の仕方は種々の観点がからんできますから，いくつかの章にわけて解説することとし，ここで

は，それに先立つ"基本的な注意"を述べておきます．
② 2.1節で扱ったのは，2つの変数 (X, Y) の関係を直線
$$Y = a + bX$$
で表わす場合，すなわち，2つの変数の関係を表現するモデルとして，最も簡単な形でした．(X, Y) の関係をどの程度まで代表するものか評価してありますから，その評価にパスしたものであれば，それを採用すればよいと一応いえますが，さらに考えるべき点が残っているのです．

はじめからある1つのモデルに限って考え，その範囲だけで結論を下したのでは，仮にそのモデルがかなりの適合度をもつことがわかったとしても，説得力が弱いでしょう．他にもっとよいモデルがあるかもしれませんから，最初のトライで高い適合度をもつ解が得られたとしても，それで終わりにせず，いくつかの代案を試してみるべきです．1とおりの分析での結論よりも，何とおりかの分析を行なった上での結論の方が強いのは当然です．

また，多くのモデルについて検討した上で下した結論であれば，
　　　　「適合度が低くても，これ以上のものは得にくい」ことを実証
した結果となり，その意味で，説得力をもつことになります．適合度が低いというだけで，棄ててしまってはいけません．

いずれにしても，データにもとづく判断です．したがって，
　　　　「当面のデータから見出された結論に，どこまで一般性を認めてよいか」
という問題が残っています．

たとえ，当面のデータに対して適合度がよくても，条件がかわると全くだめになってしまうもろいモデルよりも，
　　　　「若干適合度が落ちても広い範囲で説明できるモデルを選びたい」
でしょう．そういうモデルを見出すには，時点をかえ，地点をかえて分析をくりかえしてみることが必要です．また，外見上適合度が高くても現象を説明するには問題があるかもしれません．したがって，問題に関与してくる要因を的確に把握して，その観点からもモデルを検討することが必要です．

以上のように考えると，次のような結論に達します．

> 第一段階で想定した直線関係が適合しない場合はもちろん，適合している場合にも，視点をかえて，あるいは，視点をひろげて分析をつづけることが必要です．前者の場合は適合する関係を見出すため，後者の場合は結果の説得力を増強するためと，意図はちがいますが，第一段階でとめてはいけないのです．

③ もちろん，直線関係（1次式）の次は放物線（2次式）だと簡単には扱えません．直線という最も簡明なモデルから一歩ふみだそうとするとさまざまな方向がありますから，①に述べたモデルの選択原理にたちもどって考えることが必要となるのです．

大きくわけると，
　　　現象の説明の仕方を考慮しつつモデル選定を考える場面
　　　使うデータのタイプに応じてモデル選定を考える場面
があります．第3章で，具体的な例を使って，順を追って説明します．また，第7章で，時系列データの場合を取り上げます．

この章の以下の節では，回帰分析の数理の枠内で対処できる範囲で自然に一般化しうる（したがって，どんな場面でも対応できる数理的な枠組みとみなしうる）"線形モデル"について説明しておきましょう．

④　なお，どんなモデルを採用するにしても，それが適合する範囲に限りがあることに注意しましょう．広い範囲で適合するモデルが得られるならそれにこしたことはないのですが，観察単位の中にはアウトライヤー，すなわち，"他と同一には扱いにくいもの"があり，それを除いて考えるとより説明力の高いモデルが見出される … そういうことがよくあります．

したがって，観察単位を分析範囲に含めるかどうかも，重要な検討点です．

▷2.4　一般線形モデル

①　モデルの選択に関して数理の側で提供しうる対処策は，できるだけ広範なモデル，いいかえると，多くのモデルをその特別のケースとして含む形のモデルを採用することです．

そうしておけば，条件を限定したときの解と，条件をゆるめたときの解を体系づけて対比できるからです．たとえば，
　　　関係式 $Y = a + bX_1 + cX_2$ を想定し，
　　　　　その範囲で最善の a, b, c を定める問題を扱うと，
　　　関係式（部分モデル）$Y = a + bX_1$ を想定し
　　　　　その範囲で最善の a, b を定める問題の解も，一緒に出せる
そういう方法を採用することができます．

したがって，モデル選択のためにたいへん有効な手段となりえます．

②　このような方向の1つは，$X, X^2, X^3, \cdots$ と高次の項を考慮に入れたモデル
$$Y = b_0 + b_1 X + b_2 X^2 + \cdots + b_K X^K \tag{1}$$
を想定することです．この方向が有効な場面もありますが，説明変数としては1つの変数 X だけを使っていますから，その意味では限界があります．

◆注　たとえばモデル(1)式で K を大きくすればどんな関数型でも近似できます．しかし，そういうモデルでどんな場合も説明できる … と誤解しないでください．細かく上下する曲線を誘導できたとしても，そうして，それが与えられたデータのすべてをとおる（したがって残差分散は0）としても，それで現象を説明できるわけではありません．

現象の説明につながるかどうかという，計算の枠外ですが，現象の分析手段としてはき

わめて重要な点です。この章では，そこを外して数理の枠組みだけを論じていますが，後の章では，この点を含めて考えます。

したがって，他の方向 … 説明変数の数を増やす方向で考えることが必要です。すなわち，説明変数 $X_1, X_2, \cdots, X_K$ を使って，モデル

$$Y = b_0 + b_1 X_1 + b_2 X_2 + \cdots + b_K X_K \tag{2}$$

を想定するのです。

モデル(1)式は，$X_K = X^K$ とおくことによってモデル(2)式と同じ形になり，数理としては同じ扱いになります。したがって，(2)式を，一般線形モデルとよんでいます。

③ また，考察範囲全体に対して1つのモデルをあてはめようとするのでなく，いくつかの部分にわけ，それぞれ別のモデルをあてはめるのも，当然，考えられる方向です。

$$\begin{aligned} Y &= b_{01} + b_{11}X_1 + b_{21}X_2 + \cdots \quad \text{for} \quad \text{部分 1} \\ Y &= b_{02} + b_{12}X_1 + b_{22}X_2 + \cdots \quad \text{for} \quad \text{部分 2} \\ Y &= b_{03} + b_{13}X_1 + b_{23}X_2 + \cdots \quad \text{for} \quad \text{部分 3} \\ &\quad \vdots \end{aligned} \tag{3}$$

この場合，各部分のモデルが全く無関係ということはないでしょうから，たとえば，

$$\begin{aligned} Y &= a_1 + bX \quad \text{for} \quad \text{グループ 1} \\ Y &= a_2 + bX \quad \text{for} \quad \text{グループ 2} \end{aligned} \tag{4}$$

すなわち，X の係数 b は共通で定数項 a の方だけがちがう … などの折衷案もありえます。

こういうモデルは，一般線形モデルの係数に，「ある制約条件がつく」ものとして扱うことを意味します。

④ ③にあげたモデル(3)式あるいは(4)式も，ちょっとした工夫で一般形に帰着させることができます。モデル(4)式についていうと，

$$Z = \begin{bmatrix} 1 & \text{for} & \text{グループ 1} \\ 0 & \text{for} & \text{グループ 2} \end{bmatrix}$$

と定義した特殊な変数 Z を使います。いわばグループ区分(定性的な情報)のかわりに使う変数(量的な扱いをするための変数)ですから，"ダミー変数"とよびます。

これを使うと，モデル(4)式は，

$$Y = a_2 + (a_1 - a_2)Z + bX \tag{5}$$

と1つの式で表現されます。(4)式 $\iff$ (5)式と一意的に対応することを確認してください。この形にすれば，説明変数 X と Z を使った一般線形モデル(2)式の範囲になっています。

したがって，

2.4 一般線形モデル

図 2.4.1 ダミー変数の例

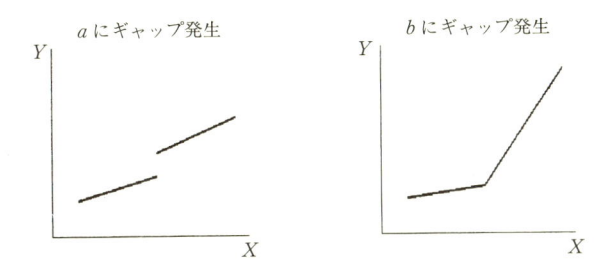

（左図：a にギャップ発生）
（右図：b にギャップ発生）

$$Y = b_0 + b_1 Z + b_2 X$$

として係数 b_0, b_1, b_2 を求めた上，$Z=0$ または $Z=1$ とおくことによって (4) 式の 2 つの式を誘導できます．

上の例示は，1 つのデータ（項目）で 2 つの区分にわけた場合です．1 つの項目で 3 つ以上の区分にわける場合についても同様に扱うことができます．区分数 K が 3 以上のときは

$$Z_I = \begin{cases} 1 & \text{区分 } I \text{ に該当する} \\ 0 & \text{区分 } I \text{ に該当しない} \end{cases}$$

の形で区分数に相当する数のダミー変数を導入します．ただし，

$$\sum Z_I = 1 \text{ が恒等式として成り立つ}$$

ため，そのうち $K-1$ 個だけを使って計算すればよいのです．くわしくは，3.5 節で例示します．

ダミー変数の与え方を工夫すると，たとえば (4) 式で「a, b いずれも異なるが，グループの区切り点で接続する」といった条件つきのモデルを扱うこともできます．

図 2.4.1 の右側がその場合です．これらの扱い方については，3.6 節，3.7 節で例示します．

X の値域区分数が 2 つ以上の場合も同じ形のモデルを適用できます．

ダミー変数は，これらの例に限らず，質的データを説明変数とする問題に広く採用できます．

数量化 I 類とよばれている方法は，質的データを説明変数とする回帰分析を指します．

⑤ 線形というコトバは，普通はモデルの形について，パラメータが線形の形で含まれているということです．$Y=f(X)$ の形が線形だということではありません．

たとえば

　　　　例 1　　$Y = \alpha + \beta X + \gamma X^2$

は線形です．

　　　　例 2　　$Y = \alpha \exp(\beta X)$

は線形ではありません．

しかし，例2を

  例3 $\log Y = \log \alpha + \beta X$

と書き換えて，$\log Y$ を被説明変数として扱えば，線形です．このおきかえは，パラメータ α のかわりに $\log \alpha$ を想定することを含んでいます．変換前のモデルの α が具体的な意味をもっているのでそれを推定したい…それなら $\log \alpha$ を推定した後に，それから，α の推定値を誘導することになります．このような扱いは，間接最小2乗法とよばれています．

例2では $Y=0$ のところからスタートする形になっていますが，ある初期水準 γ があって，それからスタートするものとすれば，モデルは

  例4 $Y = \alpha \exp(\beta X) + \gamma$

となります．この例4は線形ではありません．また，例3のように変数変換を適用して線形におきかえることもできません．

その意味では，一般線形モデルの範疇におさめにくいモデルですが，初期水準や飽和水準（そのレベルに近づくにつれて変化しなくなる）をもつ現象が多いので，例2，例4，…の方向で一連のモデルを想定することが考えられます．このテキストでは第7章で取り上げます．

◆**注1** 最良線形不偏推定値というコトバでの線形は，観察値 Y_I の線形結合すなわち $\sum W_I Y_I$ の形式で求められる推定値の範囲で最良という意味です．

◆**注2** パラメータ α のかわりに $\log \alpha$ を推定するという扱いをした場合，$\log \alpha$ についてよい推定値が α についてよい推定値を与えるものになっているとは限りません．

◆**注3** 注2と同じような問題は，回帰分析の場面だけとは限りません．たとえば分散 σ^2 を推定する場合，「偏差平方和をデータ数 N でわるのでなく，自由度 $N-1$ でわれ」というのは，それが分散 σ^2 の不偏推定値になるという理由です．しかし，標準偏差 σ の推定を考える場合，σ^2 の不偏推定値の平方根は σ の不偏推定値ではありません．

▶2.5 回帰分析の計算手順

① この節では，説明変数を2つ以上とした場合について，回帰分析の計算手順を説明します．例示を使って，計算手順のステップを追いつつ説明する形式をとっています．行列記号による表示をあわせて示してありますが，例示と対照してください．

② 例としては，付表 A.1 のデータを使って，

  $Y=$食費支出の世帯間変動 を，

  $X_1=$収入，$X_2=$世帯人員数，$X_3=$有業者数 の3変数で説明する

問題を取り上げます．したがって，モデル

  $Y = \alpha + \beta_1 X_1 + \beta_2 X_2 + \beta_3 X_3$

を想定することになります．

2.5 回帰分析の計算手順

a. データ準備

基礎データを

$$Y_I, X_{KI}, K は説明変数の番号$$
$$(I は観察単位の番号)$$

と表わします．

◇ **注** 例示のように単位を適当に選んで，数値が1から10の範囲におさまるよう調整しておくと計算しやすいでしょう．

有効数字の桁数は，データの精度を考えて決めます．普通は3桁で十分でしょう．計算機を使う場合は「標準精度」で十分ですが，最後の結果では，データの精度を考慮して，必要以上の桁の数値を落としましょう．計算機から出てきた数値のどこまでが意味をもつかを判断しなければ，答えを出したことになりません．

基礎データ

$$Z = \underset{(N,4)}{X} \mid \underset{(N,3)}{Y}$$

#	X_1	X_2	X_3	Y
1	1.6	3.0	1.0	1.0
2	3.4	4.0	2.0	1.5
3	4.0	4.0	2.0	1.6
4	2.9	4.0	1.0	1.3
5	5.9	5.0	3.0	2.3
6	3.0	2.0	2.0	1.2
7	2.5	3.0	1.0	1.2
8	3.1	4.0	1.0	1.4
9	4.4	2.0	2.0	1.7
10	5.2	3.0	1.0	1.8

この表における｜は，行列を結合する演算です．行列記号には，行数列数を括弧書きで添えてあります．

b. 平均値の計算

$$\overline{Y} = \frac{\sum Y_n}{N}$$

$$\overline{X}_K = \frac{\sum X_{Kn}}{N}$$

平均値 M

$$\underset{(1,4)}{M} = \frac{1}{N} \underset{(1,N)}{I'} \underset{(N,4)}{Z}$$

X_1	X_2	X_3	Y
3.60	3.40	1.60	1.50

I は，要素1をもつ行列

c. 偏差の計算

説明変数を考慮に入れない場合には，この平均値を基準としてデータの格差をみるわけです．したがって，

$$DY_n = Y_n - \overline{Y}$$
$$DX_{Kn} = X_{Kn} - \overline{X}_K$$

として，ひとつひとつのデータについて偏差を計算しておきます．

なお，これらの値は，たとえば，他と同一に扱えないアウトライヤーか否かを検討するために必要ですから，記録に残しておくべき重要な情報です．

偏差値

$$\underset{(N,4)}{D} = \underset{(N,4)}{Z} - \underset{(N,1)(1,4)}{I\,M}$$

#	DX_1	DX_2	DX_3	DY_1
1	-2.0	-0.4	-0.6	-0.5
2	-0.2	0.6	0.4	0.0
3	0.4	0.6	0.4	0.1
4	-0.7	0.6	-0.6	-0.2
5	2.3	1.6	1.4	0.8
6	-0.6	-1.4	0.4	-0.3
7	-1.1	-0.4	-0.6	-0.3
8	-0.5	0.6	-0.6	-0.1
9	0.8	-1.4	0.4	0.2
10	1.6	-0.4	-0.6	0.3

d. 分散・共分散の計算

データ全体をとおしてみて，"偏差がおよその程度か"を評価するために，分散を計算します．また，たとえば DY がプラスなら DX_I もプラスになる傾向がある

などのことがわかるように，2つのデータの"偏差の相互関係"を評価する共分散，すなわち

$$\sigma_{00} = \frac{\sum DY_n \times DY_n}{N}$$

$$\sigma_{0K} = \frac{\sum DY_n \times DX_{Kn}}{N}$$

$$\sigma_{JK} = \frac{\sum DX_J \times DX_{Kn}}{N}$$

を計算します．

e. 回帰係数を定める条件式

回帰係数 B_1, B_2, B_3 を決める条件式は，残差分散を最小にするという条件から誘導され次のようになります．

連立一次方程式です．

$$\sigma_{11}B_1 + \sigma_{12}B_2 + \sigma_{13}B_3 = \sigma_{10}$$
$$\sigma_{21}B_1 + \sigma_{22}B_2 + \sigma_{23}B_3 = \sigma_{20}$$
$$\sigma_{31}B_1 + \sigma_{32}B_2 + \sigma_{33}B_3 = \sigma_{30}$$

必要な値はすべて右表に求められていますが，1～3列目を左辺に，4列目を右辺にわけておきます．

f. 回帰係数の計算

eに示した条件式は，未知数 B_1, B_2, B_3 に関する連立一次方程式です．これを解いて，B_1, B_2, B_3 を求めることができます．

g. 定数項 A と残差分散

定数項 A は，"説明変数 X_1, X_2, X_3 の値がそれぞれの平均値に等しいとき，被説明変数 Y の値もその平均値になる"という条件から求めることができます．

$$A = \overline{Y} - B_1\overline{X}_1 - B_2\overline{X}_2 - B_3\overline{X}_3$$

です．また，残差分散は

$$\sigma_e^2 = \sigma_Y^2 - B_1\sigma_{10} - B_2\sigma_{20} - B_3\sigma_{30}$$

です．A の算式と似ていることに注意してください．

このことから，A および $\sigma_{Y|X}^2$ の計算は，回帰係数 B_I の計算過程におりこんで，同じ計算手順で求めることができます．

分散・共分散

$$V_{(4,4)} = \frac{1}{N} D'_{(4,N)} D_{(N,4)}$$

	X_1	X_2	X_3	Y
X_1	1.500	0.340	0.500	0.422
X_2	0.340	0.840	0.160	0.150
X_3	0.500	0.160	0.440	0.160
Y	0.422	0.150	0.160	0.126

以下では，V の部分行列を次のように定義します．

$$V' = \begin{vmatrix} V_{11} & V_{12} \\ {\scriptstyle (3,3)} & {\scriptstyle (1,3)} \\ V_{21} & V_{22} \\ {\scriptstyle (3,1)} & {\scriptstyle (1,1)} \end{vmatrix}$$

また，B_1, B_2, B_3 を要素とする1行3列の行列を B とします．

回帰係数を定める条件式

$$B\ V_{11} = V_{12}$$
$$\scriptstyle (1,3)(3,3) \quad (1,3)$$

$1.50B_1 + 0.34B_2 + 0.50B_3 = 0.422$
$0.34B_1 + 0.84B_2 + 0.16B_3 = 0.150$
$0.50B_1 + 0.16B_2 + 0.44B_3 = 0.160$

回帰係数の計算

$B^{-1} V_{12} = V_{11}$

B^{-1} は B の逆行列

定数項 A と残差分散

$A = Y - B\ X$
$Ve = V_{22} - B\ V_{21}$

すなわち
$$A+\bar{X}_1B_1+\bar{X}_2B_2+\bar{X}_3B_3=\bar{Y}$$
$$\sigma_e^2+\sigma_{10}B_1+\sigma_{20}B_2+\sigma_{30}B_3=\sigma_Y^2$$

の形に書き換えたものを連立一次方程式につけ足して，対角線上の要素を1に，非対角線上の要素を0にする演算（掃き出し計算とよばれ，連立一次方程式を解くひとつの方法）を適用するのです．以下の例示はこの形にしてあります．

h. 回帰係数 B の計算と定数項および残差分散の計算

回帰係数のうち B_I の計算は，eに示した連立一次方程式を解けばよいのです．

ただし，次節で述べる理由で，逐次消去法（掃き出し法），すなわち，係数が1または0になるよう逐次変形していく方法を使います．

条件式

$$1.5000B_1+0.3400B_2+0.5000B_3=0.4220 \quad (0.1)$$
$$0.3400B_1+0.8400B_2+0.1600B_3=0.1500 \quad (0.2)$$
$$0.5000B_1+0.1600B_2+0.4400B_3=0.1600 \quad (0.3)$$
$$A+3.6000B_1+3.4000B_2+1.6000B_3=1.5000 \quad (0.0)$$
$$\sigma_e^2+0.4220B_1+0.1500B_2+0.1600B_3=0.1260 \quad (0.X)$$

最初のステップでは
　　　第1式の B_1 の係数を1に
し，それを使って
　　　第2式の B_1 の係数を0に，第3式の B_1 の係数を0に
します．たとえば第2式の計算は，(1.1)式に0.340をかけたものを(0.2)式からひけばよいのです．

ステップ1

$$1B_1+0.2267B_2+0.3333B_3=0.2813 \quad (1.1)$$
$$0B_1+0.7629B_2+0.0467B_3=0.0543 \quad (1.2)$$
$$0B_1+0.0467B_2+0.2733B_3=0.0193 \quad (1.3)$$
$$A+\ 0B_1+2.5840B_2+0.4000B_3=0.4872 \quad (1.0)$$
$$\sigma_e^2+0B_1+0.0543B_2+0.0193B_3=0.0073 \quad (1.X)$$

次のステップ2では，まず
　　　第2式の B_2 の係数を1に
し，それを使って，
　　　第1式の B_2 の係数を0に，第3式の B_2 の係数を0に
します．

次の表では，式の対応順に示しています．計算の順は，(2.2)，(2.1)，(2.3)です．

ステップ2

$$1B_1+0B_2+0.3195B_3=0.2652 \quad (2.1)$$
$$0B_1+1B_2+0.0612B_3=0.0712 \quad (2.2)$$
$$0B_1+0B_2+0.2705B_3=0.0160 \quad (2.3)$$
$$A+\ 0B_1+0B_2+0.2419B_3=0.3031 \quad (2.0)$$
$$\sigma_e^2+\ 0B_1+0B_2+0.0160B_3=0.0034 \quad (2.X)$$

ステップ3では，まず第3式，次に第1式，第2式の順に，B_3 の係数を 1, 0, 0 にします。計算順は，(3.3), (3.1), (3.2) の順です。

以上で連立一次方程式の解が得られました．

また，それが，上から順に $B_1, B_2, B_3, A, \sigma_e^2$ の値になっているのです。すなわち

$$Y=0.2888+0.2463X_1+0.0676X_2+0.0592X_3 \quad (残差分散=0.0025)．$$

ステップ3

$$1B_1+0B_2+0B_3=0.2463 \quad (3.1)$$
$$0B_1+1B_2+0B_3=0.0676 \quad (3.2)$$
$$0B_1+0B_2+1B_3=0.0592 \quad (3.3)$$
$$A+0B_1+0B_2+0B_3=0.2888 \quad (3.0)$$
$$\sigma_e^2+0B_1+0B_2+0B_3=0.0025 \quad (3.X)$$

i. 回帰式による傾向値

こうして，回帰式を定めることができました。これによって，ひとつひとつの世帯についてこの回帰式による傾向値を以下のように求めることができます。

$$Y^*=A+B_1X_1+B_2X_2+B_3X_3$$

j. 残 差

回帰式を使って Y の変動を説明しようとするのですから，Y の観察値と，回帰式による傾向値との差（残差）

$$e_Y=Y-Y^*$$

を求めてみることが必要です。

データの中には，他とちがう事情が効いて，大きい残差を示すものがあるかもしれません。必要に応じて，それらを別にしてみるなど，分析をくりかえします。

k. 残差分散の計算

残差は，ひとつひとつのデータのレベルでみると同時に，データ全体をとおしてみた"全体としての適合度"を評価するためにも使います。そのために，分散（残差分散）を計算します。

$$\sigma_e^2=\frac{\sum e_Y^2}{N}$$

傾向値と残差

#	Y^*	e_Y
1	0.945	0.055
2	1.515	−0.015
3	1.663	−0.063
4	1.333	−0.033
5	2.258	0.042
6	1.281	−0.081
7	1.167	0.033
8	1.382	0.018
9	1.636	0.074
10	1.832	−0.032

2.5 回帰分析の計算手順

また，説明変数を考慮に入れなかったときの分散（全分散）からどれだけ減少したかをみるために，分散の減少率（決定係数）を計算します．

$$R^2 = \frac{\sigma_Y{}^2 - \sigma_e{}^2}{\sigma_Y{}^2}$$

分子 $\sigma_Y{}^2 - \sigma_e{}^2$ は，回帰式を使うことによって説明された部分ですから，回帰分散とよばれます．

◆注1 回帰係数 A, B_K の推定精度の計算などで，行列 V_{11} の逆行列を使います．したがって，それを計算することが必要となりますが，27ページの条件式の右辺に単位行列をつけ足して掃き出し計算を適用すれば，回帰係数の計算と一緒に実行できます．すなわち，表2.5.1(a)の条件式に，27〜28ページと同様な計算をステップ3まで進めると，結果(b)が得られます．

◆注2 $V(B_I) = \sigma_e{}^2 S_{II}$

$$V(A) = \sigma_e{}^2 \left(\frac{1}{N} + \sum_J \sum_K X_J X_K S_{JK} \right)$$

です．これらの算式における S_{II}, S_{JK} が逆行列の要素です．上3行の右側3列に求められています．ただし，$V(A)$ の算式における $\sum X_K S_{JK}$ の符号を逆にした値が4行目に求められていますから，これを使うと計算をショートカットできます．

$V(B_1) = 0.0025 \times 1.1113 = 0.0028$
$V(B_2) = 0.0025 \times 1.3246 = 0.0033$
$V(B_3) = 0.0025 \times 3.6971 = 0.0092$
$V(A) = 0.0025 \times \left(\frac{1}{10} + 3.60 \times 1.3465 + 3.40 \times 3.3322 + 1.60 \times 0.8945 \right) = 0.0443$

残差分散

残差2乗和	0.0245
残差分散	0.0025

分散の減少

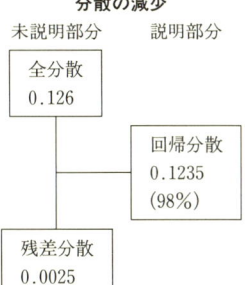

未説明部分　　説明部分

全分散 0.126
回帰分散 0.1235 (98%)
残差分散 0.0025

表2.5.1 逆行列計算手順をおりこむための変形

(a) 回帰係数 B_I と V_{11} の逆行列を求める条件式

$1.5000 B_1 + 0.3400 B_2 + 0.5000 B_3 = 0.4220$	1	0	0
$0.3400 B_1 + 0.8400 B_2 + 0.1600 B_3 = 0.1500$	0	1	0
$0.5000 B_1 + 0.1600 B_2 + 0.4400 B_3 = 0.1600$	0	0	1
$A + 3.6000 B_1 + 3.4000 B_2 + 1.6000 B_3 = 1.5000$	0	0	0
$\sigma_e{}^2 + 0.4220 B_1 + 0.1500 B_2 + 0.1600 B_3 = 0.1260$	0	0	0

(b) ステップ3まで進めた結果

$1 B_1 + 0 B_2 + 0 B_3 = 0.2463$	1.1113	−0.2249	−1.1811
$0 B_1 + 1 B_2 + 0 B_3 = 0.0676$	−0.2249	1.3246	−0.2261
$0 B_1 + 0 B_2 + 1 B_3 = 0.0592$	−1.1811	−0.2261	3.6971
$A + 0 B_1 + 0 B_2 + 0 B_3 = 0.2888$	−1.3465	−3.3322	−0.8945
$\sigma_e{}^2 + 0 B_1 + 0 B_2 + 0 B_3 = 0.0025$	−0.2463	−0.0676	−0.0592

網掛けの部分が V_{11} の逆行列です．

▶ 2.6 回帰分析の進め方

① 2.5節の計算例で,回帰係数を定める条件式(連立1次方程式)の解法として掃き出し法を採用しましたが,それには理由があります。たとえば,モデル

$$Y = A + B_1 X_1 + B_2 X_2 + B_3 X_3 \tag{1}$$

のための計算の過程で,その部分モデル

$$Y = A + B_1 X_1 + B_2 X_2 \tag{2}$$

$$Y = A + B_1 X_1 \tag{3}$$

のための計算結果を,同時に求められるからです。これは,(2),(3)式をあてはめる問題を,はじめから同じ手順で扱えばわかることですが,以下のように考えることができます。

② 原モデル(1)式における最後の説明変数 X_3 の"値がすべて等しい"とすると,それを,モデルに含めても含めなくても同じです。だから,"含めなかったときにどうなるか"を"すべての値が等しいときどうなるか"という形におきかえて考えればよいのです。

X_3 の値がすべて等しい
→ X_3 の偏差がすべて0だ
→ X_3 の値の分散が0だ

表 2.6.1 部分モデルの解
(a) モデル(1)式の解を求めるための方程式

$\#\# B_1 + \#\# B_2 + \#\# B_3 = \#\#$
$\#\# B_1 + \#\# B_2 + \#\# B_3 = \#\#$
$\#\# B_1 + \#\# B_2 + \#\# B_3 = \#\#$
$A + \#\# B_1 + \#\# B_2 + \#\# B_3 = \#\#$
$\sigma_e^2 + \#\# B_1 + \#\# B_2 + \#\# B_3 = \#\#$

(b) モデル(2)式の解を求めるための方程式
斜線部分が0となったものとみればよい。

$\#\# B_1 + \#\# B_2 + \#\# B_3 = \#\#$
$\#\# B_1 + \#\# B_2 + \#\# B_3 = \#\#$
$\#\# B_1 + \#\# B_2 + \#\# B_3 = \#\#$
$A + \#\# B_1 + \#\# B_2 + \#\# B_3 = \#\#$
$\sigma_e^2 + \#\# B_1 + \#\# B_2 + \#\# B_3 = \#\#$

ということになります。また,X_3 と他の変数との共分散もすべて0となります。したがって,回帰係数 B_1, B_2, B_3 を決める条件式において,表2.6.1(b)の網掛け部分は0となります。

したがって,28ページの計算表のステップ2で,モデル(2)式の解が求められることになります。27ページの条件式では斜線部分が0となっていませんが,

モデル(2)式の計算では,そこが0だとみなせる

からです。モデル(1)式の解は,もちろん,ステップ3まで進めないと求まりません。

③ 例示の場合,フルモデル(1)式および部分モデル(2),(3)式の解は,それぞれステップ3,ステップ2,ステップ1の結果から,

$Y = 0.2888 + 0.2463 X_1 + 0.0676 X_2 + 0.0592 X_3$ $\sigma_e^2 = 0.0025$

$Y = 0.3031 + 0.2652 X_1 + 0.0712 X_2$ $\sigma_e^2 = 0.0034$

$Y = 0.4872 + 0.2813 X_1$ $\sigma_e^2 = 0.0073$

となっていることがわかります.

④ 以上は,計算手順の問題として説明しましたが,分析手順の問題として重要な意義をもっています.
たとえば,被説明変数 Y の変動を説明するために,
　　説明変数 (X_1, X_2, X_3) を使ったモデル(1)式と,
　　X_3 を除外して (X_1, X_2) だけを使ったモデル(2)式とを対比し,
　　モデルに X_3 を含めることの効果
を評価できます.
また,
　　(X_1, X_2) を使ったモデル(2)式と
　　X_2 を除外して X_1 だけを使ったモデル(3)式を対比して,
　　モデルに X_2 を含めることの効果
を評価できます.

いいかえると,被説明変数 Y の変動について,各説明変数の効き方を,分散の減少によって計測できるのです.

このような分析,すなわち,"要因分析"ができるのです.

次の図 2.6.2 は,この過程を要約したものです.

図 2.6.2 要因分析の経過要約

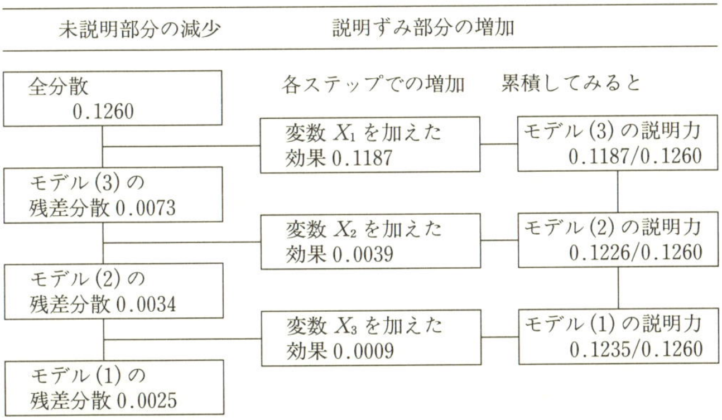

未説明部分の減少	説明ずみ部分の増加	
	各ステップでの増加	累積してみると
全分散 0.1260		
	変数 X_1 を加えた効果 0.1187	モデル(3)の説明力 0.1187/0.1260
モデル(3)の残差分散 0.0073		
	変数 X_2 を加えた効果 0.0039	モデル(2)の説明力 0.1226/0.1260
モデル(2)の残差分散 0.0034		
	変数 X_3 を加えた効果 0.0009	モデル(1)の説明力 0.1235/0.1260
モデル(1)の残差分散 0.0025		

⑤ もちろん,回帰係数の推定値もかわっています.たとえば説明変数 X_1 の回帰係数は,
　　モデル(3)式では 0.2813
　　モデル(2)式では 0.2652
　　モデル(1)式では 0.2463
です.

モデル(3)式による推定値 0.2813 は,X_2, X_3 の効果を考慮に入れていませんから,

X_1 の効果の中にそれが混同されているおそれがあります．その意味で，粗い推定値です．

モデル(2)式では X_2 の効果を分離して計測しています．

さらに，モデル(1)式では，X_3 の効果も分離して計測しています．したがって，モデル(1)式による推定値 0.2463 では X_1 の効果が純粋な形で計測されているわけです．

混同されている効果が影響しないようにしたものですから，"標準化推定値"とよぶことができます．

⑥ 回帰分析の計算では，以上の理由で，インプットしたデータについて，
 フルモデルの解を求める過程で
 その部分モデルの解も，自動的に求める
ようにしましょう．

ただし，この手順で求められる部分モデルは，説明変数の順を指定し，その順に変数を1つずつ含めていく形の部分モデルに限りますから，
 "あらゆる部分モデル"の解を求めるには，
 モデルに取り入れる順を指定しなおして計算をくりかえす
ことが必要です．

たとえば説明変数が3つの場合については
 1, 2, 3 の順に適用して　 1, (1, 2), (1, 2, 3)
 2, 3, 1 の順に適用して　 2, (2, 3)
 3, 1, 2 の順に適用して　 3,

と3度の計算で，すべての可能性6とおり分の結果が得られることになります．

⑦ 変数を取り上げる順序を"あるルールで"コンピュータに判定させる方法もありますが，それにたよりきるのは，不適当です．そういうルールは，"よい"ということを分散の小ささで評価していますから，分散が大きくても（大きすぎてはだめですが），実態の説明には，有効だとみられる解を見失うおそれがあるからです．

分散に注目するにしても，採用されているルールに注意を払うことが必要です．たとえば説明変数の候補が3つあり，その2つを採用するものとしましょう．その場合，X_1 だけを取り上げたときの説明力，X_2 だけを取り上げたときの説明力，X_3 だけを取り上げたときの説明力をみて，"それが大きいものから順に2つを採用する"という案は，ベストではありません．

このことは，次章で取り上げる分析例で実際に出てきます．

⑧ 補 注　説明変数の数を増やすと残差分散 $\sigma_e^2 = S_e/N$ が減少する，したがって，その減少率（決定係数）を参照して説明変数の選び方を決めよと説明しました．

これに対して，「最も望ましい数を定める基準」がほしいというコメントが出てくるでしょう．

"説明変数の選択をこういう数理的な基準だけで決めること"は，

2.6 回帰分析の進め方

必ずしも適当ではない

のですが，数理的な基準の枠内でこういうコメントへの対応を考えることはできます．

⑨ 残差分散あるいは決定係数の定義において

$$\sigma_e{}^2 = \frac{S_e}{N-K-1}$$

すなわち「自由度」でわれという説があり，それは，残差分散の不偏推定を求めるという考え方だと説明しましたが，決定係数の計算でこれを使うと，自由度調整ずみの決定係数

$$R^2 = 1 - \frac{S_e/(N-K-1)}{S_Y/(N-1)}$$

となり，S_e の減少が $N-K-1$ の減少に応じる分だけ相殺される形になっています．

したがって，説明変数を増やした場合には R^2 がかえって増加することがありうるのです．いいかえると R^2 を最小ならしめる $P(K_0 \leq K)$ を定めることができます．

もちろん現実に使えるデータ数の範囲ではすべてを使えという結果 ($K_0 = K$) になる場合もありえます．

⑩ 同様な場面で採用される基準として，マローズの C_P 基準や，赤池の情報量基準 (AIC) などがあります．

$$C_P = (N-K^*-1)\left\{\frac{S_e(K^*)/(N-K^*-1)}{S_e(K)/(N-K-1)} - 1\right\} + (K^*+1)$$

$$\mathrm{AIC} = C + N\log\frac{S_e(K^*)}{N} + 2(K^*+2), \qquad C = N(\log 2\pi + 1)$$

これらの定義中の S_e に付記した括弧は，説明変数の数を示します．K はすべての説明変数を使った場合，K^* はその一部を使った場合に対応します．

どちらの式も

　　残差分散の大きさを測る第1項(説明変数の数に応じて小さくなる)と
　　説明変数の数に応じて大きくなる第2項

の和となっています．

◆注　AIC の定義の第1項は計測単位によってかわる形になっています．C_P の第1項のように，ある標準と比べる形に改めることが必要ですが，このことについては専門書(たとえば早川毅『回帰分析の基礎』)を参照してください．

その意味で，定義を与える理論構成にちがいはあるものの，同じ意図で使うことのできる指標です．

⑪ このテキストでは，⑧で述べたとおり，数理的な基準だけで決めてしまうのでなく，現象説明を考えて決めよという立場をとっています．第3章の問題例で，そうすることの必要性と有効性を説明します．⑨，⑩に述べた指標についても，説明の流れの中で例示します．

▶2.7 残差プロット

① 観察値と傾向線とのへだたりを残差分散あるいは決定係数で計測することを説明してきましたが，これらの指標で計測されるのは

  1セットの観察単位でみた残差全体でみた「平均的な評価値」

です．当然，ひとつひとつの観察単位についてみると，残差が σ_e の数倍の大きさに達するものがありえます．

したがって，「各観察単位の観察値が同一条件下で求められた値」だと仮定できるならともかく，一般には

  1セットとはみなしがたい観察値が混在している可能性を考慮して，
  そういうものがあれば検出できるようにする

ことが必要です．そのために，分散の計算過程で個々の残差を記録し，以下に説明する残差プロットをかいてみるのです．それをみた上，たとえば観察単位の一部を除外するとか，それらをタイプわけするための説明変数を追加するなど，分析の進め方を改めることが必要となるかもしれません．

② 残差 e_n と傾向線による推定値 Y_n の関係をプロットしたものを「残差対推定値プロット」とよびましょう．

図2.7.1，2.7.2がその一例です．

このプロットによって，「Y の大小にかかわらずほぼ一様に適合しているか否か」を確認できます．図2.7.1では，そうなっているとみなしてよいでしょう．

↑で示した1点を除くと，すべて 3σ の範囲内です．↑で示した1点については，事情を調べてみましょう．そうして，他とちがう事情が効いているとわかれば，それ

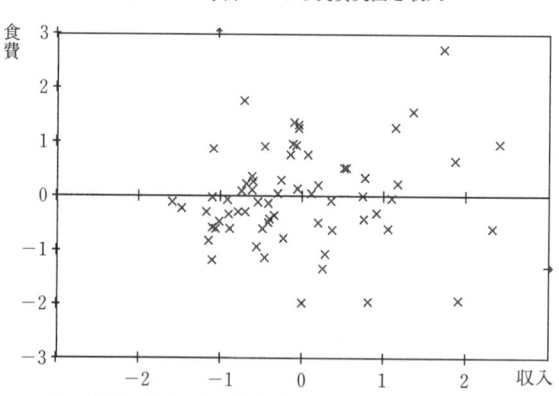

図 2.7.1 家計における食費支出と収入

図の縦軸，横軸とも，「平均値 $\pm K \times$ 標準偏差」にあたる箇所に目盛りをとり，K を表示しています．

2.7 残差プロット

図 2.7.2 賃金月額と年齢

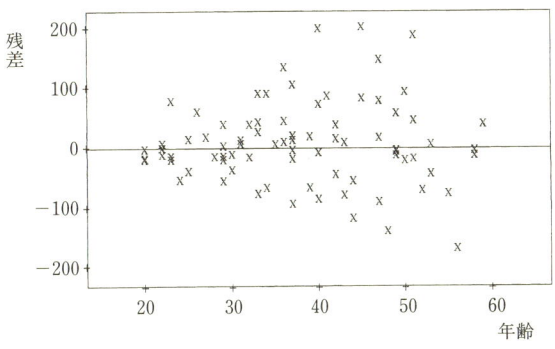

[散布図：縦軸「残差」(-200〜200)、横軸「年齢」(20〜60)]

この図では縦軸，横軸のきざみを観察値そのもので示しています．

を除外して再計算することが考えられます．

これに対して図 2.7.2 では「Y が大きくなるにつれて残差（の絶対値）も大きくなっている」ようです．こういう場合はよくみられます．回帰分析の数理では「残差の一様性」を前提としていますが，この前提をみたしていないのです．

Y の分散が Y の値に比例する … そう仮定できるケースが多く，そう仮定できるなら，Y のかわりに $\log Y$ と変換したものを使うことが考えられます．

ただし，いつもそうとは限りません．この例では，Y が賃金ですから，観察対象の属性（たとえば就労条件や職種）のちがいが効いているのかもしれません．

③ 被説明変数 Y_n と，説明変数 X_K の観察値 X_{Kn} との関係をプロットした図に傾向線を書き込んだものを，「残差対説明変数プロット」とよびましょう．

縦軸が残差 e_n でなく，$Y_n = Y_n^* + e_n$ ですが，残差 e_n をみるための図だという意味を汲んで，また，他の残差プロットとの共通性も考えて，「残差」という呼称をおもてに出しました．

図 2.7.3，2.7.4 がその一例です．

図 2.7.3 のように残差にある傾向性が見出されたときには，Y と X_K の関係が直線だと想定したことが問題となります．したがって，図には 2 次曲線を想定して求めた傾向線も併記してあります．

ただし，この例では，残差がたいへん大きいので，直線関係で十分だとみてもよいでしょう．傾向線の形を考える前に，図 2.7.2 で注意した「観察単位の異質性」を探る方が先です．

④ 残差対説明変数プロットには，「平面に図示する」ことからくる基本的な問題があります．

説明変数を 1 つと限定できるとは限りません．2 つ以上の説明変数が Y に影響するときには，その 1 つだけを取り上げた Y 対 X_1 プロットでは X_1 以外の説明変数の

図 2.7.3 図 2.7.2 の残差対説明変数プロット

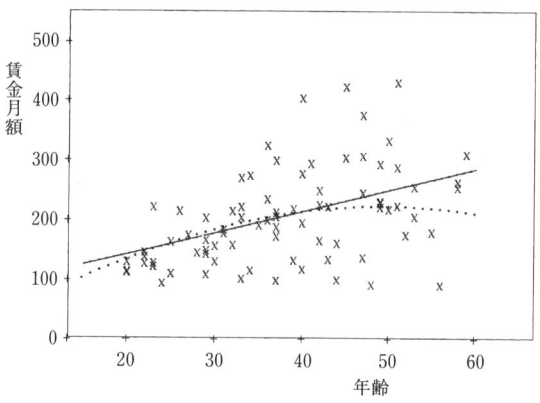

実線は直線関係を想定, 点線は放物線を想定.

影響によって,「Y 対 X_1 の関係」がゆがめられている可能性があります.
したがって, 他の説明変数も一緒に取り上げて求めた傾向線

$$Y = A + B_1 X_1 + B_2 X_2 \tag{1}$$

について, $X_2 = \bar{X}_2$ を代入した

$$Y = A + B_1 X_1 + B_2 \bar{X}_2 \tag{2}$$

をあわせて図示しておくとよいでしょう.
X_2 を無視した傾向線

$$Y = A + B_1 X_1 \tag{3}$$

との差の大小によって X_2 を考慮に入れることの要否を判断できます.
(2) 式と (3) 式は同じ関数形になりますが, 係数 A, B_1 の値はちがいます. (3) 式の A, B_1 が X_2 を考慮に入れることによって (2) 式の A, B_1 になるのです.

⑤ 図 2.7.4 の例では, 図の枠外 (3σ 外) に落ちた点が 3 つあります.
左上の ↑ は, Y も e も大きいものです. 右上の ↑ は Y が 3σ 外であったものが傾向線を考慮に入れることによって, その大きいことがある程度説明できたことを示します.
右の方の → は, 説明変数 X_1 の値が他と大きく離れたケースです. 説明変数は,「説明を与える範囲をどうするか」という観点で決めることです. したがって, 被説明変数の範囲でみた外れ値とちがった見方をすべきです.
「X の値がちがうことによる Y のちがい」を Y のちがいの中から分離するための残差プロットについては 8.3 節で説明します.

⑥ **残差対観察単位番号プロット**　　残差をデータ番号順にプロットしたものを「残差対データ番号プロット」とよぶことにしましょう.
これは, データ番号がある意味をもつ場合, たとえば, 年次区分や地域区分に対応

図 2.7.4 図 2.7.1 の残差対説明変数プロット

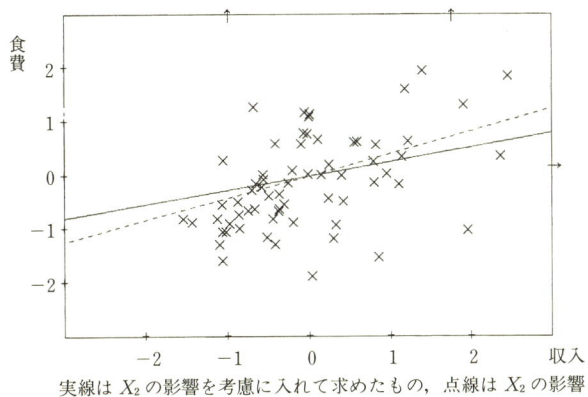

実線は X_2 の影響を考慮に入れて求めたもの，点線は X_2 の影響を考慮に入れていないもの．

図 2.7.5 家計におけるウイスキー購入量

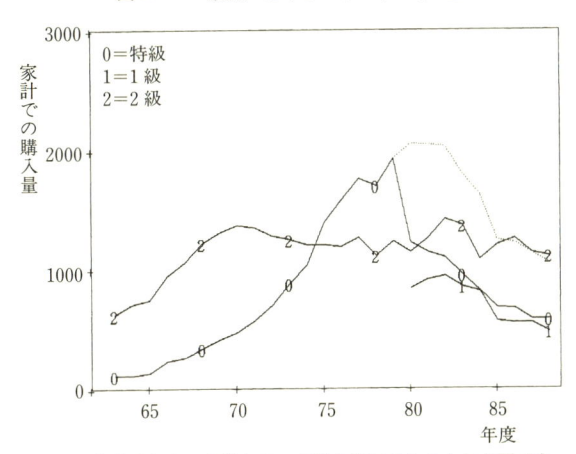

基礎データの定義などの変遷を検討することが必要です．

する場合に有効です．

図 2.7.5 は年次区分の場合です．

どちらの場合にも，すべての地域，すべての年次に同一の傾向線を想定できるとは限りませんから，プロットを参照して，同一セットとして扱う範囲をどう定めるかを考えなければならないのです．

例示の場合については，1979 年まで増加傾向をつづけていた「特級」が急減したようにみえますが，1980 年から別掲されている「一級」をあわせて考えましょう．

それまで「特級」と「一級」とを一括して調査していたのかもしれません．酒税での

扱いが改定されたのかもしれません．データに不連続がみられたときには，「現象自体」ではなく，「調査の実施過程」などによってつくられた可能性があります．原資料には，こういう点に関する注記がついていると思います．

▷ 2.8 補足：回帰推定値の確率論的性質

① 2.2節で説明した「最小2乗法の数理」について補足します．2.2節と同様に，モデル

$$Y = \alpha + \beta X + \varepsilon$$

を推定するものとして説明しますが，大部分の箇所は，パラメータの数を K と表わし，説明変数の数が多い場合にも適用できるようにしてあります．

② **自由度調整ずみの決定係数** 最小2乗法で求めた傾向線の有効性を測るために，決定係数すなわち分散の減少率

$$R^2 = 1 - \frac{\sigma_{Y|X}^2}{\sigma_Y^2} \tag{1}$$

を使いますが，全分散 σ_Y^2，残差分散 $\sigma_{Y|X}^2$ の推定値として，それぞれの偏差平方和をデータ数 N でわったもの $(\hat{\sigma}_Y^2, \hat{\sigma}_{Y|X}^2)$ を使うと説明していました．このことについて，自由度でわったもの $(\tilde{\sigma}_Y^2, \tilde{\sigma}_{Y|X}^2)$ を使えとされる場合があります．すなわち，次の(1 a)式のかわりに(1 b)式を使うのです．

$$\hat{R}^2 = 1 - \frac{\hat{\sigma}_{Y|X}^2}{\hat{\sigma}_Y^2} = 1 - \frac{S_{Y|X}/N}{S_Y/N} \tag{1 a}$$

$$\tilde{R}^2 = 1 - \frac{\tilde{\sigma}_{Y|X}^2}{\tilde{\sigma}_Y^2} = 1 - \frac{S_{Y|X}/(N-K)}{S_Y/(N-1)} \tag{1 b}$$

単に決定係数とよぶ場合は(1 a)式を指し，(1 b)式は「自由度調整ずみの決定係数」とよばれます．表2.1.5にあげた例 $\tilde{\sigma}_Y^2$（表の記号では V）について，2つの場合を区別したのが次の表です．

表 2.8.1 分散分析表 (1) 自由度非調整の決定係数

	SS	N	V	R^2
Y	0.441	10	0.0441	100
$Y \times X$	0.206	10	0.0206	46.7
$Y\|X$	0.235	10	0.0235	53.3

表 2.8.2 分散分析表 (2) 自由度調整ずみの決定係数

	SS	df	V	R^2
Y	0.441	9	0.049	100
$Y \times X$	0.206	1	0.206	40.0
$Y\|X$	0.235	8	0.029	60.0

「級間分散＝全分散－残差分散」という関係が，自由度を調整した場合には成り立ちませんから，決定係数は，「残差分散/全分散」を計算(例では60.0%)した後，それを1から引く形で求めます(例では40%)．

これは，次に述べる仮説検定を適用する場合に級間分散を，「残差平方和/$(K-1)$」とすることに関係します．

③ **傾向線の有意性検定**　Y の変動を説明するために X との関係を表わすモデルを使うのですが，そうすることの効果を判定するために，以下のような「仮説検定法」を適用します．

自由度調整ずみの分散の比として定義される F 比

$$F = \frac{S_{Y\times X}/(K-1)}{S_{Y|X}/(N-K)}$$

（K はパラメータの数）

表 2.8.3　分散分析表 (2)
適合度の F 検定

	SS	df	V	F
Y	0.441	9	0.049	
$Y \times X$	0.206	1	0.206	7.01
$Y\|X$	0.235	8	0.0294	1

この表における全分散 0.049 および残差分散 0.0294 についてはすでに説明したとおりですが，級内分散については，F 検定を適用するため「パラメータ数−1」でわる形にします．

が，モデルのパラメータ β が 0 だとした場合

　　自由度 $(K-1, N-K)$ の F 分布にしたがう

ことを利用して，「β が 0 だ」という仮説を検定できます．

表 2.8.3 に示す分散分析表は，この仮説検定を適用する場合に慣用される形式です．

これらを利用して F 比を計算し，その値を判定基準値（統計数値表に掲載されている）と比べて，基準値より大きければ β は 0 でない（すなわち回帰式を使うことは有効）と判定し，基準値より小さければ β は 0 でないとはいえない（すなわち回帰式を使うことは有効とはいえない）と判定するのです．

この検定法は，誤差項の確率分布について正規分布を想定できる場合（2.2 節で仮定 d を想定した場合）に適用できます．いいかえると，正規分布を想定できない場合には適用できないのですから，注意してください．

仮説検定法については，本シリーズの第 2 巻『統計学の論理』を参照してください．

④ **回帰係数などの推定精度**　最小 2 乗法による回帰係数 α, β の推定値は観察値を使って計算しますから，誤差の影響を受けます．その誤差は，次の式で評価されます．

$$V(A) = U^2 \left(\frac{1}{N} + \frac{\overline{X}^2}{\sum (X_n - \overline{X})^2} \right)$$

$$V(B) = U^2 \left(\frac{1}{\sum (X_n - \overline{X})^2} \right)$$

ここで U^2 は，残差分散の推定値 $S_{Y|X}/(N-K)$ です．

回帰式による推定値 $Y^* = A + BX$ の誤差は，次の式で評価されます．

$$V(Y^*) = U^2 \left(\frac{1}{N} + \frac{(X_n - \overline{X})^2}{\sum (X_n - \overline{X})^2} \right)$$

この場合，X_n は推定値の計算に用いた X の観察値のいずれかです．

観察値以外の X を使って計算した推定値 $Y^{\#} = A + BX$（予測値とよんで区別します）の誤差は

$$V(Y^\#) = U^2\left(1 + \frac{1}{N} + \frac{(X_n - \overline{X})^2}{\Sigma(X_n - \overline{X})^2}\right)$$

です．括弧の中に1が加わるのが，観察値以外の X を使うことにともなう変更です．

⑤　モデルの誤差項について正規分布を仮定できる場合には，これらの誤差推定量を偏差値におきかえた t 統計量の確率分布が自由度 $n-k$ の t 分布になることが証明されています．

したがって，$A, B, Y^*, Y^\#$ の推定値について，信頼区間を計算することができます．

● 問題 2 ●

【分析の進め方】

問1 (1) 付表 A.1 のうち食費支出 (Y) と収入 (X) の関係を示すグラフをかけ．
(2) X と Y の関係を表わす直線 $Y = A + BX$ を求めよ．ここでは直線の定め方は問わない．データの傾向を表わすと判断される A, B の値を選べばよい．
(3) 想定した式による計算値を基準とした分散（残差分散）を計算せよ．
(4) 平均値を基準とした分散（全分散）を計算し，残差分散と比較せよ．
　注：問1～4については，計算は電卓，グラフは手書きによってください．

問2 付表 C.2 に示す食費支出 (Y) と収入総額 (X) のデータを使って，問1(1)～(4) と同様な計算をしてみよ．基礎データが問1の場合のようにひとつひとつの世帯の情報ではなく，いくつかの世帯の平均値になっている．このことについては，後の章で問題とするが，ここでは，問1と同様に扱えばよい．

問3 問2と同じデータについて，表2.1.3に示す計算手順を適用して，回帰式，残差分散および決定係数を計算せよ．

問4 (1) 問1と同じデータについて，表2.1.3に示す計算手順を適用して，回帰式，残差分散および決定係数を計算せよ．
(2) また，テキストの図2.1.4および表2.1.5の形式で分散の変化を示せ．
(3) また，テキストの図2.1.6，2.1.7および図2.1.8の形式で，適合度をみるためのグラフをかけ．

【回帰分析の計算手順】

問5 2.5節で説明した「回帰式の計算手順」を，次の順に計算して確認せよ．
(1) 25ページに示す「基礎データ」について，平均値，偏差，分散・共分散（26ページ）を計算する．この計算には，電卓を使うこと．
(2) 「e. 回帰係数を定める条件式」(26ページ) に示す3つの式，すなわち，27ページに示す5つの式のうち (0.1) 式，(0.2) 式，(0.3) 式をみたす B_1, B_2, B_3 を計算する．この計算には，プログラム REGXX を使う．
　注：プログラム REGXX を呼び出し，条件式の係数 1.5000, 0.3400, 0.5000 などを入力すると，2.5節の説明と同じ計算過程をみせながら進行する．
　この計算を電卓で進めてもよい．その場合，電卓の計算精度と計算機の計算精度のちがいなどによって，結果がいくぶんちがうであろう．
(3) 26ページ g に示す式を使って，定数項 A と，残差分散 σ_e^2 を計算する．

以下の計算には電卓を使うこと.

(4) 得られた回帰式を使って,傾向値と残差を計算する(28ページj).また,残差分散を計算する(29ページk).

(5) この手順の組み立てが次の点を考慮していることを確認せよ.
   ○ ひとつひとつのデータについて残差を求めるようにしてある.
   ○ 回帰係数 B_1, B_2, B_3 を求める過程において,説明変数を X_1 だけにした場合の B_1, B_2 などが求められるようにしてある.

   注:残差分散 σ_e^2 は,計算手順の g でも,k でも計算しているが,計算手順の h で「ひとつひとつの観察値の残差」を求め,つづいて残差分散を計算するのが「考え方として自然な順序」である.

【プログラム】

問 6 プログラム REG01E を使って,回帰分析の計算が 11 ページのフローチャートによって進められることを確認せよ.

問 7 プログラム REG02E を使って,付表 A.1 に示す食費支出 (Y) の変動を収入 (X_1) および世帯人員 (X_2) によって説明する回帰式の計算が問 5 の計算手順どおりに進行することを確認せよ.

付表 A.1 の数字は REG02E の例示用として,セットされている.

問 8 (1) REG02A では REG02E と同じ計算を行なうが,2.6 節に示したように,説明変数の一部を使ったときの解もあわせて求められることを確認せよ.

(2) 図 2.6.2 (32 ページ) の様式で説明変数の追加にともなう分散の変化を図示せよ.

注:他の統計ソフトを使った場合,計算手順や結果の表示形式が異なるかもしれない.また,問 8 で要求したような図が出力されないかもしれない.

問 9 テキストの 2.5 節の説明に使ったデータを使って,問 8 と同様の計算をしてみよ.プログラムは REG03 を使うこと.また,基礎データは,プログラム DATAIPT を使って用意すること (44 ページ参照).

【アウトライヤーの検討】

問 10 (1) 付表 B に示すデータのうち食費支出 (Y) と収入総額 (X) について,添付したプログラムのうち REG03 を使って,回帰式の計算を行なえ.

(2) REG03 を使うと,残差を検討するための図 (図 2.1.6, 図 2.1.7, 図 2.1.8) が出力されることを確認せよ.

注:付表 B のデータは,REG03 の例示用ファイルとして用意されているので,それを使うと指定すればよい.

問 11 (1) プログラム XYPLOT1 を使って,図 2.1.7 をかけ.XYPLOT1 の使い方は,このシリーズのうち第 9 巻『統計ソフト UEDA の使い方』または第 2 巻『統計学の論理』を参照すること.基礎データは例示用データファイルとして用意されている.

(2) XYPLOT1 の機能を使って，図 2.1.7 の左側の↑のデータのデータ番号が 60 であることを確認せよ．

(3) プログラム REG03 を使って，図 2.1.7 に示す回帰式を求めよ．

(4) データ番号 60 を除外して（注 1），回帰係数の計算を行ない，(3) の結果と比べて，回帰式がどうかわるか，また，残差分散がどうかわるかを調べよ．

(5) (3) で出力した図 2.1.7 と (4) で出力した場合の図 2.1.7 を比較するために，2 つの図を 1 枚に重ねることを考えよ（注 2）．

> 注 1：「データの一部を除いて計算せよ」ということを指示するための指定文をデータに付加することが必要である．こういう指定文を付加するためには，プログラム DATAEDIT を使う．使い方は本シリーズ第 9 巻『統計ソフト UEDA の使い方』に説明してあるが，この問題の場合に限れば，45 ページを参照すればよい．
>
> 注 2：2 つの図のスケールは，それぞれのデータで計算した標準偏差を使っているので REG03 の出力を重ねることはできない．REG03 のオプションを指定すると，他のデータ，あるいは他の方法で求めた傾向線を重ね書きすることができる．

【説明変数の加除】

問 12 (1) 付表 B のデータについて，食費支出 (Y) の変動を収入総額 (X_1) および世帯人員数 (X_2) によって説明する回帰式を計算せよ．ただし，UEDA のプログラム REG03 を使うこと．

(2) 図 2.6.2 の様式で，説明変数の追加にともなう分散の変化を図示せよ．

(3) 残差を図 2.7.1 の形式で図示せよ．

問 13 (1) データ番号 60 を除外して，問 12 (1)〜(3) の計算を行ない，それぞれの結果がどうかわるかを調べよ．

(2) 説明変数を加除することによる影響と，アウトライヤーを除去することの影響とでは，どちらが大きいか．一般論ではなく，この例に関してどうなっているかを答えればよい．

【対象範囲の限定】

問 14 (1) 付表 E.1 に示すエネルギー需要量 (Y) と鉱工業生産指数 (X) の関係（付表 E.1 の記号でいうと X と U）について，Y の変化を X で説明する回帰式を求めよ．ただし，直線関係 $Y = A + BX$ を想定して扱うものとする．

(2) (1) で求めた回帰式によって，Y と X の関係を十分説明できるといえるか．取り上げたデータの範囲に「オイルショックの年が入っている」ことを考慮に入れた扱い方を考えよ．

問 15 (1) 問 14 の計算を 1965〜70 年のデータに適用してみよ．

(2) 問 14 の計算を 1976〜83 年のデータに適用してみよ．

> 注：問 14 の基礎データはファイル DT10 から選んで DT11 に記録されている．

DATAIPTの使い方

DATAIPTは，UEDA用の形式でデータファイルを用意するプログラムです．

a. DATAIPTを呼び出すと，まず，入力するデータのタイプを指定するよう求めてきます．回帰分析で使う場合には，Vを指定します．

その指定に応じて，データの略称や数を入力する画面が現われます．

この問題の場合は，右の例示のように入力します（イタリックが入力です）．

b. ここまで指定すると，データ本体を入力する画面になります．

その画面の左上に，入力箇所に緑の/印（カーソル）が点滅しています．

その箇所に値を入力すると，カーソルが右に（右端にいくと次の行に）うつりますから，順に入力していきます．

入力ミスに気づいたら，矢印のキイでカーソルをその箇所に動かし，入力しなおします．

c. 入力が終わったらEscキイをおすと，確認を求めてきます．そこでEnterキイをおすと，出力作業に進みます．

d. 記録する前に，出力桁数を調整することができますが，一般にはプログラムにまかせておきます．

出力ファイルの記録場所と名前は，標準どおりにしてください．

e. 出力が実行され，指定文付加に関するメッセージが表示されます．

ここでは，1と入力してMENUにもどります．

使うプログラムを指定し，データとしてWORK.DATを指定すると，そのデータについて処理できます．

```
データのタイプ/名称/区分数を指定
  データのタイプ …… V/S/T        V
  観察単位の名称 …………        世帯
        区分数 ……… <100        6
  変数の数      ………… < 10     3
  変数の名称 ……
        変数1           Y
        変数2           X1
        変数3           X2
```

```
カーソル移動 ⇒ 入力       終わりはESC
        VAR1   VAR2   VAR3
OBS1    1.0    1.6    3.0
OBS2    1.5    3.4    4.0
OBS3    1.6     /
OBS4
OBS5          途中まで入力した状態
OBS6

入力終わり  Enter   見直す  C
```

```
FILE へ出力します
  データの桁数は   整数部分 …… 1
                   小数点以下 … 1
     この形で記録します …… Y/N      Y
入力したデータは次のファイルに記録されます
  フォルダ   C:¥UEDA¥WORK¥
  ファイル   WORK.DAT
   これは一時記録用です
保存するためには
保存場所とファイル名を定め記録しなおすこと
```

```
FILE C:¥UEDA¥WORK¥WORK.DAT
にかき出しました
必要な指定文は付加されています
   MENU にもどってすぐ使えます
特別の指定文を付加するためには
   DATAEDIT を使います
   MENU 1    DATAEDIT 2            1
```

問　題　2　　　　　　　　　　　　　45

DATAEDIT の使い方（キイワードの挿入）

　この問題では，今使っている作業用ファイル（WORK.DAT）について「番号60のデータを除け」と指定します．このような指定を行なうには，プログラムDATAEDITを使います．

　a. DATAEDITでは，まず，対象ファイルを指定する画面になりますが，この問題では，WORK.DATを指定します．

　b. すると，そのファイルの内容が表示されます（右の例示では，一部を省略）．

　データ数 68（NOBS＝68）ですが，そのうち60番目を除いて分析したい．そのための指定文を挿入するのです．

　c. 最初は1行目が緑になっています．その位置は，矢印のキイで移動します．

　挿入したい位置で「Ins キイ」をおすとその行の前に空白行が挿入されます．

　この問題では図の位置が自然な場所です．

　d. その行に，指定文を入力します．本体は「DROP＝/60/」ですが，文番号と文字 data も入力します．キイワードの本体中の英字は大文字（半角の大文字）にします．

　入力ミス訂正などのためには，矢印キイ，Ins キイ，Del キイも使えます．

```
対象とするファイルは WORK.DAT ですが
以下のファイルも指定できます
 1 work.dat
 2 wwww.dat
   対象とする分の番号を入力
                                        1
```

```
20000 '********************
20001 '*       食費支出
20002 '*       DH15. REI
20005 '********************
20010 data NOBS=68
20020 data OBSID=/424332
20030 data VAR=食費支出
20040 data 0.98, 1.51, 1.81
20050 data 3.08, 2.95, 2.02
```

```
          20010 data NOBS=68
挿入      [                        ]
          20020 data OBSID=/424332
          20030 data VAR=食費支出
```

```
          20010 data NOBS=68
挿入      20015 data DROP=/60/
          20020 data OBSID=/424332
          20030 data VAR=食費支出
```

　入力を確認したら Esc キイをおします．これで挿入完了です．

　e. 必要な指定文をすべて書き込んだら Esc キイをおすと，WORK.DATに，指定文を付加したデータファイルが出力されます．

　f. UEDA のメニューにもどります．

　そのデータを使うプログラム（この問題では REG03）を指定し，対象データとして WORK を指定します．

　　注：例示中の OBSID は観察単位に対応する記号ですが，60番目を除いたことによる調整は，プログラムで行なわれます．

3 分析の進め方
——説明変数の取り上げ方

前章で説明した回帰分析の手順を，実際のデータに適用してみましょう．説明変数の選び方や組み合わせ方など，機械的には決められない点がありますから，実例を取り上げて考えることが必要です．

▷ 3.0 問 題 例

① 表3.0.1(付表B)は，ある市の68世帯について調査した家計収支の情報です．

各世帯ごとに，世帯人員，月収，消費支出総額，食費支出などのデータが求められています．

この章では，このうちの食費支出の世帯間差異を説明する問題を取り上げて，分析の仕方を例示しましょう．

② データ数は68であり，電卓で計算するにはやや荷が重いでしょう．UEDAを使って学習することを期待しています．

表 3.0.1 68世帯の家計収支(1954年平均) (単位：百円/月)

ID	U1	U2	U6	U7	U8	U9	U10	U11	U12	U13
1	4	1	399	345	329	99	50	20	103	58
2	2	1	912	452	402	151	40	12	58	141
3	4	1	398	418	387	181	60	4	38	104
4	3	2	546	468	437	175	71	15	32	141
5	3	1	517	430	382	172	0	5	16	190
6	2	1	400	384	377	141	53	7	40	136
⋮										
				くわしくは，付表B参照						

U1：世帯人員， U6：収入総額， U7：実支出， U8：消費支出， U9：食費支出， など
U2：有業者数は付表では省略していますが，データファイルには入っています．

3.0 問題例

回帰分析のプログラムは種々のものがあります．どれでもかまいませんが，このテキストのレベルをこえた高度の機能をもっていても，このテキストで解説した範囲で使ってください．はじめから高度の機能を使おうとすると，理解しにくいことが出てくるでしょう．

③ 分析をはじめる前に，まず，対象データをよくみておきます．

たとえば，データの相互関係を示す相関係数を計算しておくと，いろいろと役に立ちます．慣れれば，それをみるだけで「どんな結果が得られるかおよその見当づけができる」ようになるでしょう．

相関係数の計算は，コンピュータが使える環境下では簡単なことです．

表3.0.2は，表3.0.1のうち，X_6(＝食費支出)を分析対象とする場合を想定して

X_1：世帯人員数， X_2：有業者数， X_3：収入総額，
X_4：実支出， X_5：消費支出総額， X_6：食費支出

について計算した相関係数行列です．

表3.0.2 食費支出と関連データの相関行列

	X_1	X_2	X_3	X_4	X_5	X_6
X_1	1.00	0.381	0.219	0.341	0.388	0.696
X_2		1.000	0.532	0.523	0.483	0.461
X_3			1.000	0.653	0.566	0.416
X_4				1.000	0.976	0.581
X_5					1.000	0.610
X_6						1.000

まず(X_4, X_5)が0.9をこえる高い相関をもっていることが目につきます．0.8台，0.7台がなく，0.6台として$(X_1, X_6), (X_3, X_4), (X_5, X_6)$の3対があります．こういう箇所を選んで，そのつながりを図3.0.3のように示しておくとよいでしょう．

図3.0.3では以上の対のほか，相関が0.5台までの対を線でむすんでいます．また，変動を説明しようとする食費をYと表わしています．

Yの変動を説明するためにはそれと相関の高いものを選ぶべきですから，まずはX_1とX_5が候補とされるでしょうが，次のようなコメントもありそうです．

- X_4はX_5と高い相関をもつので，両方を使う必要はない．
- X_5のかわりにX_4を使ってもよい．
- もうひとつを追加するなら，X_4以外から選ぶ方がよい．
- 残ったものはX_3, X_2だが，次はX_3, X_2のどちらか．

図3.0.3 相関関係の要約図

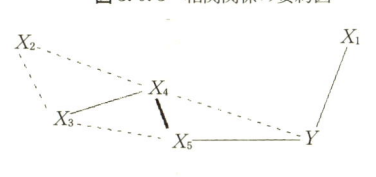

```
・・・・・ 0.5〜0.6
───── 0.6〜0.7
━━━━━ 0.9
```

・客観的な選択基準を使って決めるようにすべきだ．
・相関の高さだけで決めるのはよくない．
・変数の意味を考えるなら，X_3（＝収入）を使うのが自然だ．
・こういう予断をもたずに進めるべきだ
　　　　　　　　　　⋮

もちろん，この段階だけで結論は出せというのではありません．予断にならないよう，客観的に進めなければならないのですが，このように，相関係数の情報を参照して見当づけをしておくと，適正に進んでいることが確認できます．

　以下順を追って，これらのコメントについて当否を考えていきます．このような選択に関する指針を体系づけて考えていくことを例示したものと了解してください．

④　もう一歩進めて，図3.0.4のように各変数対の相関図をかいておくと，相関係

図3.0.4　変数対の相関図

```
           X₁            X₂            X₃            X₄            X₅            X₆
       ・・・・・2
       ・・・・3・
       ・・・14・・
  X₁   ・・22・・・
       ・18・・・・
       ・9・・・・
       ・・・・・・

       ・・・1・1      ・・・・・2
       ・・・・・・      ・・・・・・
       ・367821      ・・・27・・                          各変数について，偏差値
  X₂   ・・・・・・      ・・・・・・                          $-2.5, -1.5, -0.5, 0.5, 1.5, 2.5$
       ・61215 5 1   ・・39・・・                          で7階級に区分し，
       ・・・・・・      ・・・・・・                          各階級組み合わせの度数分布図を
       ・・・・・・      ・・・・・・                          セットにしたもの

       ・・・1・・      ・・・・1・・     ・・・・・1
       ・11・2・1     ・・・5・・      ・・・5・・
       ・1163・1     ・・3・7・2     ・・・12・・
  X₃  ・39662・      ・・17・9・・     ・・26・・・
       ・47831・      ・・18・5・・     ・・23・・・
       ・・・1・・・      ・・・1・・・      ・・1・・・

       ・1・・1・・      ・・・2・・      ・・1・・1・      ・・・・・2
       ・・・12・1     ・・・3・1      ・・1111      ・・・・4・
       ・・422・1     ・・2・6・1     ・・1152・      ・・・9・・
  X₄  ・3 410 8 3   ・・18・10・・    ・・31861・      ・・・28・・
       ・510 9 1・    ・・19・6・・    ・・118 6・・     ・・・25・・
       ・・・・・・      ・・・・・・      ・・・・・・      ・・・・・・

       ・1・・1・・      ・・・2・・      ・・1・・1・      ・・・・・2・     ・・・・・2
       ・・・13・1     ・・・4・1      ・・・131・     ・・・23・・     ・・・・5・
       ・・431・1     ・・2・6・1     ・・11421      ・・171・・     ・・・9・・
  X₅  ・・410 7 3   ・・17・7・・    ・・31641      ・・123・・     ・・・24・・
       ・・810 8 2・   ・・20・8・・    ・・118 8 1・   ・・24 4・・    ・・・28・・
       ・・・・・・      ・・・・・・      ・・・・・・      ・・・・・・      ・・・・・・

       ・・・1・1      ・・・2・・      ・・1・・1・      ・・・11・・     ・・・11・・     ・・・・・2
       ・・・2・1      ・・・1・2      ・・・21・・     ・・・21・・     ・・・21・・     ・・・・3・
       ・・3353・     ・・7・7・・     ・・1841・      ・・113・・     ・・1102 1・     ・・・14・・
  X₆  ・2 414 5・・   ・・12・13・    ・・810 5 1 1   ・・912 2 2     ・・911 3 2     ・・・25・・
       ・611 4 1・・   ・・19・3・・    ・・112 7 1 1   ・・14 5 2・1   ・・16 3 2・1    ・・・22・・
       ・1・1・・・     ・・・1・・・      ・・11・・・     ・・2・・・・     ・・2・・・・     ・・2・・・・
```

数ではわからない「アウトライヤー」や「関係の非直線性」の有無を調べることができます．

たとえば，(X_4, X_5) の相関が高く，(X_1, X_5) の相関が低いことは相関表でもみられたとおりですが，(X_3, X_6) の図をみると，傾向線から左上に大きく離れた観察単位が見出されます．$(X_4, X_6), (X_5, X_6)$ の図をあわせてみると，その観察単位は X_4, X_5 の値も高いことがわかります．

この観察単位の番号を調べましょう．後の分析で，これらの観察単位の扱い方を考えます．

▶3.1　説明変数選択と分散分析

① まず，食費支出 (Y) の世帯間差異を，世帯の収入総額 (X_3)，世帯人員数 (X_1)，有業者数 (X_2) によって説明する回帰式を計算してみましょう．

説明変数の取り上げ方は特定せず，あらゆる組み合わせについて計算すると，次の結果が得られるはずです．

モデル 0	$Y = 220.65$	(6098)
モデル 1	$Y = 44.96 + 45.60 X_1$	(3147)
モデル 2	$Y = 133.25 \qquad\qquad + 59.43 X_2$	(4803)
モデル 3	$Y = 149.55 \qquad\qquad\qquad\qquad + 0.088 X_3$	(5041)
モデル 12	$Y = 23.59 + 39.88 X_1 + 29.52 X_2$	(2874)
モデル 13	$Y = 12.97 + 41.61 X_1 \qquad\qquad + 0.059 X_3$	(2700)
モデル 23	$Y = 116.55 \qquad\qquad + 43.05 X_2 + 0.051 X_3$	(4553)
モデル 123	$Y = 8.64 + 39.58 X_1 + 14.30 X_2 + 0.048 X_3$	(2652)

括弧内は，それぞれのモデルを採用したときの残差分散です．

どの説明変数も使わなかったときの分散（全分散）が 6098 であり，X_1 だけを使うと 3147 になり，X_1, X_2 を使うと 2874 になる … こういう結果です．

その他さまざまな組み合わせがありますから，残差分散を図示しておきましょう．図 3.1.1 です．

これによって
　　　各説明変数の説明力（他との関係を考えずにみた場合）の大きい順は？
　　　2 つを組み合わせて使うとき，高い方の 2 つを用いることは妥当か？
　　　3 つとも使うという案は，どうか？
を調べてください．

◆**注1**　ここでは解説を進める都合を考えて説明変数を選んでいます．48 ページに述べたように考えると，この選び方に異論が出るかもしれません．また，もっとよい選び方があるのですが，説明の進展を追ってください．

◆**注2**　UEDA のデータファイルでは X_6 以下の変数値に 10^{-2} をかけて桁数を調整した場

図 3.1.1 変数選択と残差分散変化

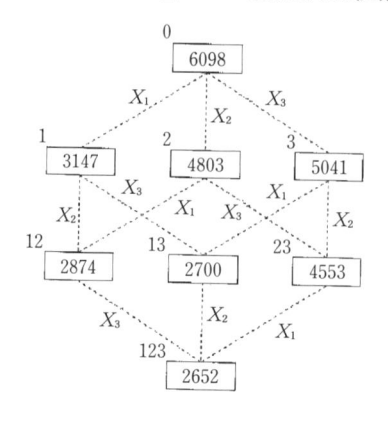

```
            0
          6098
        X₁  X₂  X₃
       /    |    \
      1     2     3
    3147  4803  5041
      X₃   X₁ X₃  X₂
      X₂    X₁
     12    13    23
    2874  2700  4553
       X₃   X₂   X₁
           123
          2652
```

Y＝食費支出
X_1＝世帯人員
X_2＝有業者数
X_3＝収入総額

取り上げた説明変数のすべての組み合わせを比較．矢印のそばに記した変数を取り上げたことによる分散の変化を示す．

合があります．それを使った出力には 10^2 をかけてください．

② 各説明変数を単独で取り上げたときの説明力は，分散を減少させる度合いをみて，X_1, X_2, X_3 の順だとわかります．

2つの変数を組み合わせるなら，大きさの順に1位と2位，すなわち X_1, X_2 にしよう … こうした場合には，残差分散は2874まで減少します．

しかし，2変数の組み合わせのうちベストなものは，これではありません．変数1と3の組み合わせであり，残差分散は2700まで減少しています．2変数を扱う場合，これが，ベストです．

変数 X_2 の単独でみたときの説明力が2位であっても，すでに X_1 を取り上げており，それにどれを付加するかを考えるときには，X_1 と異なった面で効果を発揮する変数を選ぶべきだ … それなら，2位の X_2 は，X_1 と似た側面を説明するものだから，3位の X_3 を採用することになる … こういう結果になったのです．

あらゆる組み合わせについて計算してあるため，このような変数選択を的確に行なうことができたのです．

3変数とも使うと，2652まで減少しますが，変数1と3の組み合わせですでに達成されている2700とのちがいはわずかです．

このように，説明変数の効果をよむことができます．

③ 説明変数の数が多い場合にあらゆる組み合わせについてチェックすることは，コンピュータを使うにしても，簡単ではありません．たとえば3変数だから8とおりですんだのであり，10変数だと1024とおりになります．

そこで，

　　　1番目の変数の取り上げ方について比較し，ベストなものを選ぶ
　　　　⇒ その選択を前提として

2番目に追加する変数の取り上げ方を比較し、その範囲でベストなものを選ぶ
⇒ それまでの選択を前提として
次に追加する変数の取り上げ方を比較し、その範囲でベストなものを選ぶ
︙

と、順次追加していく案が考えられます.

X_4, X_5 を含めた5変数について、この案を試してみましょう.

図3.1.2は5変数の場合を例としており、変数 1, 5, 3, 2, 4 の順に取り込んでいけばよい … こういう結果になっています.

図 3.1.2　説明変数の逐次追加

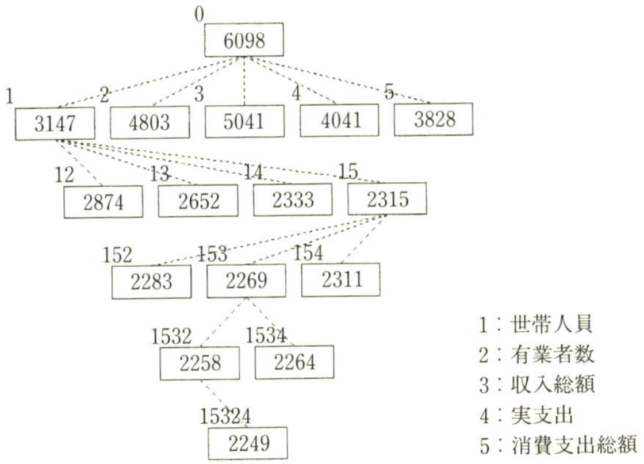

```
            0
          6098
   1    2    3    4    5
 3147 4803 5041 4041 3828
      12   13   14   15
     2874 2652 2333 2315
        152  153  154
       2283 2269 2311
          1532 1534
          2258 2264
            15324
            2249
```

1：世帯人員
2：有業者数
3：収入総額
4：実支出
5：消費支出総額

ただし、この手順によってチェックされなかったケースがあります.例示では、2番目の変数取り込みにおいて 1, 5 が選択されていますが、1, 4 も、あまりちがいません.変数の相関表でみておいたように、変数4と変数5が高い相関をもっていますから、両方を使う必要はないでしょうが、4か5かは検討すべきでしょう.よって、1, 4 のルートも追ってみましょう.この例では 1, 4, 3 の組み合わせでは 2317 となります.したがって、1, 5, 3 でよいことが確認されます.

なお、こういうチェックが必要となるのは

 a. ほとんど同等な変数が含まれているとき (多重共線性)
 b. 観察値にアウトライヤーが含まれているとき

です.これらについては後で例示します.

④　図3.1.2でたどったルートに沿って説明変数を付加した場合の残差分散の変化をみましょう.

全分散　　　　　　　　　　　　　　6098
⇒ 変数 1 の場合の残差分散は　　　3147 ⎫
⇒ 変数 (1, 5) の場合は　　　　　　2315 ⎬ ここまでははっきり減少している
⇒ 変数 (1, 5, 3) の場合は　　　　　2269 ⎬ ここでも少し減少
⇒ 変数 (1, 5, 3, 2) の場合は　　　　2258 ⎬ 以降の減少はごくわずか
⇒ 変数 (1, 5, 3, 2, 4) の場合は　　 2249 ⎭

変数 1, 5, 3 は世帯人員，消費支出総額，収入総額です．このことを考慮に入れると，

　　はっきりした候補は世帯人員，消費支出総額であり，
　　もう1つつけ加えるとしたら収入総額だ

ということですから，問題の意味からも，納得できる結果です．

　有業者数は，所得と関連をもつにしても，食費に対する影響は，有業者数 ⇒ 所得 ⇒ 食費，と，間に所得をおく形で説明されるので，食費の分析では取り上げる必要性はうすいということです．

⑤　説明変数を逐次増やしていくのでなく，逐次減らしていく案もありえます．すなわち，候補全部を採用した状態からはじめて，「落としたことによる残差分散の増加の小さいもの」を選ぶ過程をたどっていくのです．この例では

　　全部を使ったときの残差分散が 2249
　　1つを落としたときの残差分散は，変数 4 を落とした場合が 2258 で
　　　落としたことの影響が最も少ない
　　よって 1, 2, 3, 5 を使うことにしよう
　　　　　　⋮

と，たどっていけば，4, 2, 3, 5, 1 の順に落としていけという結果となります．

図 3.1.3　説明変数の逐次除外

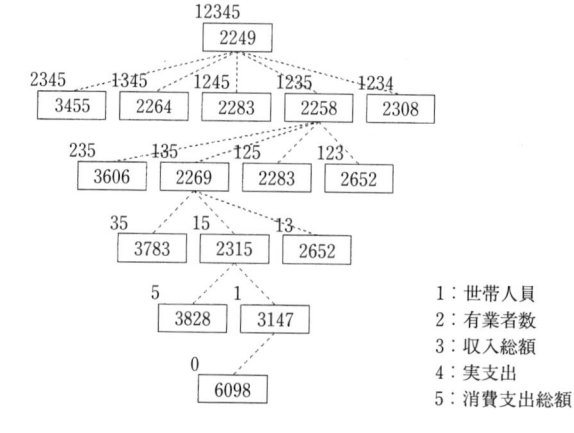

```
                      12345
                      2249
      ┌──────┬──────┼──────┬──────┐
    2345   1345   1245   1235   1234
    3455   2264   2283   2258   2308
              ┌──────┬──────┬──────┐
            235    135    125    123
           3606   2269   2283   2652
                    ┌──────┬──────┐
                   35     15     13
                  3783   2315   2652
                          ┌──────┐
                          5      1
                        3828   3147
                                 │
                                 0
                               6098
```

1：世帯人員
2：有業者数
3：収入総額
4：実支出
5：消費支出総額

この例では，逐次追加する過程をたどって決めた順と，逐次落とす過程をたどって決めた順が一致しましたが，いつもそうだとは限りません．

逐次追加(逐次除外)を適用すると，残差分散が一様に減少(増加)していきますから，説明変数の数を決めておき，その数のところで打ち切る案が考えられます．

⑥ また，残差分散の「変化の大きさ」を測る指標値を使って「打ち切り点」を決めることにすれば，客観的に説明変数を選びうる … こういう発想がありえます．

このために使う指標がいくつか提唱されています．

   自由度調整ずみの決定係数 $\tilde{R}^2$　　　あるところで最大となる
   マローズの C_P　　　　　　　　　　あるところで最小となる
   赤池の AIC　　　　　　　　　　　　あるところで最小となる

などです．
33ページに示したとおり，いずれも決定係数をベースにしており，

   説明変数の増加による「説明力の増加」を示す項と
   係数推定に用いうる「実質データ数の減少」を示す項

が加わった形になっています．
第2項は推定精度の低下を示す項だと解釈することもできます(33ページ注参照)．
表3.1.4にこれらの指標値を示してあります．

表 3.1.4　説明変数追加過程の打ち切り基準

説明変数 組み合わせ	SS	残差分散 $\hat{\sigma}^2$	$\tilde{\sigma}^2$	決定係数 $\hat{R}^2$	$\tilde{R}^2$	マローズの C_P	赤池の AIC
0 なし	414644	6098	6189			22.75	120.36
1 1	213996	3147	3242	48.4	47.6	1.81	101.47
2 15	157420	2315	2422	62.0	60.9	1.81	101.47
3 153	154290	2269	2411	62.8	61.0	2.56	102.13
4 1532	153544	2258	2437	63.0	60.6	4.24	103.78
5 15324	152932	2249	2467	63.1	60.1	6.00	105.52

$\tilde{R}^2$ 基準では $(1,5,3)$，C_P 基準と AIC 基準では $(1,5)$ を採用せよという結果です．
これらの基準は，説明変数選択に関して「客観的な解を与えうる」という意味で，よく採用されています．しかし，本来「説明変数選択」はそう簡単に扱える問題ではありません．
たとえば

 a. 選ばれた説明変数群の範囲で考えていますから，説明変数群の選び方に関連します．
 b. 決定係数で計測されていない「個別変動」の部分が大きいときには，大きい部分を考慮外において，「小さい部分のわずかなちがいを論じる」結果になります．
 c. 説明変数の選択と並んで重要な「観察単位の選択」問題があります．たとえ

ばアウトライヤーが混在しているとき，それを除くか否かで結果がちがってきます．

したがって，これらの基準だけですべて終わりと安易に考えてはいけません．ひとつの参考と受けとって，以下の節で説明する「残差プロットによる検討」や「個々の問題に即した解釈」を考えに入れて結論を出すようにしましょう．

◆注1　マローズの C_P と AIC は，モデルに含めた説明変数の影響度を測るものですが，その計測においては，他の説明変数も考慮に入れた計算になっています．

したがって，どの範囲のデータを使うかによってちがう値になります．

◆注2　説明変数の追加による残差分散の変化の有意性を検定（F 検定）して，たとえば 5%水準で有意であれば追加し，その水準に達しないなら打ち切るという手法もあります．残差に関して正規分布を仮定することになりますから，いつも適用できるとはいえません．

表 3.1.5　説明変数追加による F 値の変化

モデル		SS	df	V	F 値	検定結果
説明変数	なし	414644	67	6189		
		200648	1	200648	60	**
説明変数	1	213996	66	3242		
		56576	1	56576	25	**
説明変数	15	157420	65	2422		
		3130	1	3130	1.3	NS
説明変数	153	154290	64	2410		
		746	1	746	0.3	NS
説明変数	1532	153444	63	2437		
		612	1	612	0.3	NS
説明変数	15324	152932	62	2467		

それぞれのモデルの分散分析表（表 2.8.3 の形式）を 1 表にまとめたものです．

▷3.2　アウトライヤーの影響

① 前節で種々の「変数選択基準」を説明しましたが，現実のデータを扱う場合には，変数だけでなく，「観察単位」についても選択を考えることが必要です．

観察値が得られていても，観察単位が他と条件が異なるので，同一枠にまとめて扱うのはどうだろうか…そういう場合です．

この章で取り上げている例の場合，図 3.0.4 をみると，いくつかの図で，観察単位 60 が他とちがった位置にプロットされているようです．特に，収入総額と比べ，消費支出額が大きすぎることが気になりますが，それは，観察単位 60 に特有の事情ですから，この観察単位を除いた上で，それ以外の観察単位でみられる傾向性を説明することを考えてみましょう．

3.2 アウトライヤーの影響

図 3.2.1 説明変数の逐次追加（観察単位 60 を除いて分析）

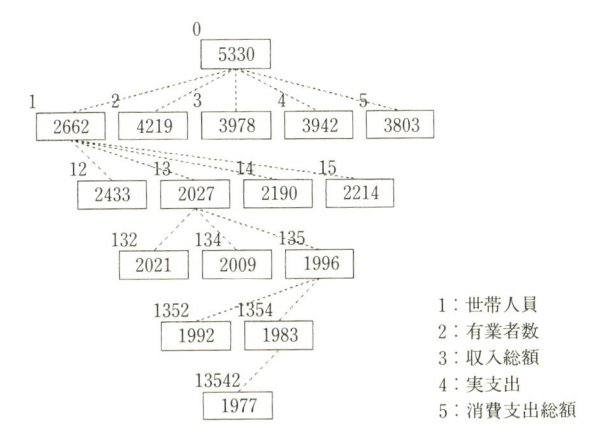

```
              0
            5330
    1    2    3    4    5
  2662 4219 3978 3942 3803
      12   13   14   15
     2433 2027 2190 2214
         132  134  135
        2021 2009 1996
           1352  1354
           1992  1983
              13542
               1977
```

1：世帯人員
2：有業者数
3：収入総額
4：実支出
5：消費支出総額

② 図 3.2.1 は，その結果を，図 3.1.2 と同じ形式に示したものです．これによると，

X_1：世帯人員，X_3：収入総額，X_5：消費支出総額，X_4：実支出，X_2：有業者数

の順に取り入れよという結果です．

すべてのデータを使った場合は X_1, X_5, X_3, X_2, X_4 だった順が，X_1, X_3, X_5, X_4, X_2 になったのですから，たとえば 2 変数を選択する場合ちがった結果になります．

③ 残差分散の減少を目指す場合，

「変数選択の方を精密化すればそれですべてが解決するわけではない」

ということです．観察単位の方にも注意しましょう．

観察単位の選択（アウトライヤーの検出）に関する判断基準が種々提唱されていま

説明変数の選び方

a. 説明変数の数を増やすと，決定係数は改善される．
　すでに取り上げられている変数と異なる側面を代表する変数を選ぶとよい．
　相関の高い変数を追加すると，問題が起きる可能性がある．
　数量データを階級区分して扱うことも有効．

b. アウトライヤーの疑いのあるデータを除くと大きくかわる可能性があるので，たとえば一様に適合しているか否かをみるために残差プロットをみること．

c. 決定係数だけでなく，各説明変数の意味を考えて選ぶこと．
　最適な選び方はコンピュータを使って決める…
　そんなことはできません．

す．また，除く・除かないと二分するのでなく，ウエイトをつけて扱う方法もありえます．これらについては，第8章で説明します．

④ また，「残差分散の減少」だけでなく，「各説明変数のもつ意味」を考慮に入れることが必要です．次節以降では，このことについて説明をつづけます．

▶3.3 説明変数の変換

① 説明変数の扱いにもどりましょう．これまでの分析の範囲でベストな組み合わせを使っても，決定係数は55％程度でした．もっと工夫する余地はないのか …，あるいは，55％では，傾向線は有意といえない …，こういった疑念をもたれるかもしれません．

これに対して，今の段階ではYes, Noを保留しておきましょう．

工夫の余地はあります．それによってどの程度決定係数が改善されるかを確認すれば，問いに答えられるかもしれません．

たとえば

　　説明変数を追加したらどうか，

　　これまで取り上げている変数についても，直線関係という想定は妥当か，

などを試してみましょう．

② 食費支出と収入との関係をグラフにかくと，図3.3.1のようになります．

世帯によるバラツキはあるものの，傾向としては，「収入が大きくなると食費支出も多くなる」という傾向が「あたまうちになっている」ようにみえます．

実態としても，そうなると考えることができます．

したがって，モデル

$$Y = A + BX$$

に，Xの増大に応じて低減することを説明する項CX^2（Cは負になると予想して）を

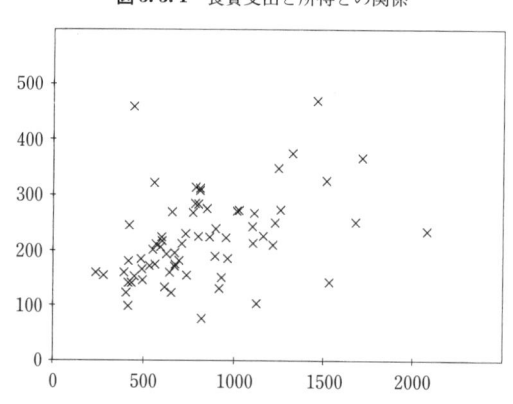

図3.3.1 食費支出と所得との関係

3.4 説明変数の追加，変更

図 3.3.2 食費支出と収入との関係
回帰分析で誘導した傾向線 2 種

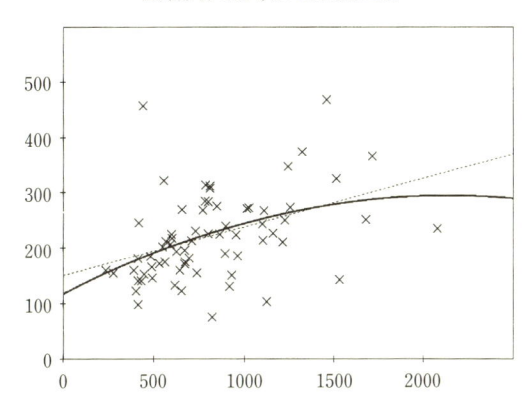

つけ加えたモデル

$$Y = A + BX + CX^2$$

を適用してみましょう．

次の結果が得られます．

$$Y = 149.55 + 0.0882 X_1 \tag{5041}$$
$$Y = 117.38 + 0.1660 X_1 - 0.00389 X_1^2 \tag{4987}$$

2 乗の項を加えたことによる効果はわずかです．残差分散の減少は 54，決定係数でいうと 0.9% の増加に過ぎません．

R^2 の増加はわずかであっても，現象の説明上有用と判断して（たとえば高収入層と低収入層との差を把握できる）X^2 の項を取り入れることは考えられます．ただし，そのことよりも，あるいは，それとともに，X 以外の変数の範囲で説明力の大きいものを探る方が先だということです．

そこで別の説明変数として，世帯人員 X_3 も含めてみましょう．また，その場合についても，X_1^2 をつけ加えてみましょう．

$$Y = 12.97 + 41.61 X_3 + 0.0588 X_1 \tag{2700}$$
$$Y = -90.9 + 41.42 X_3 + 0.1138 X_1 - 0.0027 X_1^2 \tag{2674}$$

X_1^2 の項の効果が小さいことは，この場合も同じですが，X_3 の効果の方がはるかに大きいのです．

なお，X_1 の係数は X_1^2 をつけ加えたとき大きくかわりますが，傾向線そのものの変化は X_1^2 の係数と一緒にしてみるべきです．

▶3.4 説明変数の追加，変更

① 表 3.0.1 に示した基礎データには，収入総額 (X_1) のほかに，実支出 (X_{12}) と

消費支出総額(X_{13})があります.

　これらをモデルに取り入れることを考えましょう．3変数は家計支出のために使えるパイの大きさという意味で共通性がありますが，後に示すように定義上ちがいがあります．したがって，X_1, X_{12}, X_{13} の扱いに関して

　　a. X_1, X_{12}, X_{13} をすべてモデルに入れる，
　　b. X_1, X_{12}, X_{13} のいずれか1つを選んでモデルに入れる，

の両案がありえます.

　これまでの説明の範囲でいえば，すべてを取り入れて計算した上，決定係数をみて最終判断しようという趣旨で，a案を採用することがまず考えられます．

　なお，世帯人員 X_3 も一緒に使う場合と，それを考慮しない場合とを計算しています．

　② 最終判断は後のことにして，a案を適用してみましょう．a案を採用すれば，b案の結果は部分モデルとして計算される結果となるのですから，a案にせよb案にせよ，とにかく試してみる … それでよいのです．

　ただし，試してみるということについて注意しましょう．「こうなるはずだ」という予想をもつことは大切ですが，予想⇒予断⇒検証ぬきでそれを押す … これは困ります．予想⇒検証⇒結論，という運びをしましょう．

　収入総額，実支出，消費支出総額の3つのうちどれが最も説明力が高いかという問いに対しては，相関係数の数値だけでなく，それぞれの項目の定義を調べ，その意味上のちがいを把握しなければなりません．

　収入総額と支出総額とは一致します(そう定義されている)．支出総額のうち貯蓄や投資などを除いた部分が実支出です．実支出は消費支出と非消費支出とに区分されています．非消費支出に含まれるものは，税金や社会保障費です．

　こういう意味のちがいとともに，いま問題としている食費支出との関係も考慮に入れることが必要です．家計でのお金の流れでいうと図のようになります．

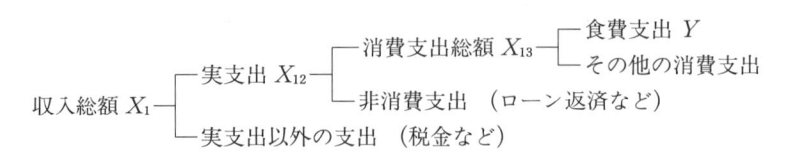

```
                                    ┌─ 消費支出総額 X₁₃ ┬─ 食費支出 Y
                 ┌─ 実支出 X₁₂ ─────┤                    └─ その他の消費支出
 収入総額 X₁ ────┤                  └─ 非消費支出 (ローン返済など)
                 └─ 実支出以外の支出 (税金など)
```

　そうして，図の上で近い位置にある変数間の相関は遠い位置にある変数間の相関より高い….したがって，食費支出の分析では，収入総額を使うよりも消費支出総額を使う方が，決定係数を高くできると予想できます．

　ただし，すでに指摘したように，それだけで決めるべきではありません．たとえば，収入と消費支出のちがい，たとえばローン返済の負担がどう影響するかを考える必要があれば，収入総額も(あるいは非消費支出も)取り上げるべきですが，食費だから，そこまで考える必要はなさそうです．

③ いずれにしても，計算ではすべての変数を使いましょう．以下の結果が得られます．まず，3変数については，その1つを選んだ場合についてみましょう．

$$Y = 149.55 + 0.088 X_1 \qquad (17\%)$$
$$Y = 122.73 + 0.136 X_{12} \qquad (34\%)$$
$$Y = 121.12 + 0.156 X_{13} \qquad (37\%)$$
$$Y = 12.97 + 0.059 X_1 + 41.61 X_3 \qquad (56\%)$$
$$Y = 12.95 + 0.091 X_{12} + 36.90 X_3 \qquad (61.7\%)$$
$$Y = 18.82 + 0.103 X_{13} + 35.42 X_3 \qquad (62.0\%)$$

3つの変数の効果については予想どおり X_{13}, X_{12}, X_1 の順になっています．X_{12} と X_{13} の効果のちがいが予想ほど大きくなかったという印象があるかもしれません．古い年次のデータですから今の感触とちがうのかもしれません．

④ 次に，3変数を1つ以上使った場合の結果をみましょう．

結果は次のようになっています．

$$Y = 111.24 + 0.0467 X_1 - 0.1854 X_{12} + 0.3221 X_{13} \qquad (40\%)$$
$$Y = 118.78 + 0.0138 X_1 + 0.1261 X_{12} \qquad (34\%)$$
$$Y = 124.11 \qquad -0.0752 X_{12} + 0.2364 X_{13} \qquad (37.7\%)$$
$$Y = 112.95 + 0.0221 X_1 \qquad + 0.1411 X_{13} \qquad (38.0\%)$$

たとえば X_{13} ひとつを取り上げたとき達成されていた決定係数37%が，2つ目を追加しても38%になるだけです．X_{12} についても同様です．X_1 については，状況がちがい，それ1つでは十分でなく X_{12} または X_{13} を加えたいという結果になっていますが，X_1 と X_{13} を併用して38%になった，しかし，X_{13} だけに限っても37%だから X_{13} だけにしてもよい，いいかえれば，X_1 を使うかわりに X_{13} を使ったらどうかということになります．

定義上ちがいがあるにしても，家計支出の枠の大きさだという意味で3つのうちの1つをとれば十分 … こう結論すればよいでしょう．

⑤ これに対して，たとえば X_{12}, X_{13} を使った式を書き換えて

$$Y = 124.11 - 0.0752 (X_{12} - X_{13}) + 0.1614 X_{13}$$

とし，2番目の項を"ローンなどの非消費支出が多いことが食費支出をおさえる"といった説明をしたいという意見が出るかもしれません．こういう結果の解釈は重要ですが，慎重に考えましょう．後の節で問題としますが，とりあえず

ローンが多い ⇒ その年齢層は比較的高い ⇒ 食費にお金をかけない

という因果序列が考えられるので，「年齢もあわせて考える必要がある」ことを指摘しておきましょう．$(X_{12} - X_{13})$ を取り上げることを否定するわけではなく，扱いが細かくなるので，まず，大きい要因を取り上げる方が先だということです．

⑥ もうひとつ，X_{12} の係数の符号が正のケースと負のケースがあることについてコメントしておきましょう．

符号が正になっているのは，X_{13} を取り上げていないケースです．したがって，

X_{12} に含まれている消費支出の効果をわけて計測していないために，非消費支出の効果と一緒に（混同されて）計測された結果になっているのです．そうして，消費支出の効果（プラスの効果）の方が大きいため，その方の符号になったのです．いいかえると，支出総額の効果と解釈せず，消費支出の効果と解釈すべきだということです．そういうまぎらわしい説明が必要になるのなら，X_{12} を使わず，X_{13} を使え … その方がよいでしょう．

▶3.5　説明変数の細分

① 説明変数の取り上げ方について，説明をつづけましょう．

世帯人員（X_3）をすでに取り上げていますが，伸びざかりの子供と，食べるのをおさえている大人とを一緒に扱ってよいでしょうか．

データファイルには，世帯人員（X_3）を大人（X_{31}），子供（X_{32}），乳児（X_{33}）とわけてカウントしてありますから，試してみましょう．

この場合

$$X_3 = X_{31} + X_{32} + X_{33}$$

が成り立っていることに注意しましょう．定義上そうなっているのです．もちろん，実際のデータでもそうなっています．

このことが分析を進める上で重要な注意点なのですが，とりあえずそのことを無視して

$$Y = A + BX_3 + CX_{31} + DX_{32} + EX_{33}$$

をあてはめてみましょう．使うプログラムによって多分ちがうでしょうが，たとえば次のような結果が得られます．

$Y = 44.96 \ + 45.60 X_1$ (3147)

$Y = 33.88 \ + 40.80 X_1 \ + 11.75 X_{31}$ (3096)

$Y = 42.786 + 28.076 X_3 + 22.001 X_{31} + 15.601 X_{32}$ (3005)

$Y = 42.786 - 21.524 X_3 + 71.601 X_{31} + 65.201 X_{32} + 49.600 X_{33}$ (3005)

変数を $X_3, X_{31}, X_{32}, X_{33}$ の順に指定し，X_{32} までを含めた部分モデルの結果と，最後まで含めたフルモデルの結果を示しています．

4番目の変数 X_{33} をつけ加えた場合，残差がその前の状態における値とかわっていません．また，正であると予想される世帯人員 X_3 の係数がマイナスとなっています．このような予想に反する結果がみられます．なぜでしょうか．

② 説明をつづける前に，説明変数を $X_{31}, X_{32}, X_{33}, X_3$ の順に取り上げたときの結果も示しておきましょう．

$Y = 94.123 \qquad\qquad +50.610 X_{31}$ (4554)

$Y = 70.855 \qquad\qquad +46.150 X_{31} + 36.567 X_{32}$ (3273)

$Y = 42.786 \qquad\qquad +50.077 X_{31} + 43.677 X_{32} + 28.077 X_{33}$ (3005)

$$Y = 42.786 - 16.000 X_3 + 66.077 X_{32} + 59.677 X_{32} + 44.076 X_{33} \tag{3005}$$

です.最後まで進めたときの結果は,説明変数の順序にかかわらず一致するはずです(これまでの例示はすべてそうなっていました)が,この例では一致していません.

③ このことも含めて,なぜこういう状態になったかを考えましょう.

問題の原因は,モデルに含めた変数の間に,前掲のような恒等関係が存在するためです.いいかえると,4つの変数のどれか3つを取り込んだ段階で4つ目の変数は,不必要となっているのです.たとえば恒等式 $X_3 = X_{31} + X_{32} + X_{33}$ を X_3 に代入すると,4番目の式が3番目の式と一致することを確認してください.4番目の式の説明変数は事実上3つだというべきです.

それにもかかわらず計算を続行すると,数学的には「計算の続行不能」となるはずです(数学的には0での割り算が起きる).

はっきりそうなれば事態がわかるのですが,都合が悪いことに,コンピュータは計算誤差をもつため,「続行不能」とならず「計算を進行してしまう」のです.そうして,計算誤差が大きくひびいて,たとえばプラスであるべきところにマイナスの答えを出したりするのです.また,事実上同じだが外見上異なるようにみえる結果が出力されるのです.

◆注 説明変数の間に例示のような恒等式が成り立っているときの対処を組み込んでいないプログラムがあるようです.

気をつけて結果をみればわかることですが,計算機は正しい答えを出すものと思いこんでいると見逃すかもしれません.

説明変数を選ぶときに恒等関係にあることに気づくはずですから,モデルに含めないようにしましょう.

この例でいえば,X_3 のかわりに(X_3 を除いて),その内訳である X_{31}, X_{32}, X_{33} を使ったときは問題は起こりませんでしたが,$X_3 = X_{31} + X_{32} + X_{33}$ の関係が恒等式だったからです.ただし,定義上そうであっても,観察値では観察エラーがあって,データでは恒等式になっておらず,問題を起こす可能性があります.

④ また,恒等関係がないのにかかわらず,同じようなことが発生する可能性があります.

$X_3 = X_{31} + X_{32} + X_{33}$ のような関係が正確には成り立っていなくても,恒等式に近い形の関係であれば,例示の場合と同じように計算誤差が大きくなって,異常な結果になる可能性があるのです.

たとえば,食費 Y と収入 X の関係をみる問題において,X と高い相関をもつ変数 Z(相関係数 0.9998 をもつ仮想データ)があるとき,説明変数として X, Z を同時に取り上げてみましょう.次の結果が得られます.

モデル12　$Y = 148.46 + 0.7427 X - 0.6529 Z$　　　　残差分散　5017
モデル1　$Y = 149.55 + 0.0882 X$　　　　残差分散　5041

　　　　モデル2　$Y=149.94$　　　　　　$+0.0877Z$　　　　　　残差分散　5047
　X, Z はほとんど1に近い相関関係をもちますから，モデル1とモデル2がほとんど一致するのは当然です．ところが，
　　　　両方を使うと X の係数も Z の係数も著しくかわってしまう
のです．
　こういう状態を「多重共線性」とよびます．
　特に時系列データを扱う場合に起こることの多い状態ですが，それ以外の場合もたくさんの説明変数を整理せずに取り上げると起こりえます．
　⑤　多重共線性は，あらかじめ基礎データをみていれば，たいていは避けられるはずですが，客観的な判断用の指標がいくつか提唱されています．そのひとつが，次のVIF (分散拡大要因) です．
　これは，説明変数の相関行列 R_{JK} の逆行列 R^{JK} の対角要素です．これを VIF_J と表わし，変数 X_J をそれ以外の説明変数によって説明する回帰式
$$X_J = A + \sum_{K \neq J} B_K X_K$$
の決定係数を R_J^2 とかくと
$$VIF_J = \frac{1}{1 - R_J^2}$$
となります．
　したがって，VIF_J が大きいことは，R^2 が1に近いことに対応しています．すなわち，「X_J を他の説明変数とおきかえうる度合いが高い」ことを意味します．たとえば VIF_J が20以上のとき（決定係数が0.95以上のとき）は，多重共線性に注意せよと指摘するのです．
　前掲の仮想例では，VIF_2 が5000という極端に大きい値になります．
　実例ではここまで大きいケースはまず起こらないでしょうが，これまでの節で取り上げている例（図3.1.2の5変数を取り上げた場合）では
　　　　$VIF_4 = 33$，　$VIF_5 = 30$
となります．
　したがって，VIF基準では「変数4（実支出）と5（消費支出総額）のいずれか一方を取り上げれば，他方は避けよ」ということになりますが，現象を説明するためには両方を取り上げたい … そうしてもよいのですが，計算誤差などに注意しましょう．
　◆注　一群の説明変数の共通部分を代表する主成分スコアを誘導し，それを説明変数とする … こういう扱いが考えられます．多重共線性を避けられるということだけでなく，説明変数群を概念整理した上各成分を代表する新説明変数を使うという考え方です．

▶3.6　質的変数の扱い（数量化）

　①　前節の分析で世帯人員の効果を大人，子供，乳児とわけて計測し，

$$Y = 42.786 + 50.077 X_{31} + 43.677 X_{32} + 28.077 X_{33}$$

が得られました．

この結果は，同じ1人でも

　　　大人は 50.077 千円
　　　子供は 43.677 千円
　　　乳児は 28.077 千円

とみればよいということです．また，これらの数値の比を使って，食費支出を計測するという観点から

　　　大人1人に対して，子供は 0.87 人，乳児は 0.56 人の割合で換算

するのだと解釈することができます．

この考え方は，「食費支出の変動を説明する」という分析意図に応じて，その意図に適した数値，すなわち，「大人1人に対して，子供あるいは乳児1人は何人分にあたるか」という数値を誘導するのだと考えればよいのです．

基礎データが数量で表現されていないときにそれを数量的分析の枠内に取り込むために適用されることが多いのですが，基礎データが数量で表現されている場合にも，分析意図に応じた新しい数量評価値におきかえるためにも適用できます．

② これは，「数量化の方法」とよばれる一群の手法の考え方です．

このテキストで扱っている回帰分析も，被説明変数の観察値のかわりに，説明変数を使って説明できる推定値を求めるのですが，

　　　各説明変数の値を"説明変数値×回帰係数"とおきかえる

ものと考えれば，数量化の手法のひとつと了解できます．

その場合に，被説明変数の観察値を参照しますから，「外的基準が与えられている場合の数量化の方法」とよばれます．

③ 食費支出の分析における世帯人員の情報の扱いに関して，ひきつづいて考えていきましょう．

　　　同じ1人でも，2人世帯のメンバーの1人と
　　　4人世帯のメンバーの1人とはちがう

だろう，そのちがいが食費の世帯間格差に影響している可能性がある，それを把握しようという問題意識です．

この観点にたつと，

　　　世帯人員の情報を，数量として扱うのでなく
　　　質的情報とみなして分析対象に取り入れる

ことを意味します．①でみたように，分析結果として，食費支出に何人分の影響をもたらすかを計測して，結果として数量を導入することになりますが，4人は2人の2倍といった数量的な関係を考慮せずに使うのですから，質的情報と同じ扱いとなるのです．

④ 質的な情報を分析に取り入れる基本的な手順は，その情報によって観察単位を

区分してみることです．

　世帯人員を2〜3人，4人，5人以上に3区分して（こう区分すると世帯数がほぼ1/3ずつになる），それぞれの区分で，食費 Y と収入総額 X_1 の関係を求めると次の結果が得られます．

$$Y = 127.20 + 0.0675 X_1 \quad \text{for} \quad X_3 = 2 \text{ or } 3$$
$$Y = 159.58 + 0.0618 X_1 \quad \text{for} \quad X_3 = 4 \qquad R^2 = 49\%$$
$$Y = 250.83 + 0.0503 X_1 \quad \text{for} \quad X_3 = 5 \text{ or } 6 \text{ or } 7$$

　X_1 の係数が所得の効果であり，世帯人員の効果は，定数項 1.272, 1.596, 2.508 によって計測されているのです．

　世帯人員の効果をもっと精密に計測したければ，区分を細かくすればよいのです．2人，3人，4人，5人，6人以上と5区分にしてみましょう．

$$Y = 160.51 - 0.0211 X_1 \quad \text{for} \quad X_3 = 2$$
$$Y = 80.21 + 0.1635 X_1 \quad \text{for} \quad X_3 = 3$$
$$Y = 159.58 + 0.0618 X_1 \quad \text{for} \quad X_3 = 4 \qquad R^2 = 68\%$$
$$Y = 259.02 + 0.0209 X_1 \quad \text{for} \quad X_3 = 5$$
$$Y = 206.83 + 0.1526 X_1 \quad \text{for} \quad X_3 = 6 \text{ or } 7$$

　世帯人員 3, 4, 5 の区分については受け入れうる結果になっていますが，世帯人員 2 の区分では世帯数が 9，世帯人員 6 以上の区分では世帯数が 5 ですから，十分な精度をもつとはいえません．

　データ総数が 68 と少ない場合には，区分することで計測値の精度が悪くなる可能性があります．

　⑤　また，わけて計測してもたいしてかわらないなら，説明を簡単化できます．

　また，わけて扱うにしても，ある条件をつけて扱う方法が考えられます．

　この例では，たとえば 3 区分した計測値でみると，X_1 の係数はどの区分でもほぼそろっているので

$$\begin{aligned}
\text{区分 1 では} \quad & Y = A_1 + B X_1 \\
\text{区分 2 では} \quad & Y = A_2 + B X_1 \\
\text{区分 3 では} \quad & Y = A_3 + B X_1
\end{aligned} \qquad (1)$$

の形のモデルを想定して計測することにしましょう．各区分ごとにわけて扱うが，係数 B はどの区分でも同じだという条件をつけることを意味します．

　こういう扱いをする場合の定石は，ダミー変数とよばれる特殊の変数を定義して，すべての区分に対する計算を，形式上，一本化する方法です．

　この例についていうと

$$Z_1 = \begin{bmatrix} 1 & \text{for 区分 1} \\ 0 & \text{for それ以外} \end{bmatrix} \quad Z_2 = \begin{bmatrix} 1 & \text{for 区分 2} \\ 0 & \text{for それ以外} \end{bmatrix} \quad Z_3 = \begin{bmatrix} 1 & \text{for 区分 3} \\ 0 & \text{for それ以外} \end{bmatrix}$$

のように定義します．いわば「区分 K に属するか否かという定性的情報の身がわり」に使う変数になっているので，ダミー変数とよびます．

値は 1 か 0 かという意味で特殊ですが,回帰分析の計算は一般の変数と同じ扱いができます.

これらを使って
$$Y = A_1 Z_1 + A_2 Z_2 + A_3 Z_3 + B X_1 \tag{2}$$
と表わすと,これが (1) 式と同等になっています.たとえば $Z_1=1, Z_2=0, Z_3=0$ とおくと (1) 式の第 1 式になり,$Z_1=0, Z_2=1, Z_3=0$ とおくと第 2 式になります.

こうして,3 つの式を 1 つの式の形に表現できました.

ただし,回帰分析の計算では,モデルに定数項が含まれている場合を想定して進めるようになっていますから,恒等式 $Z_1+Z_2+Z_3=1$ を使って (Z_3 を消去して)
$$Y = A_3 + (A_1 - A_3)Z_1 + (A_2 - A_3)Z_2 + B X_1 \tag{3}$$
と書き換えた (3) 式について計算します.こうすることによって,
$$Y = A + B X_1 + C Z_1 + D Z_2 \tag{4}$$
の係数 A, B, C, D が得られますから,(3) 式の係数 A_1, A_2, A_3, B におきかえて,(2) 式の形,あるいは (1) 式の形に表わすことができます.

⑥ 計算結果は次のようになります.

$Y = 132.70 Z_1$
$\quad + 161.08 Z_2$
$\quad + 241.90 Z_3 + 0.0599 X_1 \qquad R^2 = 31.33\%$

2〜3 人世帯と 4 人世帯の係数が近く,5 人以上の世帯での係数は大きく離れています.同じく 1 人といっても,大人,子供,乳幼児でちがうという計算結果 (63 ページ) に対応していることがわかります.

⑦ 世帯人員 X_2 と Y の関係をみるという意味では,世帯人員区分をもっと細かくする方がよいでしょう.2 人,3 人,4 人,5 人,6 人以上と 5 区分にして計算すると,次の結果が得られます.

$Y = 92.88 Z_1$
$\quad + 148.68 Z_2$
$\quad + 158.19 Z_3$
$\quad + 219.47 Z_4$
$\quad + 291.81 Z_5 + 0.0599 X_1 \qquad R^2 = 58\%$

3 人以下と一括してあった部分をわけたことにより,「3 人世帯と 4 人世帯の係数が近く,2 人世帯と 3 人世帯の係数は離れている」ことがよみとれるようになりました.

このように「よりくわしい説明につながる」反面,各区分に属する世帯数が少なくなるため,「推定精度が低下する」ことが問題となります.したがって,どこまでも細かくできるとは限りません.

⑧ 世帯人員を数量扱いしたときの結果と比べておきましょう.

57 ページに,世帯人員と収入を使ったモデルについて

$$Y = 12.97 + 41.61X_3 + 0.059X_1, \quad R^2 = 56\%$$

が得られています．これによって計算すると，Z の係数は

　　　　世帯人員2に対して　96　（ 93）
　　　　　　　3に対して 138　（149）
　　　　　　　4に対して 179　（158）
　　　　　　　5に対して 222　（219）
　　　　　　　6に対して 263　（292）

となります．区分別にわけて計算した値（括弧書きした値）と比べることによって，世帯人員を「1人は1人」という仮定を外して「同じ1人でも効果が異なる」ことをよめるようになったのです．

　このことを考えて，世帯人員の情報を「区分けの基礎として使う」か，「数量データとして使う」かを決めましょう．決定係数ではわずかな増加でしたから，結果の解釈が難しければ，世帯人員を数量扱いした結果の方を採用しておくといういわば無難な選択もありえます．結果の解釈が可能とみられれば，決定係数の増加はわずかでも区分けする扱いを採用しましょう．

　　　　　　　説明変数の扱い方に関するガイド

　説明変数の数と種類は同じでも，その扱い方によって，決定係数は改善される．たとえば，

　　　a. 変数の定義を考慮して細分する，　　　　　　　3.5節
　　　b. 変数変換を適用して，直線という限定を落と
　　　　 してみる，　　　　　　　　　　　　　　　　　3.3節
　　　c. 変数値をいくつかの階級区分にわけ，区分ごと
　　　　 に異なる関係を想定する，　　　　　　　　　　3.6節
　　　d. c において，各区分での関係に関してある条件
　　　　 を想定して扱う．　　　　　　　　　　　　　　3.7節

　これらの扱いを適用するときには，

　　　　決定係数だけでなく，各説明変数の意味を考えること

　が必要である．

▷3.7　数量データの再表現（数量化）

① 3.3節の図 3.3.2 を再掲しましょう（図 3.7.1）．

　Y（＝食費支出）と X（＝収入総額）の関係を表わす傾向線として，直線を想定した場合と，放物線を想定したと場合とを比較したものです．

　この例では，放物線という想定が妥当だったため，次のように適合度が改善されました．

3.7 数量データの再表現

図 3.7.1 食費支出と収入の関係 (2種の傾向線)

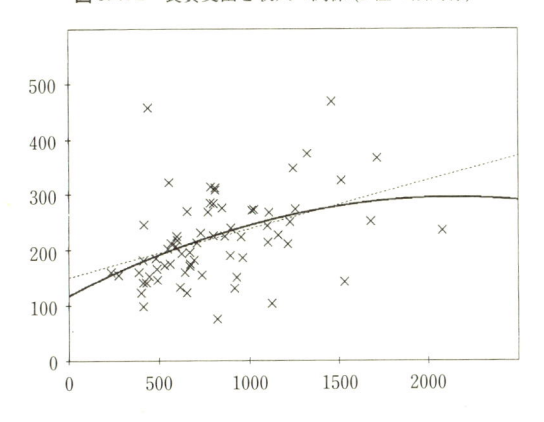

$Y = 149.55 + 0.0882X$, 残差分散 $= 5041 \, (17.3\%)$

$Y = 117.38 + 0.1660X - 0.3884X^2$, 残差分散 $= 4982 \, (18.2\%)$

しかし，いつもそうだとは限りません．関数形の想定が不適当だと，かえって悪くなることがありえます．

たとえば，

$Y = 190.02 + 0.3901X^2$, 残差分散 $= 5216 \, (14.5\%)$

となります．X^2 を使っていますから放物線にはちがいありませんが，1次の項をもたない形 ($X = 0$ のところで水平になる形) を想定しているために適合度が悪くなったのです．

また，「所得の増加に対応する食費増加」が逓減すると予想されるところが，逓増するという結果になっていることも問題です．

② 基本的には，どんな関数形を想定するかは簡単には扱えない問題です．

直線という範囲からふみだそうとするとき，「直線，次は，放物線」というのは多くの可能性のうちのひとつに過ぎません．

したがって，関数の形を特定したモデルを想定するかわりに

　　いくつかの区間を想定して各区間ごとに別々の直線を定める

ことが考えられます．

③ 以下では例示として，値域を四分位値 Q_1, Q_2, Q_3 によって，4区分するものとして説明します．もっと細かく区分する場合も同様に扱うことができますが，ここでは，そう特定しておきます (注)．

したがって

　　区間 1 $(-\infty \sim Q_1)$ において　　$Y = A_1 + B_1 X$
　　区間 2 $(Q_1 \sim Q_2)$ において　　$Y = A_2 + B_2 X$
　　区間 3 $(Q_2 \sim Q_3)$ において　　$Y = A_3 + B_3 X$

(5)

区間 $4\,(Q_3\sim\infty)$　において　　$Y=A_4+B_4X$

を想定するのですが，基礎データは連続性をもっていますから，区間ごとに直線の位置と傾斜をかえるにしても，

　　　区切り点ではつながる

という条件をつけましょう．

　　すなわち，(5)式に示すモデルを，

$$\begin{array}{ll}\text{条件}& A_1+B_1Q_1=A_2+B_2Q_1\\ \text{条件}& A_2+B_2Q_2=A_3+B_3Q_2\\ \text{条件}& A_3+B_3Q_3=A_4+B_4Q_3\end{array} \tag{6}$$

をつけて扱うことを意味します．

　　この扱いは，「折れ線」を想定することにあたります．区切り方を細かくすると十分精密に，データの傾向をくみとる傾向線が得られます．したがって，

　　　関数形を特定せずに，観察値の示す傾向性を要約する

という観点で採用しうる方向です．

④　このような形の傾向線を定めることは，前節と同様，ダミー変数を使って回帰分析を適用することと一致します．

　　ただし，この場合のダミー変数は，次のように，

　　　直線 $Z=X$ を分解した4つの折れ線を表わすもの

と定義されます．

$D_1(X)=X$	$D_2(X)=0$	$D_3(X)=0$	$D_4(X)=0$	for 区間1
$=Q_1$	$=X-Q_1$	$=0$	$=0$	for 区間2
$=Q_1$	$=Q_2-Q_1$	$=X-Q_2$	$=0$	for 区間3
$=Q_1$	$=Q_2-Q_1$	$=Q_3-Q_2$	$=X-Q_3$	for 区間4

これらのダミー変数の定義と意味は，次ページの図3.7.2を参照して説明できます．

◆注　「関数形を特定せずに扱える」だけでなく，区間の定め方でも自由度が大きくなりますが，実際の問題への適用では，区間の区切り点を，たとえば現象に変化が生じたと予想される点として定めるのが普通です．関数形すなわち傾向を表わすモデル，区切り点すなわち傾向がかわった点という観点を採用するのです．

　　図3.7.2(a)は，$f(X)=X$ すなわち，基礎データそのものを使う形になっています．

　　この図において，$X=Q_1, X=Q_2, X=Q_3$ のところで区切って，破線のような折れ線を4本えがきます．それらの折れ線を別々にわけて，図3.7.2(b)のように4つの関数 $D_1(X), D_2(X), D_3(X), D_4(X)$ をえがくと，

$$f(X)=D_1(X)+D_2(X)+D_3(X)+D_4(X)$$

となっています．いいかえると，1つの変数 X のかわりに，4つの変数 $D_1(X), D_2(X), D_3(X), D_4(X)$ を使うものとしてよいことを意味します．

3.7 数量データの再表現

問題は，そうすることの効用です．それは…
任意の定数 C_1, C_2, C_3, C_4 を使った線形結合
$$g(X) = C_1 \times D_1(X) + C_2 \times D_2(X) + C_3 \times D_3(X) \\ + C_4 \times D_4(X)$$
によって，任意の折れ線を表わすことができるからです．

◆**注** X を $g(X)$ に対応させる関数をスプライン関数とよびます．

したがって，ダミー変数 $D_1(X), D_2(X), D_3(X), D_4(X)$ を結合する係数を適当に選ぶことによって，基礎データとの差の分散を最小にする折れ線を定めることができます．

すなわち，回帰分析を適用して最適な折れ線を見出すことができます．

区切り方(区切りの位置と数)を特定して説明しましたが，区切り方もかえるものとして一般化できます．

また，
　　　　観察値の K 分位値を使って K 区分とする
という形に限定する扱い方も考えられます．

⑤ ①にあげたデータについて，四分位値で区切って折れ線を定めると，次の結果が得られます．
$$Y = 130.93 + 0.1193 D_1(X) \\ + 0.1501 D_2(X)$$

図 3.7.2 ダミー変数

(a) $f(x) = d_1 + d_2 + d_3 + d_4$

(b) D_1, D_2, D_3, D_4

(c) $g(x) = 1 \times D_1 + 2 \times D_2 + 1 \times D_3 - 1 \times D_4$

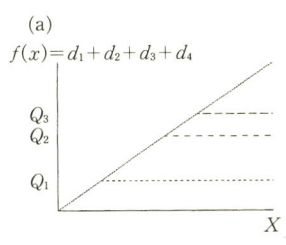

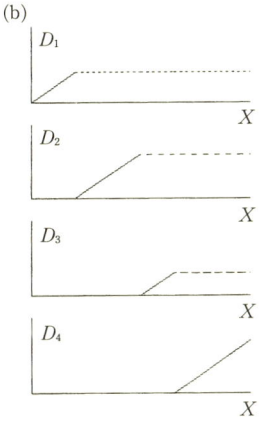

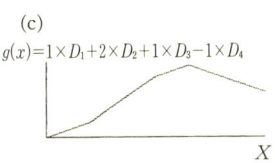

図 3.7.3 食費支出と収入の関係(値域区分ごとに定めた傾向線)

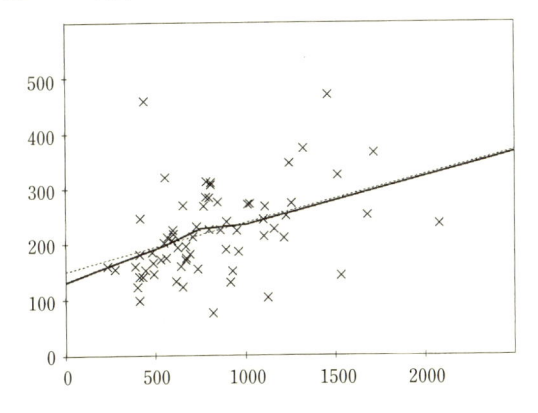

$$+0.0328D_3(X)$$
$$+0.0883D_4(X)$$
残差分散＝0.501，決定係数＝17.8%

図 3.7.3 はこの折れ線を図示したものです．図 3.7.1 と比べてください．

収入 X との関係を直線とした場合の決定係数は 17.3% であり，放物線とした場合の決定係数は 18.2% ですから，わずかなちがいです．

決定係数でみた差はわずかですから，説明の仕方を考えて選びましょう．

たとえば

   直線でよしとして，直線を選ぶ
   両端での傾向を重視して放物線を選ぶ
   中央付近での傾向を重視して折れ線を選ぶ

といった選択です．

● 問題 3 ●

【説明変数の選択】

問1 (1) 食費支出の世帯間差異を説明する8とおりのモデル(3.1節の①に示すもの)の計算結果を確認せよ.

UEDAのプログラムREG03と,セットしてあるデータ例(またはデータファイルDH10V)を使って計算できるはずであるが,REG03を使う回数を減らすことを考えよ.

(2) 食費支出のかわりに雑費支出を使って,(1)と同じ計算をせよ.結果は図3.1.1の形式にまとめよ.

注1:問1~9については,付表B(ファイルDH10)のデータを使いますが,各問で使うために記録形式をかえたり,データをつけ加えたりしたファイルを用意してありますから,各問で指定したデータファイルを使ってください.

注2:データファイルでは,データの小数点の位置をかえたものもあります.したがって,本文の結果と比べる場合,小数点の位置がずれていることがありえます.

注3:この後の章の問題でも同じようなことがありえます.7ページの「問題について」を参照してください.

問2 (1) 図3.1.2が得られることを確認せよ.

問1(1)と同じプログラム,同じデータファイルを使って計算できるはずであるが,REG04を使え.

(2) 食費支出のかわりに雑費支出を使って,(1)と同じ計算をせよ.結果は図3.1.2の形式にまとめよ.

問3 (1) 図3.1.3が得られることを確認せよ.

問2(1)と同じプログラムとデータファイルを使って計算できるはずである.

(2) 食費支出のかわりに雑費支出を使って,(1)と同じ計算をせよ.結果は図3.1.3の形式にまとめよ.

問4 (1) 図3.1.2では取り上げた5つの変数のすべてを計算していない.5つの変数のあらゆる組み合わせについて計算し,その結果を図3.1.2に書き足せ.

変数の数を1とした範囲でベストな場合,変数の数を2とした範囲でベストな場合,変数の数を3とした範囲でベストな場合などが,図3.1.2の範囲に含まれていることを確認せよ.

(2) 食費支出のかわりに雑費支出を使って，(1)と同じことを確認せよ．

問5 (1) 図3.2.1が得られることを確認せよ．この図では，問2(1)で使った68世帯のデータから，データ番号60のデータを除いたものを使って計算しているので，そうするための手順を経ることが必要である．そのためには，問題2(45ページ)で説明したDATAEDITを使うので，そこを参照すること．

(2) 食費支出のかわりに雑費支出を使って，(1)と同じ計算をせよ．結果は図3.2.1の形式にまとめよ．

【変数変換】

問6 (1) 図3.3.2が得られることを確認せよ．この計算には，実収入 X_1 の2乗を計算することが必要である．そのためには，次ページに注記する要領で，変数変換プログラムVARCONVを使うこと．

(2) データ番号60を除いて図3.3.2をかけ．

【質的変数の扱い】

問7 (1) 3.6節④の計算結果を確認せよ．基礎データを世帯人員区分別にわけて記録したデータファイルDH10VSを用意してあるので，それを指定すれば計算できるはずである．

(2) データ番号60を除いて(1)と同じ計算をせよ．

問8 (1) 3.6節⑥，⑦の計算結果を確認せよ．

世帯人員区分に対応するダミー変数(64ページ⑤に示す Z_1, Z_2, Z_3)を記録したデータファイルDH10VDを用意してあるので，それを指定すれば計算できるはずである．

(2) データ番号60を除いて(1)と同じ計算をせよ．

問9 (1) 3.7節⑤の計算結果を確認せよ．この計算には，世帯人員区分に対応するスプライン関数(68ページ④に示す D_1, D_2, D_3, D_4)を使うことになるが，データファイルDH11VDにはそれを記録してある．

(2) データ番号60を除いて(1)と同じ計算をせよ．

【回帰診断】

問10 (1) 表3.1.4が得られることを確認せよ．UEDAのプログラムREG08中の選択機能「回帰診断」を使って計算できるはずである．データとしてはDH10Vを指定すること．

(2) 番号60のデータを除いて表3.1.4を求めよ．

問11 (1) 表3.1.5が得られることを確認せよ．問2(1)の計算結果として残差平方和 SS が得られているから，それを利用して計算すればよい．

(2) 番号60のデータを除いて表3.1.5を求めよ．

【分析例】

問12 (1) 付表Jに示す「県別交通事故発生数」の差異を分析せよ．ただし，付表Jに示す範囲で適当な説明変数を選ぶこと．

(2) (1)の分析において，地域による差異を把握するために，たとえば大都市周辺の県とそれ以外の県を区別するダミー変数を使ってみよ．
(3) 被説明変数を「人口あたり交通事故発生数」として分析してみよ．この場合，説明変数の方も，比率の形におきかえることを考えよ．

問 13 (1) 図 3.0.4 において，番号 60 のデータがどこにあるかを調べよ．
相関係数を計算し，相関図をかくプログラム RMAT01 を用意してあるが，その中に，特定のデータの位置を調べる機能がある．データファイル DH10A を指定せよ．
(2) 番号 60 のデータを除いて，表 3.0.2 を計算しなおせ．

VARCONVの使い方(1) （変数変換）

データファイルに記録されているデータに対し変数変換を適用したいときには，プログラム VARCONV を使います．

a. VARCONV が呼び出されると，適用する機能(例示では変数変換 C ですから 3)と，対象ファイル(例示では DH10V)を指定します．

```
このプログラムでは，次の処理を行ないます
    A  データセットの形式変換
    B  変数や観察単位の加除
    C  変数変換
            Aだけを適用するとき……………………1
            BだけまたはABを適用するとき…………2
            Cだけまたはそれ以外と併用するとき……3     3

対象ファイル名を指定
    作業用ファイル  WORK.DAT   ……W
    例示用サンプルデータ………………………R
    その他の場合ファイル名を入力………        DH10V

処理指定文を用意してありますか…………Y/N        N
```

b. 指定したファイルの内容が画面に表示されますから，↓キイでスクロールさせて，この問題で使う変数「世帯人員」が1番目，「収入」が2番目，「食費」が5番目に記録されていることを確認します．

最後までスクロールすると，データの最後を示す END の後ろに，「変換ルール」を指定するためのキイワード *USE, *DERIVE, *CONVERT が付加されています．この部分に，使う変数，誘導する変数，変換ルールを挿入します．

指定文の入力要領は DATAEDIT の場合と同じです．

.... 20990 data END 25000 * USE 25010　　VAR.U1＝世帯人員数 25020　　VAR.U2＝収入総額 25030　　VAR.U5＝食費支出 25100 * DERIVE 25110　　VAR.V1＝U5 25120　　VAR.V2＝U1 25130　　VAR.V3＝U2 25140　　VAR.V4＝V3 の2乗 25200 * CONVERT 25210　　V4＝U2 * U2 25290 * END	データ本体の最後．この後に，変換指定文をおく 　　イタリックの部分を入力します * USE では，使う変数を指定． 　　キイワード VAR.U の後ろに変数番号をつける 　　変数名をつけておくとわかりやすい 　　　他の指定方法もある * DERIVE では，誘導する変数を指定 　　キイワード VAR.V の後ろに変数番号をつける 　　また，変数名を指定 　　　変換せずにそのまま使うものも指定 * CONVERT では，V を定義する変換式などを 　　記述 u を使って * END は指定文の終わりを示す

　指定文を用意したら Esc キイをおすと，次の処理へ進みます．
　c. 変換のための計算が終わると，記録形式に関する指定をします．
　　　　データ記録形式を指定する．回帰分析で使うときはVタイプ．
　　　　　小数点の位置を調整できるが，ここでは適用しない．
変換結果は work.dat に出力されます．
　d. メニューにもどるので，それを使うプログラムを指定します．

4 回帰分析の応用

この章の主題は，回帰分析の応用ですが，これまでの章で扱ってきた"傾向線を導出する"という域からもう一歩，現象を説明する場面に立ち入った形の応用例を扱います．

求められた回帰係数の情報を使って，現象の変化の要因を分析する方法，あるいは，推計値や相関係数などの計測値について，条件のちがいによる影響を補正する方法などを取り上げます．

▷4.1 被説明変数に対する寄与度・寄与率の計算

① この節で扱うのは，2つの時点間における Y の変化に対して，その変動に寄与するであろうと予想される変数 U, V があるときに，U, V の影響度をわけて計測したい，そういう問題です．たとえば，「食費支出が去年と比べて10％増えた」が，家族構成からいって消費量が増えていることもあるが，食品の価格が上がっていることも効いている…，それぞれの効果が5％，5％だといった計測をしようという問題です．

一般化して説明しましょう．

$Y=f(U, V)$ だとすると，Y の変化 ΔY は

$$\Delta Y = \frac{\partial Y}{\partial U}\Delta U + \frac{\partial Y}{\partial V}\Delta V \tag{1}$$

と表わされますから，ΔY を U の変化として説明される部分（右辺の第1項）と，V の変化として説明される部分（第2項）とにわけることができます．

この分解について

$\dfrac{\partial Y}{\partial U}\Delta U$ を ΔY に対する U の寄与度

$\dfrac{\partial Y}{\partial V}\Delta V$ を ΔY に対する V の寄与度

とよびます．

また，$\varDelta Y$ に対する構成比にしたもの，すなわち

$$\frac{\partial Y}{\partial U}\frac{\varDelta U}{\varDelta Y} \text{を } \varDelta Y \text{ に対する } U \text{ の寄与率}$$

$$\frac{\partial Y}{\partial V}\frac{\varDelta V}{\varDelta Y} \text{を } \varDelta Y \text{ に対する } V \text{ の寄与率}$$

とよびます．

こういう指標を使って被説明変数の変動要因の効果を計測する分析が「要因分析」です．

◆**注1** 統計学では，実験計画の立て方を論ずる場面に「要因分析」とよばれる手法がありますが，それとはちがいます．

◆**注2** 基礎の式(1)は，$\varDelta U, \varDelta V$ の2乗の項を省略した近似式です．したがって，「$\varDelta U, \varDelta V$ の微小変化に対応する Y の変化をみる」という観点で使います．

② 回帰式を求めてあれば，それに簡単な計算をつけ加えるだけです．
求められた回帰式が

$$Y^* = A + BU + CV$$

だとしましょう．

この関係が考察範囲の各時点に対して適用できますから

$$Y_T^* = A + BU_T + CV_T$$

であり，$\varDelta Y_T^* = Y_T^* - Y_{T-1}^*$ などと表わすと，それぞれの変数の変化に関して

$$\varDelta Y_T^* = B\varDelta U_T + C\varDelta V_T \tag{2}$$

となります．また

$$1 = B\frac{\varDelta U_T}{\varDelta Y^*} + C\frac{\varDelta V_T}{\varDelta Y^*} \tag{3}$$

です．

(2)式の各項が寄与度，(3)式の各項が寄与率です．

③ 例をあげておきましょう．

表 4.1.1 はビールの出荷量と気温の関係をみるために取り上げたデータです．気温は東京の夏の平均気温です．東京での消費が多いこともありますが，気温の地域差が効くほど精密な議論はできませんから，東京で代表させたのだと考えてください．気温のほかに，所得水準の向上に応じて増加する趨勢があるとみられますから，それも取り上げています．

④ Y を U, V で説明する回帰式は

$$Y^* = -4766 + 5.084U + 120.44V$$
$$R^2 = 92.7\%$$

表4.1.1 ビールの出荷

年次	Y	U	V
1975	3928	1076	26.0
1976	3640	1117	23.7
1977	4075	1139	25.0
1978	4405	1187	26.3
1979	4473	1227	25.6
1980	4512	1250	23.4

Y：億キロリットル
U：家計最終消費
V：東京の夏の気温

4.1 被説明変数に対する寄与度・寄与率の計算

表 4.1.2 ビール出荷量に対する要因分析

年次	基礎データ			計算			寄与度	
	Y^*	U	V	ΔY^*	ΔU	ΔV	$B\Delta U$	$C\Delta V$
1975	3835	1076	26.0					
1976	3766	1117	23.7	-69	41	-2.3	208	-277
1977	4035	1139	25.0	269	22	1.3	112	157
1978	4436	1187	26.3	401	48	1.3	244	157
1979	4555	1227	25.6	119	40	-0.7	203	-84
1980	4407	1250	23.4	-148	23	-2.2	117	-265

と計算されます．気温1度の上昇が178.53億キロリットルの出荷増になるという結果です．

また，これを使って，各年次の対前年変化に対する U, V の寄与度が表4.1.2のように評価されます．

1976年，1980年に冷夏の影響で出荷が減ったことが確認できます．

寄与率も計算できますが，この例では，$\Delta U, \Delta V$ が正になったり負になったりするために ΔY が0に近くなる可能性があります．したがって，この例では，寄与率すなわち ΔY に対する比でみることは適当ではありません．寄与度でみましょう．

⑤ 別の例として，国内総生産 Y に対する資本蓄積 K と労働投入量 L の影響を計測する問題を取り上げましょう．経済学では，これらの関係を
$$Y = aK^B L^C$$
の形（コブダグラスモデル）に想定しています．対数をとると
$$\log Y = A + B \log K + C \log L$$
と表わされますから，この形にして回帰分析を適用します．1965～80年のデータを使って計算すると
$$\log Y = -1.7138 + 0.4795 \log K + 1.4708 \log L, \qquad R^2 = 0.99$$
が得られます．

寄与率の計算には，$Y = aK^B L^C$ から誘導される関係
$$\frac{\Delta Y}{Y} = B\frac{\Delta K}{K} + C\frac{\Delta L}{L}$$
を使います．すなわち
$$1 = B\frac{\Delta K/K}{\Delta Y/Y} + C\frac{\Delta L/L}{\Delta Y/Y}$$
の各項が寄与率です．

ただし，基礎式が近似式ですから，K の寄与率と L の寄与率の和が1になるようにするために，分母 ΔY のかわりに $B\Delta K/K + C\Delta L/L$ を使った式
$$1 = B\frac{\Delta K/K}{B\Delta K/K + C\Delta L/L} + C\frac{\Delta L/L}{B\Delta K/K + C\Delta L/L}$$
によります．

表 4.1.3 国内総生産の要因分析

期間	基礎データ			傾向値	計算			寄与率	
	Y	K	L	Y^*	$\Delta Y^*/Y^*$	$B\Delta K/K$	$C\Delta L/L$		
1965	68.99	70.95	66.58	71.68					
1969	107.03	110.09	72.92	101.16	41.12	26.45	14.01	65	35
1973	145.98	178.95	79.38	144.70	43.04	29.99	13.03	70	30
1976	155.50	222.19	78.11	156.75	25.89	13.27	11.77	53	47
1980	188.73	283.64	84.36	197.33					

Y：国内総生産(国民経済計算年報)
K：資本蓄積(国民経済計算年報)
L：年間労働時間数(厚生省)

表 4.1.3 がこの計算です。

傾向線は 1965～80 年の各年の観察値を使って求めましたが、寄与率の計算では、オイルショックの年次を除き、1965～68, 1969～73, 1976～80 の 3 期間について計算しています。

国内総生産の伸び率に対して、資本蓄積の効果、労働投入量の効果が

　　　65 対 35, 70 対 30, 53 対 47

と、オイルショックの前後でかわっていたことが計測されます。

◇注1　回帰式の係数は期間中一定と仮定して計算しています。したがって、要因分析で検出される効果は、説明変数の値のちがいに対応する変化です。

現象自体が大きい変化を示している場合には、回帰係数が変化していることがありえますから、回帰式を適用できる範囲 (年次の範囲) を確認し、必要なら、期間ごとに異なる回帰係数を求めて、回帰係数の変化に対応する変化と説明変数の値のちがいに対応する変化をわけて計測することを考えます。

要因分析は、そういう計測にも使えます。問題 4 の問 3 を参照してください。

◇注2　寄与率あるいは寄与度については、本シリーズ第 2 巻『統計学の論理』でくわしく解説されています。

▷4.2　平均値対比における混同効果の補正

① ある変数 X によって観察対象がいくつかの区分にわけられており、それぞれの区分 K において、変数 Y の平均値 $\bar{Y}_K$ が計算されているものとします。

この $\bar{Y}_K$ について、その大小を比べることによって Y に対する X の効き方 (この場合は X の区分による差) の区分別差異を把握する問題が、この節のテーマです。

こういうと、シンプソンのパラドックスの問題だなと気づく人が多くなってほしいのですが、どうでしょうか。

一見すると簡単な問題のようですが、問題点に気づかず、結果的に誤読してしまうことになる、見過ごされていることが多い問題です。

4.2 平均値対比における混同効果の補正

図4.2.1 シンプソンのパラドックス

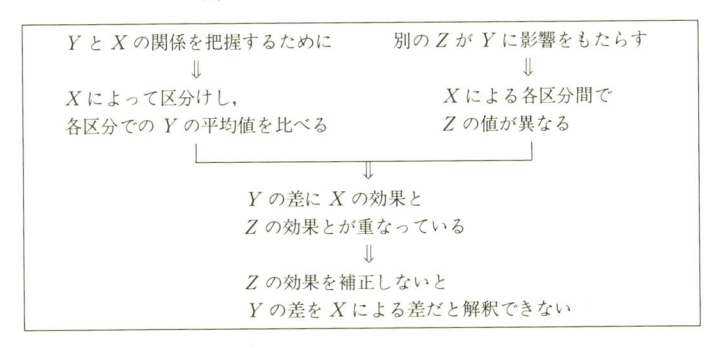

```
┌─────────────────────────────────────────────────────────────┐
│   YとXの関係を把握するために      別のZがYに影響をもたらす      │
│            ⇩                              ⇩                 │
│   Xによって区分けし，             Xによる各区分間で           │
│   各区分でのYの平均値を比べる     Zの値が異なる               │
│            └──────────────┬──────────────┘                  │
│                           ⇩                                  │
│              Yの差にXの効果と                                │
│              Zの効果とが重なっている                         │
│                           ⇩                                  │
│              Zの効果を補正しないと                           │
│              Yの差をXによる差だと解釈できない                │
└─────────────────────────────────────────────────────────────┘
```

② Y に対して別の変数 Z が効くのにかかわらず，その影響に関する配慮なしに区分けされ，平均値が計算されている場合に

　　区分間に差があることが観察されたとしても
　　　それが，区分の基準とされた X のちがいによるものか
　　　　　区分にあたって考慮されていない Z のちがいによるものか
　　を判別できない

ことになります．

　たとえば，賃金の年齢別推移の男女差を比べるときに，女性の場合パートタイマーが多いことを考慮に入れないと比較できませんから，たとえば，学校卒業後ずっとつづいて勤務するものに限って比較します．

　また，賃金水準の企業間格差をみるときに，各企業の雇用者の年齢構成のちがいを考慮せずに比較すると，適正な比較になりません．

　このような混同効果に気づかず，誤った結論を誘導したために起きる誤読を「シンプソンのパラドックス」とよんでいます．

③ このような場合，Z を混同要因，Z の効果を混同効果とよびます．X の効果を計測するためには

　　Z に関して差がないように区分の仕方を工夫する

とか，それができないなら

　　Z の効果を補正する

ことを考えなければなりません．

④ 混同効果の補正にはさまざまな方法がありますが，ここでは，回帰式を使う方法を説明します．

　Y に対する Z の効果を表わす回帰式 $Y=A+BZ$ が求められているとすれば，回帰係数 B が "Z の変化1単位によってもたらされる Y の変化" を表わすことから，Z について差 ΔZ があった場合，その影響を $B \times \Delta Z$ と評価できます．したがって，この値を差し引けば，Z の影響を補正できます．

図 4.2.2 回帰式にもとづく混同効果補正

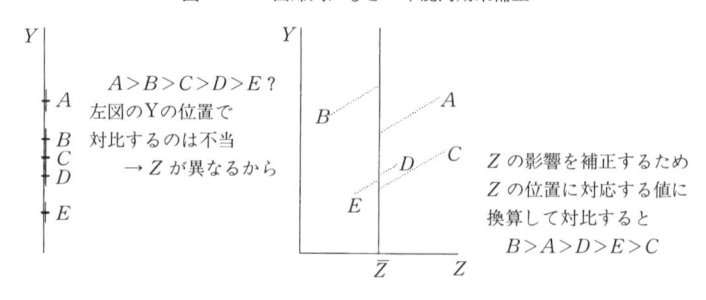

左図：Y軸上に A, B, C, D, E がプロットされ
$A > B > C > D > E$?
左図のYの位置で
対比するのは不当
→ Z が異なるから

右図：Z 軸に対する Y のプロット
Z の影響を補正するため
Z の位置に対応する値に
換算して対比すると
$B > A > D > E > C$

表 4.2.3 標準化の計算例 —— 平均値の場合

計算手順	A 社	B 社
Y：平均給与（男，常勤，大卒）	150	140
Z：平均年齢	41	37
平均年齢40に対応させる補正項	$3\times(40-41)$	$3\times(40-37)$
Y^*：平均給与（補正値）	147	149

Z の値が各区分とも異なる（Z_K とする）ので，その平均値 $\bar{Z}$ 並みにそろえるものとすれば，各区分における $\bar{Y}_K$ の値から $B\times(Z_K-\bar{Z})$ を差し引けばよいことになります．すなわち，

$$\bar{Y}_K{}^* = \bar{Y}_K - B\times(Z_K-\bar{Z})$$

として補正した値を比較するのです．

こういう補正を要する場合，$\bar{Y}_K$ を粗平均値，$\bar{Y}_K{}^*$ を標準化平均値とよびます．

図 4.2.2 は，以上の考え方を説明するものです．

この図を参照しながら，計算例をみれば計算手順を把握できるでしょう．

この補正計算では，同種の企業について求めた「平均給与と年齢の関係に関する回帰式」$Y=90+3\times(Z-40)$ が求められているものとして，その係数3を利用しています．

この補正では年齢40前後に注目していますから，回帰式も，その前後の年齢範囲に適合するものであれば十分といってよいでしょう．

精密に扱うためには，年齢区分別平均値を使う方法（注）が採用されます．

また，「平均給与を比較する」という問題設定自体が問題となります．少なくとも「年齢とともにどうかわるか」を比較したいでしょう．

「平均給与を比較する」という粗い問題設定下で扱うなら，たとえば「給与が年齢に対して直線的にかわる」という粗い回帰式を根拠とすれば十分だとするのです．

◆ **注** 各社の雇用者の年齢構成と年齢別平均値がわかっている場合に，平均値を補正するために，次表のように，各社の年齢構成として「ある標準を想定して平均を計算しなおす」

ことが考えられます．標準化というと，この方法を指します．

表 4.2.4 標準化の計算例 —— 構成比の場合

年齢区分	標準の年齢分布	各社の年齢別平均給与	
		A 社	B 社
粗平均	(100)	200 (100)	230 (100)
20～29	(25)	160 (30)	150 (20)
30～39	(25)	200 (30)	190 (20)
40～49	(25)	250 (20)	240 (30)
50～59	(25)	310 (20)	300 (30)
標準化平均		230	220

各セルの数字は，平均給与額と人数の構成比．

この方法の詳細については，本シリーズ第 2 巻『統計学の論理』を参照してください．

▶ 4.3 回帰推定値における混同効果の補正

① 被説明変数 Y と説明変数 X の関係を把握したいのだが，別の要因 Z が関係をもっている場合には（問題の目的として取り上げられていないにしても），それも説明変数に組み入れることが必要です．

Z が関与しているのにかかわらず，それを無視して求めた回帰式
$$Y = A + BX$$
の係数 B を"粗回帰係数"（Y に対する X の）とよびます．Z の効果が混在している可能性のある粗い回帰係数だという趣旨の呼び名です．

これに対し，Z を含めた場合の回帰式
$$Y = A + BX + CZ$$
の係数 B は，"偏回帰係数"（Y に対する X の）とよばれます．Z の効果を補正した，いいかえると，

　　　Z が一定だという条件下で求めたもの

という趣旨の呼称です．偏微分を連想してください．

ただし，推定値 Y については，X の影響と Z の影響が重なっていることに注意しましょう．

② Z を含めて Y の変動を分析したいからそうしたのです．しかし，議論したいのは Y と X の関係だ…その場合は，Y の推定値自体を"Z の影響を補正したもの"に改めておきます．

そのためには，求められた回帰式
$$Y_n = A + BX_n + CZ_n$$

表 4.3.1 ビール出荷量における気温の影響補正

年次	1975	1976	1977	1978	1979	1980
ビール出荷量　(Y)	3928	3640	4075	4405	4473	4512
家計消費支出　(U)	1076	1187	1139	1187	1227	1250
平均気温　　　(V)	26.0	23.7	25.0	26.3	25.6	23.4
Yの推定値　　(Y^*)	3835	3766	4035	4436	4555	4407
補正項 $120.44 \times (V-25)$	120	-157	0	157	73	-193
Yの補正値　　(Y_0)	3808	3797	4075	4248	4400	4705

における変数 Z に，ある標準値 Z_0 を代入して，Z の影響を消去しておけばよいのです．

したがって，

　　　$C(Z_n - Z_0)$ を差し引く

のです．

③　4.1節で取り上げたビール消費量の問題において，各年の気温の影響を補正した趨勢をみるために，この補正を適用した結果を示しておきます．たとえば，1976年は3640でしたが，もし気温が25.0度だったとしたら3797になったはずだとよむのです．冷夏の影響で出荷が4％減ったのです．

▶ 4.4　相関係数における混同効果の補正（相関分析）

①　変数 X, Y の相関関係についてその強さを測る指標として相関係数 R_{XY} が用いられますが，X, Y に関連する第三の変数 Z があるときには，Z の効果が X, Y の相関関係を，"みかけ上"強める，または，弱めることになるおそれがあります．

したがって，X, Y の関連度を適正に評価するためには，Z の混同効果を補正した相関係数（それを偏相関係数という）を用いなければならないのです．この場合，Z を考慮しないで求めた相関係数は，粗相関係数とよばれます．

②　粗相関係数の補正，いいかえると，偏相関係数を求めるには，次に示す方法が便利です．

- 相関関係を計測したい2つの変数を左辺，右辺におき，混同要因を右辺に追加した2つの回帰式
  $Y = A + BX + CZ$
  $X = A' + B'Y + C'Z$

  を求める．
- これらの回帰係数 B, B' の幾何平均 $\sqrt{BB'}$ が，偏相関係数を与える．
- この場合，偏相関係数の符号は，B, B' の符号と一致させる（B, B' の符号は一致する）．

混同要因が2つ以上あるときも，それらを右辺に追加することによって，同じように扱うことができます．

なお，相関係数（通常の）も，2つの回帰式
$$Y = A + BX$$
$$X = A' + B'Y$$
における B, B' の幾何平均として求めることができます．偏相関係数の計算とあわせて計算できるので，この項の問題を扱うときには，これによると手数がはぶけます．

③　例として，家計における食費支出と雑費支出の関係を求めてみましょう．

限られた所得を配分するのですから，マイナスの相関をもつと予想されるのではないでしょうか．

基礎データとしては，第3章の表3.0.1を使います．予想に反して（？），相関は，正になります．相関係数の計算では，家計支出を制約するパイの大きさが考慮されないため，X も Y も大きくなるという可能性があり，そのことが，X, Y に正の相関をもたらすのです．この混同効果を補正すべきだと気づくでしょう．

したがって，「偏相関係数」を求めるのです．

回帰分析のプログラムを使って，次の回帰式を求めることができます．

$Y_1 = 1.954 + 0.094 Y_2$　　　　　　　　　$R^2 = 5.9$
$Y_1 = 1.153 - 0.162 Y_2 + 0.234 X_1$　　　　$R^2 = 45.6$
$Y_1 = 0.184 - 0.138 Y_2 + 0.171 X_1 + 0.338 X_2$　　$R^2 = 68.0$
$Y_2 = 1.310 + 0.627 Y_1$　　　　　　　　　$R^2 = 5.9$
$Y_2 = 0.634 - 0.821 Y_1 + 0.608 X_1$　　　　$R^2 = 58.8$
$Y_2 = 0.188 - 1.145 Y_1 + 0.614 X_1 + 0.290 X_2$　　$R^2 = 60.3$

　　　　　　$Y_1 =$ 食費支出，　$Y_2 =$ 雑費支出，　$X_1 =$ 消費支出総額，　$X_2 =$ 世帯人員

これらを使って
$$\rho Y_1 Y_2 = \sqrt{0.094 \times 0.627} = +0.243$$
$$\rho X_1 Y_2 | X_1 = -\sqrt{0.162 \times 0.821} = -0.365$$
$$\rho X_1 Y_2 | X_1 X_2 = -\sqrt{0.138 \times 1.145} = -0.397$$

が求められます．

④　X_1, X_2 を考慮に入れない場合には，Y_1, Y_2 の相関係数は 0.24 と正になっています．

これに対して，消費支出総額 X_1 の影響を除去した偏相関係数でみると，予想どおり（？）-0.365 と負になりました．こういう結果を予想した人は，予想した関係を計測するために偏相関係数を使って予想を確認できます．こういう結果を予想できない人は誤読に気づかず正の相関だと思ってしまうおそれがあります．

なお，世帯人員数 X_2 の影響も混じっていると気になるかもしれませんが，その影響の補正をつづけても -0.397 と，わずかしかかわりません．

▷4.5 分析例

① ひとつの問題を取り上げるとき，それに適した分析方法を「これだ」と決めることのできる場合もあれば，種々の見方に立つ方法を併用することが有効な場合もあります．この節では，後の例をあげておきましょう．

② 図4.5.1は，毎年春季に行なわれた「賃金アップ」の折衝結果を示したグラフです．決着した平均賃上げ率と，その値の企業間格差を示してあります．

オイルショック時に大きくアップした後，平均値はもとの水準にもどっているが，企業間格差がひろがっていることに注目しましょう．

このことに限らず，オイルショック前の高度成長時とそれ以降では，賃上げ率の決まり方にちがいがあるといわれています．

③ よって，賃上げ率決定にあたって考慮されると思われる次の要因を取り上げて，それとの関係を調べてみましょう．

U_1＝有効求人倍率
U_2＝物価指数上昇率
U_3＝企業の業績（売上げ高経常利益率）

これらの情報の1960～83年値を付表Hに示してあります．

これを使って，モデル

$$Y = A + B_1 U_1 + B_2 U_2 + B_3 U_3$$

を想定して回帰分析を適用すると，次の結果が得られます．

$$Y = -5.22 + 8.29 U_1 + 0.814 U_2 + 0.990 U_3$$

これによって，Yの年次変化を表現できますが，提起した「各要因の効き方の変化」をみるという問題意識では，もう一歩進めることが必要です．

④ 賃上げを折衝する過程でどんな点が考慮されるかが問題です．

U_1, U_2, U_3の水準を考慮してYを決めるにしても，あるいは，それらの変化$\Delta U_1, \Delta U_2, \Delta U_3$（$\Delta$は前年との差）を考慮して$\Delta Y$を決めるにしても，3つの要因のどれを重視するかはかわるでしょう．いいかえると，「対象とした期間での平均的な傾向でみると，B_1, B_2, B_3で表わされるウエイトになっていた」ということであり，実際の折衝では，U_1を考慮して決まった年もあれば，U_2を重視して決まった年もあるでしょう．

図4.5.1 平均賃上げ率の推移

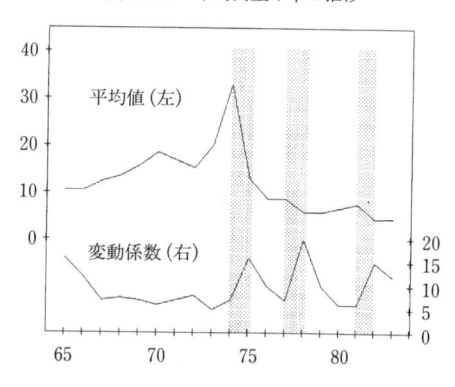

4.5 分 析 例

表 4.5.2 平均賃上げ率の要因分析

期間	ΔY	ΔE	ΔY^*	$\beta_1\Delta U_1$	$\beta_2\Delta U_2$	$\beta_3\Delta U_3$
1960～61	5.10	2.38	2.72	1.24	1.38	0.09
1961～62	−3.10	−2.95	−0.15	−0.50	1.22	−0.87
1962～63	−1.60	−1.15	−0.45	0.17	0.65	−1.27
1963～64	3.30	4.48	−1.18	0.83	−3.01	1.00
			⋮			
1972～73	4.80	−6.79	11.59	4.97	5.86	0.75
1973～74	12.80	5.66	7.14	−4.64	10.42	1.37
1974～75	−19.80	−1.97	−17.83	−4.89	−10.34	−2.60
1975～76	−4.30	−0.31	−3.99	0.25	−2.04	−2.21
			⋮			

したがって，各年の賃上げ率の変化に各要因がどの程度効いているかをみましょう．

⑤ そのために，4.2節の寄与度を使うことが考えられます．

表 4.5.2 は，賃上げ率 Y およびその傾向値 Y^* の変化と各要因 U_1, U_2, U_3 の寄与度 $\beta_i\Delta U_i$ を示しています．

これにもとづいて各年ごとに寄与度を計算できますが，年々の傾向をよむためには，それらを通覧できるようなグラフをかきましょう．

すなわち

　　　　Y の変化に効いている $\Longleftrightarrow$ 「Y の変化」と同じように変化している

とおきかえて考えることとすれば，各年の「Y の変化 ΔY」と「U_1 の寄与度 $\beta_1\Delta U_1$」などを1枚に重ねた図 4.5.3 のようなグラフがよいでしょう．

これでみると，1960～69 年と 1975 年以降とで傾向が異なっているようです．

特に，物価指数と賃上げ率の関係が「1960～69 年と比べて 1975 年以降は強い」ことが注目されます．これに対して，有効求人倍率と賃上げ率の関係は，1960～69 年の方が高かったようです．企業業績の影響の寄与が低いのは，個々の企業ベースでなく，いわば「世間相場」として決まっているためでしょう．

⑥ これらのことを確認するために，ΔY と ΔU_i の相関係数などを計算してみましょう．表 4.5.4 のようになっています．図 4.5.3 にも書き込んであります．

ΔY と ΔE の相関係数については ⑦ で説明します．

これから，グラフでよみとったことが確認されますが，1960～69 年については，各説明変数の変化が考慮されるにしてもどの要因とも相関が低く，「3つの要因だけで説明できるとはいいにくい」ようです．

1975 年以降については，物価上昇率との相関が高く，その変化によって賃上率の変化を説明できる状態になったことが確認されます．

⑦ 次に，傾向値 Y^* とその観察値 Y との差 E をみましょう．

図 4.5.3 賃上げ率と各要因との関係

1. 賃上げ率 (ΔY) と有効求人倍率 ($\beta_1 \Delta U_1$)

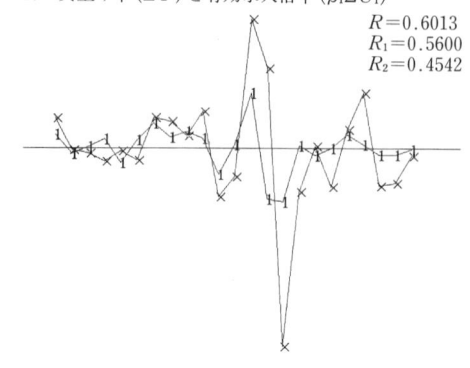

$R = 0.6013$
$R_1 = 0.5600$
$R_2 = 0.4542$

1960～69 年と比べて，1975 年以降は，$\Delta Y, \Delta U_1$ の動きの相関度が低くなっている．

2. 賃上げ率 (ΔY) と物価指数変化率 ($\beta_2 \Delta U_2$)

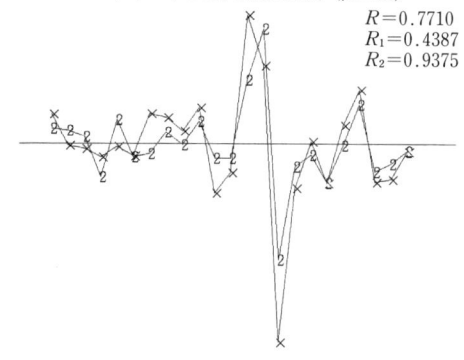

$R = 0.7710$
$R_1 = 0.4387$
$R_2 = 0.9375$

1960～69 年と比べて，1975 年以降は，$\Delta Y, \Delta U_2$ の動きの相関度が高くなっている．

3. 賃上げ率 (ΔY) と企業の業績 ($\beta_3 \Delta U_3$)

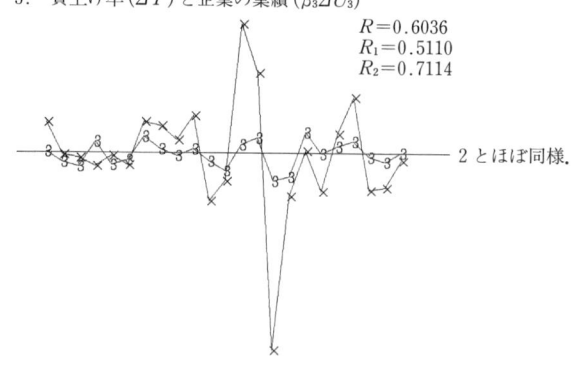

$R = 0.6036$
$R_1 = 0.5110$
$R_2 = 0.7114$

2 とほぼ同様．

図 4.5.3 と同じ形式で，ΔY と ΔE の関係を図示すると，次のようになります．E は，その定義から，「3 つの要因で説明されない変動」を表わします．したがって，ΔE は，符号をかえて図示しています．

表 4.5.4 賃上げ率と各要因との相関関係

変数対	相関係数		
	1960〜69 年	1975 年以降	対象期間全体
ΔY と ΔU_1	0.56	0.45	0.60
ΔY と ΔU_2	0.44	0.94	0.77
ΔY と ΔU_3	0.51	0.71	0.60
ΔY と ΔE	0.16	0.80	0.55

図 4.5.5 賃上げ率の実績と傾向値

賃上げ率 (ΔY) と傾向値との差 (ΔE)

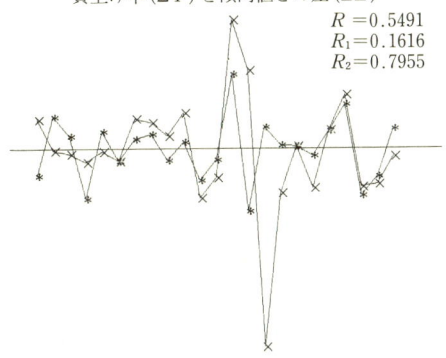

$R = 0.5491$
$R_1 = 0.1616$
$R_2 = 0.7955$

実績値の変化は「傾向値との差」の変化を縮める方向にはたらいている.

ΔE の符号をかえて図示していますから，

　　2つの線が重なる $\iff \Delta E$ が正(負)の場合, ΔY が負(正)となる

とよむことになります.

こういう関係が, 図から検出されています. また, 相関係数を計算すると

　　1960〜69 年では 0.16

　　1975 年以降では 0.80

となっています.

⑧ ここまで分析した上, 高度成長, 春期共同闘争, 企業間格差, 経済情勢, 企業経営などのキイワードを勘案すると, 賃上げ率の変化とその決定過程に関して説明できるでしょう. 労働白書などを参照してください.

問題 4

問 1 表 4.1.2 の計算を確認せよ．

問 2 表 4.1.2 の計算について，ビールの出荷量 Y を夏期における出荷量に限ってみるものとして計算しなおせ．ただし，年次は 1975〜83 年とする．基礎データは，付表 F.1 から拾って入力する（プログラム DATAIPT を使う）こと．

問 3 (1) 付表 E.1 に示すエネルギー需要 (X) の時系列データについて，鉱工業生産指数 (U) と家計最終消費支出 (V) の関係を表わす傾向線を求めよ．ファイル DT11 中の 1965〜83 年のデータを使え．付表 E.1 の数値と小数点の位置がちがうので調整して，
$$X = -5.63 + 1.45U + 0.765V$$
が得られるはずである

(2) これを使って，X の変化に対する U の寄与度，V の寄与度を計算し，年次によるちがいを調べよ．たとえば，1965〜71 年，1978〜83 年の 2 つの期間にわけて，各期間での平均値を計算して比べてみよ．

(3) 1965〜71 年，1978〜83 年の 2 つの期間にわけて求めた傾向線を使って (2) の計算を行なえ．DT11 を使うと，この期間別にわけたデータが収録されている．

(4) (2) の結果と (3) の結果のちがいをどう説明するか．

問 4 (1) 付表 C.1 (DK31V) に示す家計収支の年間収入階級別系列データについて，食費支出 (Y) と，年間収入 (X) の関係を表わす傾向線を求めよ．
$$Y = 41.33 + 0.0560X$$
が得られるはずである．

(2) X, Y の関係を示すグラフにこの傾向線を書き込め．

(3) この式の係数 0.0560 は，食費支出の増加（単位千円）に対する年間収入の変化（単位万円）の効果を表わす寄与度（X の範囲全体での平均でみた値）であるが，図でみると，X の値の大きいところ，小さいところで異なるようである．

X, Y の観察値を用いて，階級区分が 1 ランク上がった場合の X の変化，Y の変化を使って寄与度を計算し，その変化を調べよ．

問 5 (1) 付表 C.2 (DK31AV) は，家計収支の年間収入階級を十分位階級によってみたものである．これを使って，問 4 と同じ分析を行なえ．

(2) 問4の結果と問5の結果のちがいをどう解釈するか．

問6 (1) 問5について，以下のように，傾向線を使わずに寄与度を計算してみることが考えられる．この考え方で，階級区分が1ランク上がった場合の X の変化，Y の変化を使って寄与度を計算し（電卓で可能），その変化を調べよ．

(2) 問5の結果と問6の結果のちがいは，どう説明されるか

問7 問6のように変数間に成り立つ定義式を用いて寄与率を計算する方法は，実証分析の方法として頻繁に使われている．本シリーズでは，第3巻『統計学の論理』で解説してあるが，プログラム GUIDE を呼び出して，用意されている説明文ファイル（統計3「寄与率の分析」の中の2～5）をよみ，寄与率の意味と計算手順の説明をよめ．

問8 付表C.6は，消費支出総額 (Y) と，その10大費目区分別内訳 (X_I) の時系列データである．これについては，定義上
$$Y = \sum X_I$$
が成り立っている．いいかえると
$$\Delta Y = \sum \Delta X_I$$
が成り立っている．
よって，Y に対する X_I の寄与度を観察値を用いて計算できる．

(1) 1970年と1975年の間の変化について，Y に対する X_I の寄与度を計算せよ．

(2) 1980年と1985年の間の変化について，Y に対する X_I の寄与度を計算せよ．

問9 付表C.7は，物価指数（総合）と，その10大費目区分別内訳 (X_I) の時系列データである．これについては，定義上
$$Y = \sum W_I X_I \quad (W_I はウエイト)$$
が成り立っている．いいかえると
$$\Delta Y = \sum W_I \Delta X_I$$
が成り立っている．
よって，Y に対する X_I の寄与度を観察値を用いて計算できる．

(1) 1970年と1975年の間の変化について，Y に対する X_I の寄与度を計算せよ．

(2) 1980年と1985年の間の変化について，Y に対する X_I の寄与度を計算せよ．

(3) (1)の計算結果と(2)の計算結果を比べるときには，ウエイトが変更されていることの影響に注意しなければならない．その影響を除去するために(1)の計算で用いたウエイトを用いて（ウエイトはかわらないと仮定して）(2)の計算を行なえ．

(4) 年齢45～49歳の世帯でみたウエイトを使って計算せよ．

注：問8で使った説明プログラムの中に含まれる例示を参照すること．

問10 プログラム RATECOMP を使って，4.2節の「標準化」の意味と計算手順を学習せよ．本シリーズでは，第2巻『統計学の論理』で解説してあるが，問7で使った GUIDE とこのプログラムによって，概要は把握できるだろう．

問11 (1) 問3で使った X と U の相関係数 R_{XU}，X と V の相関係数 R_{XV}，U と V の相関係数 R_{UV} を求めよ．

(2) また，それぞれについて，第三の変数の影響を補正した偏相関係数 $R_{XU|V}$, $R_{XV|U}$, $R_{UV|X}$ を求めよ．

問12 4.5節で取り上げた変数 Y, U_1, U_2, U_3 の相関係数 R_{YU_1} などについて，他の説明変数の影響を補正した偏相関係数 $R_{YU_1|U_2U_3}$ などを求めよ．対象期間は，1960〜69年と1975年以降とせよ．

5

集計データの利用

統計調査の報告書には，種々の統計データが掲載されています．いずれも，大規模な調査を行ない，その結果を集計してまとめられた情報です．広く利用しうる情報源ですが，利用するには，いくつかの注意が必要です．

集計データであることを意識しないで使うと，誤りをおかすおそれがあります．

この章では，正しく使うための注意点を説明します．

▶ 5.0 この章の問題

① これまでの多くの箇所で使ってきた家計調査のデータ（付表 A）について，食費支出 Y と収入 X の関係を表わす回帰線

$$Y = 149.55 + 0.088X, \qquad R^2 = 0.17 \qquad (1)$$

が求められていますが，

　収入 X を十分位階級に区分して，
　各区分での平均値 $(\overline{X}_K, \overline{Y}_K)$ を求め，
　この系列について回帰分析を適用する

ことも考えられます．

この扱いを採用すると，次の回帰式が得られます．

$$Y = 138.71 + 0.0983X, \qquad R^2 = 0.53 \qquad (2)$$

回帰式の係数もちがいますが，決定係数が大きくちがいます．これは，なぜでしょうか．基礎データは同じです．ちがいは，次のように，ひとつひとつの世帯別のデータを収入階級区分のデータに集計する過程を入れているか否かです．

基礎データ ⇒ 集計 ⇒ 平均値系列
　　　　⇓　　　　　　　⇓
　　　回帰式 (1)　　　回帰式 (2)

この節では，このことに関連した種々の問題点について考えていきましょう．

▷5.1 集計データとそのタイプ

① これまでの各章の例題では，各世帯に対応する「個別データ」を使ってきましたが，実際には，個別データが使えるとは限りません．調査の結果報告書に掲載されている「集計データ」を利用するのが普通です．種々の利用場面を想定してくわしい統計表が集計されていますから，それを利用しましょう．

◆注　こういう情報は，簡単には求められません．

大規模な調査が必要ですから，国の統計組織の行なう統計調査の結果を利用することになります．国が行なう調査であっても，統計調査 (重要な統計調査として指定されたもの) については，被調査者に答申の義務を課すとともに，その調査結果を公表し，誰でも自由に利用できることになっています (統計法)．

ただし，自分で調査を計画し，必要な集計表を設計し集計する場合と比べると，種々の不便があることは事実です．

また，個別データを利用する場合とちがう注意点があります．集計データであることをはっきり意識して使わないと，誤用のおそれがあります．

しかし，数千といった多数の世帯の情報が使えるという利点がありますから，貴重な情報源です．

やや使いにくい，しかし，貴重な情報源だということです．

② 巻末の付表Cは，家計調査の報告書に掲載されている集計表の典型例です．たとえば，付表C.1をみてください．1つの大きな表に，さまざまな情報が含まれていて見にくいでしょうが，たとえば，食費支出と収入の関係をみるために使える (と思われる)，表5.1.1の情報が含まれています．これまでの章と同様に，食費支出と収入の関係を，このような「集計表」を使って分析する問題を例にとって説明していきます．

③ これについて回帰分析を適用すると，次の式が得られます．
$$Y = 41.41 + 0.0558X, \quad R^2 = 0.89$$
また，これを図示すると，図5.1.2が得られます．

表 5.1.1 年間収入と食費支出 (年間収入階級区分別)

区分番号	1	2	3	4	5	6	...
食費支出 (千円)	32	43	49	52	56	62	...
年間収入 (万円)	86	127	177	229	275	324	

決定係数が0.89ですから，十分に適合していると判断できそうですが，結論は保留しましょう．

集計データを利用するときに必要な注意点がいくつかありますから，この章で，順を追って解説していきます．

④ まず，この計算の基礎とした表5.1.1のデータについて説明しましょう．

図5.1.2 表5.1.1を使って求めた傾向線

$Y = 41.41 + 0.056 X$

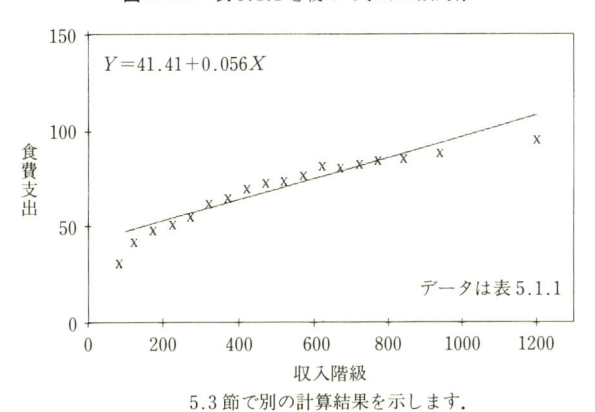

5.3節で別の計算結果を示します．

表5.1.3 表5.1.1による回帰式の計算（後の説明をよむこと）

#	X	U	DX	DU	E	DE
1	32	86	-38.44	-434.28	46.21	-14.21
2	43	127	-27.44	-393.28	48.50	-5.50
3	49	177	-21.44	-343.28	51.29	-2.29
4	52	229	-18.44	-291.28	54.19	-2.19
5	56	275	-14.44	-245.28	56.76	-0.76
⋮			⋮			
15	86	774	15.56	253.72	84.60	1.40
16	87	844	16.56	323.72	88.51	-1.51
17	90	942	19.56	421.72	93.98	-3.98
18	97	1203	26.56	683.72	108.54	-11.54
計	1268	9365.00	5484.45	87565.80		598.08
			87565.80	1569220.00		
平均	70	520.28	304.69	4864.76		33.23
			4864.75	87178.60		

$B = 0.05580$
$A = 41.412$
$VX = 304.691,\ 100.00$
$VR = 271.465,\ 89.09$
$VE = 33.227,\ 10.91$

これは，全国の世帯を代表するサンプルについて調査した結果ですが，ひとつひとつの数字は，そのサンプル(集団)を年間収入によって区分した部分(部分集団に対応しています．
「集団を区切った部分集団」に対応する系列データになっているのです．
こういう構造のデータを「クロスセクションデータ」または「時断面データ」とよびます．

表5.1.1の区分番号のところが時点区分(たとえば年次)になっているデータでは，ひとつひとつの数字が同じ集団についての観察値，すなわち「年次をかえてくりかえして観察」したものですから，「時断面データ」とは異なる構造をもっています．
これを「時系列データ」とよびます．
この章では時断面データを扱い，次の章では時系列データを扱います．

⑤ 表5.1.1のデータを使って図5.1.2の傾向線を求める計算手順を表5.1.3に示しておきます．13ページの計算例と同じ手順ですから，これでよいようですが，問題点がひそんでいます．次の節以降で説明をつづけます．

▶5.2 決定係数の解釈

① 5.0節で例示したように，食費支出の「世帯間変動」を説明するモデル(1)式では，決定係数は17％程度でした．これに対して，「平均値系列」の形に集計したデータを使った(2)式では，決定係数は53％という大きい値になりました．
まず，このちがいについて考えましょう．

② ヒントは，①の文で下線をつけた「世帯間」ということと，基礎データが「平均値系列」だということです．
図5.1.2でみるように，基礎データを表わす×印と，回帰分析で誘導した傾向線はよく合致しています．これまでの章では，基礎データの×印は，傾向線の上下に大きくばらついていました．
図5.1.2の×印は，ひとつひとつの世帯の情報ではなく，いくつかの世帯での平均値です．したがって，世帯間変動が消されています．これらと比較されている傾向線は，世帯全体でみた傾向を示すものですから，世帯間変動は消されています．
このことから，
　　「世帯間変動を含む基礎データ」と傾向線との差よりも
　　「世帯間変動が消去された集計データ」と傾向線との差の方が小さい
のです．
③ このことは，これまでの各章で示していた「分析のフロー図」を使って説明することもできます．
統計調査の結果は，集計の過程すなわち

5.2 決定係数の解釈

$$\boxed{\begin{array}{c}\text{調査単位1つ}\\ \text{1つの調査結果}\end{array} \Rightarrow 集計 \Rightarrow \begin{array}{c}\text{種々の区分の世帯に}\\ \text{ついての集計データ}\end{array}}$$

の過程を経て編集されています．そして，集計データは，種々の区分について計算された「平均値」です．

形式的にはそれらが集計データであることを考慮外において，いいかえると，それぞれが1つの観察単位の情報であるとみなして，これまでの方法を適用することができます（そうしたのが表5.1.3の計算です）が，注意を要するのは

　　　　世帯間格差が，集計の過程で消されている

ことです．

こういう性格の基礎データを使っているのですから，その計算で求められる分散は，「平均値間の分散」です．

④　観察単位ごとの情報を使える場面において，観察単位をいくつかの階級にわけた場合の「級間分散」と「残差分散」を計算できます．図5.2.1のA，Bです．

しかし，この章では，平均値系列からスタートしています．

したがって，集計データを視点におく場合には，AからCを求める「集計の段階」，Cにつづく「分析の段階」とわかれていることに注意しましょう．この章では，「左側のフローを含めて計測できない」という特殊の条件下で問題を扱っているのです．

いいかえると，

　　　　集計データを基礎として分析した場合には，

　　　　分析経過図（図5.2.1）のA，Bの部分が計測されていない

のです．

◆注　付表C.5のような「分布表」が集計されている変数については，A，Bの箇所も計測できます．章末の問題5の問6を参照．

⑤　このことにともなって，決定係数の分母としては，世帯間格差を評価する全分散Aでなく，平均値間の差異を評価する級間分散Cを使うことになります．した

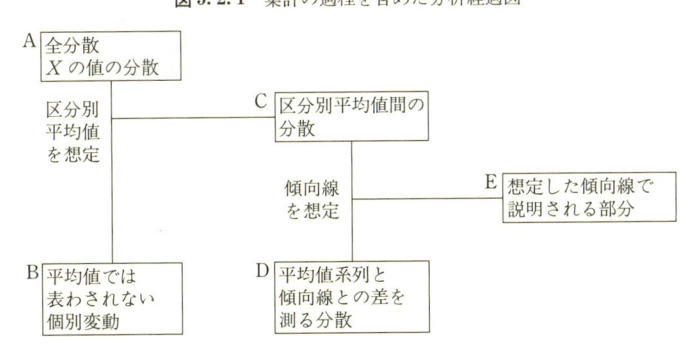

図 5.2.1 集計の過程を含めた分析経過図

```
A 全分散
  Xの値の分散
  │
  ├─ 区分別           C 区分別平均値間の
  │  平均値              分散
  │  を想定              │
  │                      ├─ 傾向線      E 想定した傾向線で
  │                      │  を想定         説明される部分
  │                      │
  B 平均値では         D 平均値系列と
    表わされない          傾向線との差を
    個別変動              測る分散
```

図 5.2.2 変動の成分

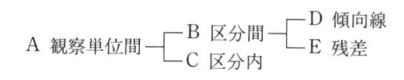

```
A 観察単位間 ─┬─ B 区分間 ─┬─ D 傾向線
              │             └─ E 残差
              └─ C 区分内
```

がって，分子 E が同じであるのにかかわらず，小さい値 C を分母とするがゆえに，決定係数が大きくなるのです．

決定係数の分母は，本来は図の A です．変動を説明する傾向線を使ったとしても B の部分が残りますから，それによって説明できる部分を測る決定係数は，E/A であり，説明できずに残る部分は $(B+D)/A$ です．B の部分を考慮外におくという前提下でいうなら，$E/(A-B)$ すなわち E/C によって「あてはまりのよさ」を測るという説明をしてかまいませんが，分母が A から C にかえられていることに注意しましょう．

これらのちがいがあるのにかかわらず，どちらについても「決定係数」という用語が使われています（用語をかえたいところです）．

⑥ また，このことから，決定係数の大きさについて，どう工夫しても「100％にはほど遠い値にしかならない」場合がありえます．

傾向線の想定あるいは誘導を上手に行なえば「E/C を 1 に近くすること」はできますから，E/C を「あてはまりのよさ」を測る基準ということはできるにしても，「回帰式の有効性」を測る指標と解釈することには問題があるのです．

基礎データとして，たとえばいくつかの観察単位からなる集団区分の平均値を使う場合など，データ自体が個別性を消去されたものを使う … それは，「個別性をはじめから考察外においているため」です．いいかえると，「問題を限定して扱っているため」です．

傾向性をみるのだから，個別変動を消去するために平均値を計算したのだ，平均値系列からスタートすればよい … そうしてよい問題分野もありますが，一般には，個別変動も考慮すべきです．

⑦ 「決定係数はあてはまりのよさ」を測る指標だという理解は，その一面のみを印象づける説明です．いいかえると，「現象自体がもつ個別性」を計測するというもうひとつの面を見逃すおそれのある説明です．

たとえば，「決定係数が 90％ 以上にならないとダメだ」という説明は，人を迷わせる説明です．「問題分野によっては，決定係数 50％でよし」とされるでしょう．取り扱う現象，あるいは取り扱い方によって異なるのです．

> 決定係数は，傾向性と個別性との相対的大小を測る指標
> 想定した傾向線の有効性を測る指標だという解釈は
> 個別性を除去したデータを扱う場合

▶5.3 値域区分の仕方とウエイトづけ

① 5.1節では，付録の付表C.1中の食費支出と収入総額のデータを使いましたが，付表C.2にも，同様のデータが含まれています．すなわち，表5.3.1です．

これは，表5.1.1と同様に年間収入で階級わけされていますが，階級区分の仕方がちがっています．すなわち，金額そのもので「○○円以上○○円以下」と区切るかわりに，各区分の世帯数が等しくなるように区切っています．異なる年次のデータを比較するときには，上位1/10，次の1/10，のようにしておけば，貨幣価値がかわってもそれに影響されない区切り方になっている，という理由で採用されている「年収十分位階級」です．

② そこがちがいますが，表5.1.1も表5.3.1も各階級区分での平均値系列ですから，同じ計算を適用できます（後でかえます）．

しかし，表5.3.1によって得られた回帰式は図5.3.2のようになり，表5.1.1による場合の図5.1.2と，かなりちがっています．

$$Y=41.41+0.0558X, \quad R^2=89.1\% \quad (表5.1.1の場合) \qquad (1)$$
$$Y=47.87+0.0484X, \quad R^2=90.4\% \quad (表5.3.1の場合) \qquad (2)$$

③ このちがいは，基礎データのちがいによって起きたのですが，「基礎データの

表5.3.1 年間収入と食費支出（年間収入十分位階級別）

階級区分	1	2	3	4	5	…
食費支出 Y（千円）	51.4	62.1	65.1	70.8	73.7	…
年間収入 X（万円）	223	315	367	414	464	

図5.3.2 表5.3.1を使って求めた回帰線

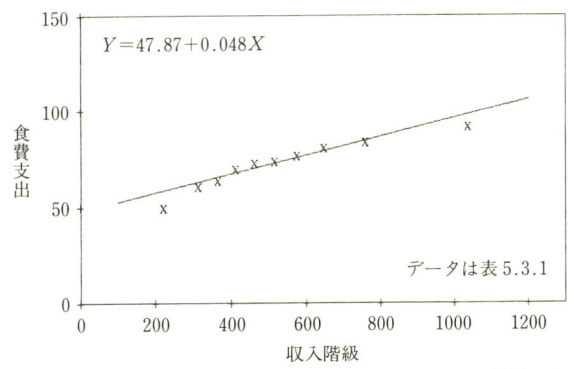

図5.1.2と比べること．基礎データがちがうなら結果がちがうのは当然．しかし，基礎データはちがうだろうか．

図 5.3.3 2つの図の基礎データは同じ

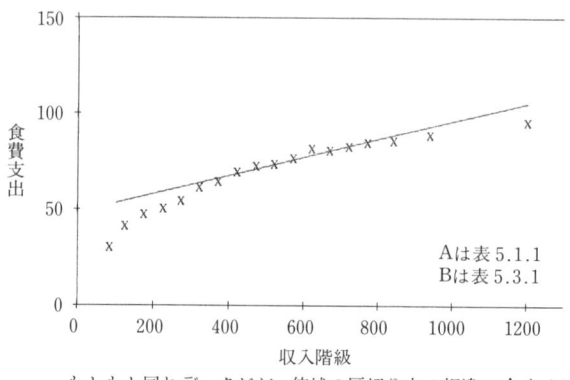

もともと同じデータだが，値域の区切り方の相違でAあるいはBになる．

　どこがちがうのか」をはっきりさせましょう．

　2つの図の基礎データを重ねてみれば図5.3.3のように，同じ線上に並んでいます．

　このことから，2つのデータから得られる傾向線は同じになるはずだと期待されます．それにもかかわらず，計算結果でみるとちがう結果になっているのは，同一線上に並んでいるが，線上の点の位置の分布がちがっていることによるものと判断されます．すなわち，「平均値系列に集約するときに採用した区切り方」のちがいによるのです．

　もう一度，表5.1.1（付表C.1）と表5.3.1（付表C.2）をみてください．区切り方がちがっています．そうして，そのことから，

　　　各区分に含まれる世帯数が表5.3.1では同数であるのに対して，

　　　各区分に含まれる世帯数が表5.1.1では同数でない

というちがいが生じています．

　このことが食いちがいの原因です．

　④　表5.1.3の計算では，世帯数のちがいを考慮外において，系列のすべての値（グラフの×印）を同等に扱っています．すなわち，少数のデータの平均値も多数のデータの平均値も同等に扱っている … 問題点は，ここにしぼられます．2つの図で「×印の位置がかわっている」のもこのためです．

　図5.1.2では世帯数の少ない左側の部分にたくさんの点がとられていますから（その部分を細かく区切ったためそうなる），その部分での傾向にひかれて，傾斜が大きくなったのだと理解できます．

　⑤　各区切りの「世帯数が異なるのに同等に扱う」ことからちがいが発生したのなら，「同等に扱う」ことを考えなおせばよいことになります．各点がそれぞれの区分

に属するデータ数を代表している集計データでは，そうするのが自然です．すなわち，表5.1.2を，
　　　　"世帯数のちがいを考慮に入れる"形
に改めてみましょう．

　回帰式の計算について，表5.1.3の計算を「世帯数を考慮に入れる形」に改めるのです．

　すなわち，表5.3.5のように，計または積和を計算するときに
　　　　$\sum X_I/N$ などのかわりに
　　　　$\sum W_K X_K / \sum W_K$（K は区分番号，W_K は各区分に属する世帯数）など
とすればよいのです．

　この計算によって

表5.3.4 表5.1.1に世帯数の情報を追加

区分番号	1	2	3	4	5	6	…
世帯数(万分比)	10	68	180	379	572	882	
食費支出(千円)	32	43	49	52	56	62	…
年間収入(万円)	86	127	177	229	275	324	

注：抽出率調整ずみの世帯数を使うこと．

表5.3.5 表5.3.4による回帰式の計算（ウエイトづけする場合）

#	W	X	U	DX	DU	E	DE
1	0.0010	32	86	−41.60	−446.09	52.52	−20.52
2	0.0068	43	127	−30.60	−405.09	54.46	−11.46
3	0.0180	49	177	−24.60	−355.09	56.82	−7.62
4	0.0379	52	229	−21.60	−303.09	59.28	−7.82
5	0.0572	56	275	−17.60	−257.09	61.46	−5.46
⋮				⋮			
15	0.0300	86	774	12.40	241.91	85.04	0.96
16	0.0487	87	844	13.40	311.91	88.35	−1.35
17	0.0311	90	942	16.40	409.91	92.98	−2.98
18	0.0440	97	1203	23.40	670.91	105.31	−8.31
計	1.0000	74	532.09	135.43	2544.25		14.02
				2544.25	53836.70		
平均		74	532.09	135.43	2544.25		14.02
				2544.25	53836.70		

$B=$　0.04726
$A=$　48.459
$VX=$135.430,　　100.00
$VR=$121.410,　　89.65
$VE=$　14.020,　　10.35

図 5.3.6　図 5.3.4 で求めた回帰線 (図 5.1.2 の改定)

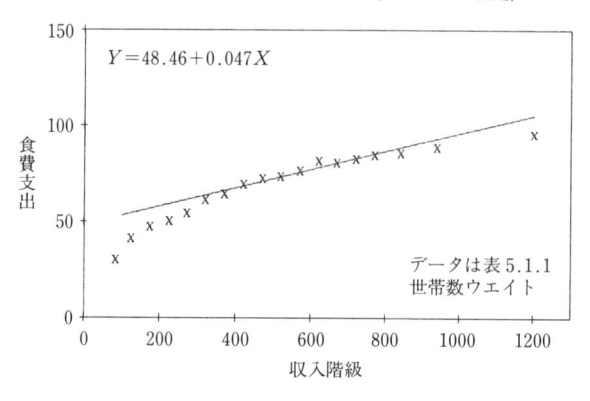

グラフ: $Y = 48.46 + 0.047X$（縦軸: 食費支出, 横軸: 収入階級）
データは表 5.1.1
世帯数ウエイト

$$Y = 48.46 + 0.0473X, \quad R^2 = 89.6\% \tag{3}$$

が得られました．これを図示したのが，図 5.3.6 です．

　これを，図 5.1.2 および図 5.3.2 と重ねてみてください．図 5.3.2 とほとんど同じ結果になっています．

　　　表 5.1.1 を使い，ウエイトづけせずに計算　　　$Y = 41.41 + 0.0558X$
　　　表 5.1.1 を使い，ウエイトづけして計算　　　　$Y = 48.46 + 0.0473X$
　　　表 5.3.1 を使って計算 (等ウエイトになっている)　$Y = 47.87 + 0.0484X$

⑥　これで，問題点が解消しました．表 5.1.1 を使っても，表 5.3.1 を使っても，平均値を計算するために使われた世帯数を考慮に入れて計算すれば同じ結果となるのです．いいかえれば，階級区分の仕方をかえても，結果に影響しないのです．小さい差が残っていますが，これは，基礎データの数 (区分の数) のちがいによる差です．

　　　　　　　　　　　　この節のまとめ
　　同じデータだから，同じ傾向線が得られるはず．
　　階級区分して平均値系列におきかえているが，各階級に属するデータ数に応じたウエイトを考慮に入れてウエイトづけして計算すれば同じ結果になる．
　　ただし，以下に注記するように，ウエイトづけしないという考え方もありえます．

◆**注**　この節で行なった変更では，すべての世帯の情報を対等に扱ったことになります．一般にはそうすべきだといえますが，これに対する異論もありえます．

　表 5.1.2 の計算では，各世帯を対等に扱うのではなく，「各区分を対等に扱う」形になっています．

　　ウエイトづけせず，各値域区分を対等に扱う …

　傾向線を求める問題を扱うときには，個々の世帯レベルでの変動ではなく，対比しよう

とする区分のレベルでみた変化に視点をあわせることがあります．そう考えるなら，世帯数の大小にかかわらず，区分を対等に扱うべきだという考え方も，一理あります．

求められた平均値系列を，「それを求めるために使ったデータと切り離した形で使う」…そういう使い方を考えようということです．

どちらにするかは，分析目的から決めることですが，そこまで考えて「特別の使い方」をした場合は，そのことをはっきり注記すべきです．

▶5.4　第三の変数の影響への考慮

① 5.3節では食費支出 Y と所得 X の関係をみてきましたが，「Y の変動を説明する」という問題意識にたつと，説明のためには X だけでは十分でなく，それ以外の変数，たとえば，世帯人員 Z を考慮に入れることが必要でしょう．

個別データを利用できる場合には，それを説明変数として追加すればよかったのですが，集計データを利用するときには，集計表で Z がどう扱われているかが問題となります．

② この節では，このことに関連していくつかの注意を説明しますが，説明の論理を明確にするために，集計データの構造を表わす記号を使います．

前節で使ったデータは

$$\bar{X}_I = \frac{1}{N_I} \sum_{X_n \in X_I} X_n, \quad \bar{Y}_I = \frac{1}{N_I} \sum_{X_n \in X_I} Y_n$$

と表わすべきものです．

次の表5.4.1は，この形式のデータ例です．説明の関係上付表C.4を使いますが，その一部として表5.4.1の情報が含まれていることを確認してください．

この形式では，各世帯のデータ $X_n \in X_I$ をその区分の代表値 $\bar{X}_I$ だとみなすことによって，$\bar{Y}_I$ の値と $\bar{X}_I$ の値を対応づけています．したがって，この系列データを使って (X_I, Y_I) の関係を表わす回帰線を誘導できるのです．

$$Y = 76.64 + 0.0464(X - 551.3), \quad R^2 = 95.4\% \tag{1}$$

ただし，ひとつひとつの観察単位をベースにした対応ではなく，X の階級区分 X_I を単位とした対応であること，いいかえると，

　　2系統の情報をリンクする単位が観察単位でなく，

　　集計区分であることから，問題が発生する

表 5.4.1　X の区分別に集計した $\bar{X}_I, \bar{Y}_I$

区分番号	1	2	3	4	5	…
世帯数　N	679	9426	40451	87825	106711	
食費支出　Y	41.2	47.8	56.6	65.1	73.8	…
年間収入　X	50	150	250	350	450	

付表C.4(a)の情報区分は X による階級区分．

個別データ (X_N, Y_N)　　　　　集計データ $(X_I, Y_I | X \text{の区分})$

⇒ X で区分して集計 ⇒

どちらでも傾向線 $Y=f(X)$ を求めることができる．
しかし，同じ結果になるとは限らない．
各区切りのデータ数のちがいを考慮に入れること．

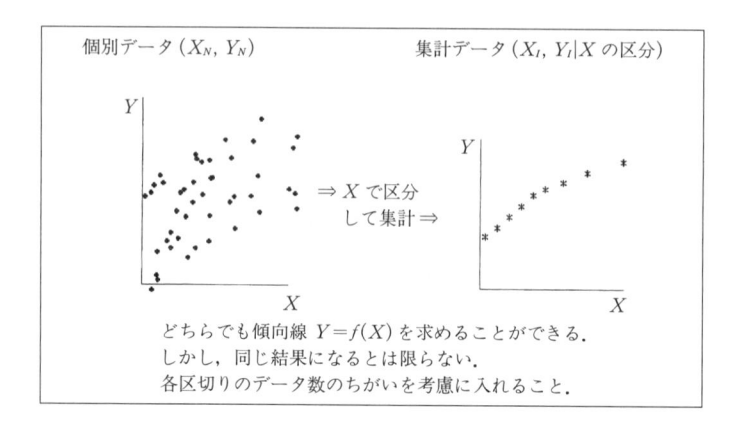

表 5.4.2 X の区分別に集計した $\overline{Y}_I, \overline{Z}_I$

区分番号	1	2	3	4	5	…
世帯数 N	679	9426	40451	87825	106711	
食費支出 Y	41.2	47.8	56.6	65.1	73.8	…
世帯人員 Z	2.69	2.98	3.39	3.63	3.86	

付表 C.4(a) の一部．区分は X による階級区分．

のです．

③　次に，表 5.4.2 に例示する集計データを使って Y (＝食費支出)と Z (＝世帯人員)との関係をみることを考えましょう．

この表は形式的には表 5.4.1 と同じですが，その構造に重要なちがいがあります．すなわち，階級区分の区切りに用いた変数は，Y でも Z でもなく，X (＝収入総額)です．したがって，この表における $\overline{Y}_I, \overline{Z}_I$ は

$$\overline{X}_I = \frac{1}{N_I}\sum_{X_n \in X_I} X_n, \quad \overline{Z}_I = \frac{1}{N_I}\sum_{X_n \in X_I} Z_n$$

で表わされますが，$\overline{Y}_I, \overline{Z}_I$ をセットにして使う場合に，リンクの単位が X の値域区分として定義されています．このことが問題点です．

そこで，「この表によって，$Y(Z)$ の関係を表わす傾向線を求められるか」を考えましょう．

$\overline{Y}_I, \overline{Z}_I$ とが対応する形に集計されていますが，いずれも X による階級区分 X_I を単位として集計された平均値の系列です．したがって，それぞれが異なる $\overline{X}_I$ に対応した系列値 $Y(X), Z(X)$ ですから，この系列値から誘導された傾向線 $Y(Z)$ には，X の影響が混在する結果となります．

④　**混同効果**　　前項の結論をいいかえると

$(\overline{Y}_I, \overline{Z}_I)$ によって傾向線 $Y(Z)$ を求めた場合

5.4 第三の変数の影響への考慮

その傾向線には X の効果が混在している

ことになります。こういう形で混在している効果を「混同効果」とよびます。

したがって、なんらかの方法で、この混同効果を補正しなければ、Y と Z の関係について言及できないのです。

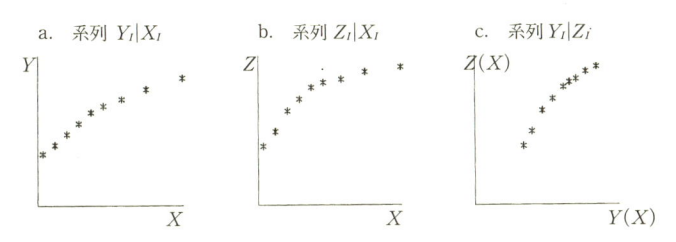

a. 系列 $Y_I|X_I$　　b. 系列 $Z_I|X_I$　　c. 系列 $Y_I|Z_I$

表5.4.2 の Y, Z はいずれも X に対応する系列データ。これらによって傾向線 $Y=f(X), Z=g(X)$ を求めることができる。

これらの図を書き換えると (Y, Z) の系列を示す図になるが、この系列の各点は異なる X に対応しているため、$Y=\phi(Z)$ を求めても、$Z \to Y$ だとは解釈できない。

したがって、$Z \to Y$ だと解釈できるようにするためには、X の影響を補正することを考えなければならない。

◆**注** 問題があるのですが、そのことを確認するために、計算してみましょう。
表5.4.2 の数字を使って表5.1.3 と同様に計算すると、回帰式

$$Y=76.66+44.54(Z-3.87), \qquad R^2=94.8\% \tag{2}$$

が得られます。

$Z=2$ とすると $Y=-7$, $Z=3$ とすると $Y=38$, $Z=4$ とすると $Y=82$ です。計算はまちがっていません。しかし、Z に対応する Y の変化が大きすぎるようです。どこかに問題がありそうです。

⑤ ②で求めた $X \to Y$ の関係についても、回帰式で考慮されていない Z の値が各対ごとに異なることから、それが、混同効果をもたらしているのです。

⑥ 混同効果の影響を避けるには、それを組み合わせたデータを使うのが基本ですが、その前に、表5.4.1 と表5.4.2 を1つの表にまとめた表5.4.3 を使ってみましょう。

この形にすると、Y, Z の系列 ($\overline{Y}_I, \overline{Z}_I$) の各点に対応する X の値を使うことができますから、データセット (X, Y, Z) に対して回帰分析を適用して、2つの説明変数に対応する傾向線 $Y=h(X, Z)$ を計算できます。

求められた $Y=h(X, Z)$ において $Z=\overline{Z}$ とおいた式が

　　　Y と X の関係を Z の影響を補正した上でみた傾向線

を表わすものになっているのです。

また、$X=\overline{X}$ とおいた式が

　　　Y と Z の関係を X の影響を補正した上でみた傾向線

表 5.4.3　表 5.4.1 に世帯人員の情報を追加

区分番号		1	2	3	4	5	…
世帯数	N	679	9426	40451	87825	106711	
食費支出	Y	41.2	47.8	56.6	65.1	73.8	…
年間収入	X	50	150	250	350	450	
世帯人員	Z	2.69	2.98	3.39	3.63	3.86	

区分は X による階級区分.

になっているのです.

◆注　表 5.4.3 の数字を使って計算すると, 回帰式
$$Y = 76.66 + 0.0250(X - 551.3) + 22.68(Z - 3.87), \quad R^2 = 99.7\% \tag{3}$$
が得られます.

これについて Z をその平均値 3.87 におきかえると, X の効果を補正した
$$Y = 76.66 + 0.0250(X - 55.63)$$
が得られます. また, X をその平均値とおきかえると, Z の効果を補正した
$$Y = 76.66 + 22.68(Z - 3.87)$$
が得られます.

⑦　もうひとつ問題があります. 補正の基礎式 (3) 式は, $(X, Y) \to Z$ の関係を表わす式になっているようですが, そう了解してよいでしょうか.

この傾向線における $Z \to Y$ が

　　(X_I) に対応する Z の平均値と

　　その Z に対応する Y の変化を示す

ものになっていることに注意しましょう.

Z の値域を制限して, その範囲でみた $Z \to Y$ の関係になっているのです.

したがって, Z が広い範囲でかわった場合の Y の変化を表現しているとはいえないのです.

⑧　2 つの説明変数を取り上げたモデルを適用するためには, 2 つの要因の組み合わせを含む集計表を探しましょう.

ここで取り上げている例題では, 年収 X と世帯人員 Z の組み合わせ区分に対応する食費支出 Y の平均値が, 付表 C.4 のように集計されています. 次の表 5.4.4 は, その一部です.

これを使うと, 回帰式
$$Y = a + bX + cZ$$
を求めることができます.

計算を実行すると, 次の結果が得られます.
$$Y = 76.68 + 0.0409(X - 559.3) + 7.71(Z - 3.87), \quad R^2 = 93.0\% \tag{4}$$

⑨　説明変数をさらに増やしたい … そこまで考えを進めるには, それらの説明変数の組み合わせ区分に対応する Y の値が必要だということになるのですが, そうい

表 5.4.4 2 変数による組み合わせ区分に対応するデータ

	2 人	3 人	4 人	5 人	6 人	7 人
~100	36.316	43.831	50.855	56.328	X	X
100~200	41.851	48.668	53.739	57.151	60.483	79.787
200~300	47.134	53.148	61.612	68.498	72.070	77.027
300~400	52.152	59.092	69.965	74.989	75.503	85.648
400~500	56.320	66.993	77.101	82.009	85.525	89.012

⋮

付表 C.4(b) 参照

う集計表は，用意されていないでしょう．この節で例示した扱い方を適用するには，このことがネックとなるのです．

● 問題 5 ●

問1 図5.1.2の基礎データDK31Vに対してプログラムREG03を適用すると，図に示す傾向線 $Y = 41.33 + 0.0560X$ が得られることを確認せよ．

　　注：問1~3について，本文に示した計算結果は計算過程で四捨五入しているので，プログラムによる計算結果と完全には一致しません．

問2 図5.3.2の基礎データDK31AVに対してプログラムREG03を適用すると，図に示す傾向線が得られることを確認せよ．

問3 (1) 表5.3.5に示すデータ(DK31V)について，基礎データが平均値系列であることを考慮し，観察単位数をウエイトとして計算すると100ページの(3)式が得られることを確認せよ．この扱いをするにはREG05を使うこと．

(2) 観察値数のちがいを考慮せずに各平均値を対等に扱うと，問1と同じ傾向線が得られることを確認せよ．

(3) 前節で扱った「寄与率の見方」を適用する場合，(1),(2)の結果のどちらを使うか．

　　注：表5.3.1を使うと，各区分の世帯数が同じだから(3)の問題を考えなくてすむことになる．

　　注：REG05を使う場合，被説明変数 Y，説明変数 X を指定した後，ウエイトを指定するように求めてきます．付表C.1の場合は，世帯数 N を指定します．

問4 (1) 表5.3.1の年間収入十分位階級のうち最下位の区分と最上位の区分を除いた8区分のデータを使って計算し，問2の結果と比べよ．

　　注：データファイルDK31AVにキイワードDROP=/1/10/を挿入しておけば，第1区分と第10区分のデータを除外して計算される．キイワードの挿入についてはプログラムDATAEDITを使うこと．

(2) 表5.1.1の年間収入階級のうち世帯数の少ない区分3つを除いて計算し(世帯数をウエイトとする計算で)，問3(1)の結果と比べよ．

(3) (1),(2)の結果を比較せよ．

問5 (1) 表5.3.1を使って図5.3.2をかいた計算において，X^2 をつけ加えて傾向線を改善する計算を試みよ．

(2) この改善の有効性を評価せよ．

　　注：問3で示したように，種々のウエイトづけによって影響することを考慮に入れて考えること．

問 6 (1) 付表 B を使って，食費支出 Y と収入総額 X_6 の関係を表わす回帰式 $Y = A + BX_6$ を計算せよ (91 ページの (1) が得られる)．

(2) 付表 B を使って集計した「収入十分位階級別平均値」がファイル DH20V に記録されている．これを使って Y, X_6 (それぞれ平均値系列) の関係を表わす回帰式 $Y = A + BX_6$ を計算せよ (91 ページの (2) が得られる)．

(3) これらの計算結果について，図 5.2.1 の形式に分散を書き込め．D の欄，E の欄に書き込む分散は，(1) の結果か，(2) の結果かを考えること．

問 7 時系列データを使う場合に「決定係数が 90% 以上でなければならない」とされるようだが，その理由を説明せよ．これに対して，時断面データを使う場合には決定係数はそれほど大きくはなりえない理由を説明せよ．

問 8 (1) 付表 K.1 (DI30) を使って体重と身長の関係を表わす回帰線を求めよ．

(2) 付表 K.2 (DI41) を使って体重と身長の関係を表わす回帰線を次の手順で求めよ．

プログラム PXYPLOT で身長 (X) と体重 (Y) の集中楕円をかくと $\sigma_X, \sigma_Y, \sigma_{XY}$ の計算結果が表示される．それを使って，回帰式 $Y = A + BX$ の係数 A, B を計算できる．

(3) 付表 K.2 を使って，身長の階級区分ごとに体重の平均値を計算した結果がファイル DI40X に記録されている．この平均値系列について，体重と身長の関係を表わす回帰線を求めよ．

(4) (1), (2), (3) の結果として得られる傾向線のちがいおよび決定係数のちがいはどう説明されるか．

問 9 (1) 表 5.4.1 を使って 101 ページ (1) 式に示す Y, X の回帰式が得られることを確認せよ．

(2) 表 5.4.3 を使って，104 ページの (3) 式に示した Y, Z, X の関係式を計算してみよ．

注：(1), (2) の基礎データは，データファイル DK41V に記録されている．

(3) (2) で求めた関係を使って，表 5.4.3 の各区分における Y の値を世帯人員 Z が 3 人に対応する値に換算せよ．

(4) (3) で求めた換算値 Y^* を使って，Y^* と X の関係を表わす回帰線を計算せよ．

問 10 (1) 最新の「家計調査年報」をみて，「食費支出」と「世帯属性」の関係を分析するのにどんなデータが使えるかを調べよ．

(2) 最新の「全国消費実態調査報告書」をみて，同じことを調べよ．

6 時系列データの見方

この章では，時系列データの扱いに関するトピックスを取り上げます．多くの現象が共通の「時の流れ」に乗って変化しますから，種々の情報を組み合わせて使うことができる反面，関連をもつようにみえても，適正に解釈につながるかどうかなど，注意すべき点がひそんでいます．

▶ 6.1 季節性とトレンドの分離

① この節では，ビール出荷量の時系列データ (付表 E.1) を例示に使います．
たとえば「暑くなったのでビールの消費が増えるだろう」という表現には，
　　　暑い季節になったので例年どおり増えるだろう
という意味で使われる場合もあれば
　　　例年以上に暑くなったので例年以上に増えるだろう
という意味で使われる場合もあります．論理上区別すべき表現であり，データを参照するときにも，それぞれに応じた扱いを要することになります．
いずれにしても，まず，グラフをかいてみましょう．
次ページの図 6.1.1 です．

◆注　この章では，時の区分に対応する「時系列データ」を扱います．年齢区分に対応する一連のデータも「系列データ」ですが，基礎データが特定の時点に対応しています．時系列データの場合，「それが時の流れに沿って次々と観察される」ことから，特別の見方が必要となってきます．

② **成分分解 (1)**　1 年を周期とする変化 (四半期データですから 4 点で 1 年) が存在することははっきりしています．しかし，変化の大きさや形に微妙なちがいがあるようです．たとえば「例年以上に増えた」という発言を裏づけるためには，この図では難しく，

6.1 季節性とトレンドの分離

季節性に対応する変化
季節にかかわらない変化

をわけてよめるように，情報を分解することを考えるのです．

たとえば，次ページの表6.1.2のようにするのです．

表の1番目のブロックの数字(基礎データ)について，2番目のブロックが季節性に対応する差，3番目のブロックが季節にかかわらない差を求めています(4番目のブロックについては後で説明)．

いずれも「差」の計算ですが，差のとりかたがちがいますから，以下では，次の記号を使って区別しましょう．

基礎データ　　　　　$X(n, m)$
前期との差　　　　　$\Delta_m X(n, m) = X(n, m) - X(n, m-1)$
前年同期との差　　　$\Delta_n X(n, m) = X(n, m) - X(n-1, m)$

差をとる演算記号 Δ に，差をとる方向を表わす添字をつけているのです．n が年次，m が月(この例では四半期データですが)を示すと了解してください．

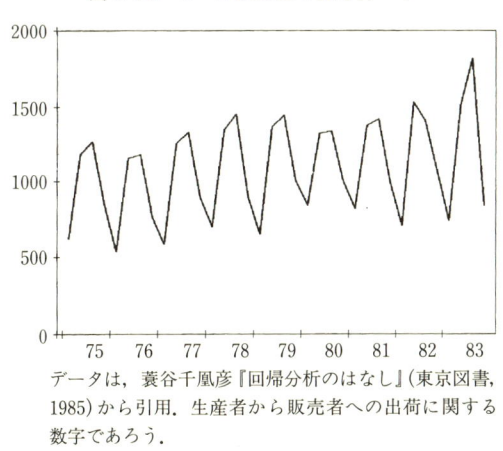

図 6.1.1　ビール出荷量の時系列データ

データは，簔谷千凰彦『回帰分析のはなし』(東京図書，1985)から引用．生産者から販売者への出荷に関する数字であろう．

予 測

時系列データの分析では，新しい時点のデータが得られたつど，その新しい情報にもとづき，たとえば経済情勢や景気動向を判断します．その場面では，過去の傾向を参考にするにしても，関心は「将来の動向の予想」です．過去のある期間の情報をその範囲で分析する場合もありますが，時系列データの分析の主題は，将来の予測につなげるために，最近の情報にウエイトをおいた分析です．

その意味で，一般の「系列データ」と異なった扱いが考えられるのです．

表 6.1.2　時系列データの分解 (1)

	原系列 $X(n, m)$					対前期差 $\Delta_m X(n, m)$			
	1〜3月	4〜6月	7〜9月	10〜12月		1〜3月	4〜6月	7〜9月	10〜12月
1975	620.7	1186.9	1270.6	849.4	1975	—	566.2	83.7	−421.2
1976	536.0	1158.1	1183.1	762.4	1976	−313.4	622.1	25.0	−420.7
1977	584.3	1260.4	1338.0	891.9 #1	1977	−178.1	676.1	77.6	−446.1 #1
1978	700.4	1352.7	1456.6	895.5	1978	−191.5	652.3	103.9	−561.1
1979	651.6	1373.3	1449.3	998.6	1979	−243.9	721.7	76.0	−450.7
1980	839.1	1329.1	1344.0	999.3	1980	−159.5	490.0	14.9	−344.7
1981	818.1	1380.0	1425.5	986.7	1981	−181.2	561.9	45.5	−438.8
1982	709.0	1534.0	1413.5	1077.0	1982	−277.7	825.0	−120.5	−336.5
1983	739.6	1511.4	1816.3	841.6 #2	1983	−337.4	771.8	304.9	−974.7 #2

原系列の各行は年次，各列は四半期区分に対応します．四半期別に大きい差があることがわかりますが，問題は，その差が大きい年，小さい年があることです．

新しい数字が出たとき，今年は…とよむ場面を想定しましょう．

#1 の数字が出た時点では
例年どおり減っている（対前期差），
前年と比べて大きい傾向（対前年差）は，これまでと同様だ…
このようによめます．

	対前年差 $\Delta_n X(n, m)$					差の差 $\Delta^2 X(n, m)$			
	1〜3月	4〜6月	7〜9月	10〜12月		1〜3月	4〜6月	7〜9月	10〜12月
1975	—	—	—	—	1975	—	—	—	—
1976	−84.7	−28.8	−87.5	−87.0	1976	—	55.9	−58.7	0.5
1977	48.3	102.3	154.9	129.5 #1	1977	135.3	54.0	52.6	−25.4 #1
1978	116.1	92.3	118.6	3.6	1978	−13.4	−23.8	26.3	−115.0
1979	−48.8	20.6	−7.3	103.1	1979	−52.4	69.4	−27.9	110.4
1980	187.5	−44.2	−105.3	0.7	1980	84.4	−231.7	−61.1	106.0
1981	−21.0	50.9	81.5	−12.6	1981	−21.7	71.9	30.6	−94.1
1982	−109.1	154.0	−12.0	90.3	1982	−96.5	263.1	−166.0	102.3
1983	30.6	−22.6	402.8	−235.4 #2	1983	−59.7	−53.2	425.4	638.2 #2

#2 の数字が出た時点では
例年以上に減った（対前期差の差），前年との差がプラスからマイナスにかわった（対前年差の差）…
このようによめます．

このように「差」がどうかわったかをみます．すなわち「差の差」をみるのです．
「差の差」が #2 で大きくちがうことに注目しましょう．
#1 では，差の符号がかわったことに注目されるでしょう．

注：たとえば #1 のデータが得られた時点では「それ以前の3期間に正であったものが負にかわった」といえますが，その変化が「さらにつづくか」どうかは「予測の問題」になります．新しい時点のデータが得られたときに確認するにしても，それを待たずに判断したい … それが，予測の問題です．

③　表で取り上げている指標はいずれも，時系列データの差を表わすものですが，
　　季節変動をみるための差　　　……　対前期差
　　季節にかかわらない趨勢をみるための差　……　対前年同期差

と使いわけているのですが，表の4番目に例示したように，これらの差について，差がどうかわったかをよむことが考えられます．いいかえると，この表の情報によって差を測るのですが，差が例年どおりか否かをみるために，たとえば，前年の指標値と比べるのです．記号でいうと

対前期差の変化をみるために　　　$\Delta_m X(n, m) - \Delta_m X(n-1, m)$

対前年同期差の変化をみるために　$\Delta_n X(n, m) - \Delta_n X(n, m-1)$

を使います．いわば「差の差をみることで変化を検出する」のだといってよいでしょう．論理的には，「差を計測する指標についてその値の差をみる」ということです．

それぞれ見方のちがう指標ですが，数値としては，これらは等しくなります．すなわち

$$\Delta_m X(n, m) - \Delta_m X(n-1, m)$$
$$= \Delta_n X(n, m) - \Delta_n X(n, m-1)$$
$$= X(n, m) - X(n, m-1) - X(n-1, m) + X(n-1, m-1)$$

が成り立っているのです．

これを $\Delta^2 X(n, m)$ と表わすことにしましょう．

対前期差の変化をみるための差，対前年同期差の変化をみるための差という呼び方をする必要はないのです．

④　この「差の差」の大きい箇所に注目することによって，季節変化のパターンがかわったところ，あるいは，趨勢がかわったところを検出できます．

表6.1.2の場合については，#1，#2の箇所をピックアップしていますが，たとえば $\Delta^2 X(n, m)$ の標準偏差を計算してその3倍をこえるところとか，ボックスプロットによってアウトライヤーと指摘されるところという形で，客観的な手順にすることも考えられます．

⑤　この成分分解で，前月または前年の値と比べるのは，「最近の情報を使って」変化をみようという趣旨です．したがって，その変化を比較するための基準も，なるべく新しいデータを使おう…こういう意図にたって組み立てているのです．

⑥　**成分分解(2)**　これに対して，ある期間に注目してその期間中の変化を把握し，説明したいという問題設定もありえます．

それなら，「前期または前年同期と比較する」としたところを，「期間中の平均値と比較する」形におきかえることが考えられます．

図 **6.1.3**　分解1における差の差 $\Delta^2 X(n, m)$ の分布

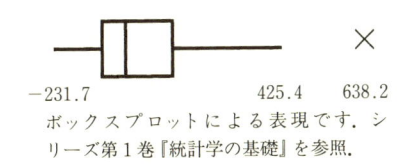

-231.7　　　　　　　　425.4　638.2

ボックスプロットによる表現です．シリーズ第1巻『統計学の基礎』を参照．

基礎データ　　　　　$X(n, m)$
前期との差　　　　　$\Delta_m X(n, m) = X(n, m) - X(n, *)$
前年同期との差　　　$\Delta_n X(n, m) = X(n, m) - X(*, m)$

によって差を測り，これらの差が例年どおりか否かをみるためには，

対前期差の変化　　　$\Delta_m X(n, m) - \Delta_m X(*, m)$
対前年同期差の変化　$\Delta_n X(n, m) - \Delta_n X(n, *)$

を使うのです．これらの表現における*はその箇所の区分番号のある範囲について平均をとったものを意味します．たとえば$X(n, *)$は，1年分(月別データなら12，四半期データなら4)のデータの平均です．

「差の差」について，

$$\Delta_m X(n, m) - \Delta_m X(*, m) = \Delta_n X(n, m) - \Delta_n X(n, *)$$
$$= X(n, m) - X(n, *) - X(*, m) + X(*, *)$$

が成り立っています．

これらの量を計算するためには，各年別の平均値$X(n, *)$と各四半期別の平均値$X(*, m)$およびデータ全体での平均値が必要です．

表6.1.4は，基礎データに，これらの平均値を計算し付記したものです．

表6.1.5は，これらの平均値を使って計算した成分分解表です．

表6.1.2とほぼ同様な見方ができますが，変化を検出するための基準がちがっています．

基準の選択において，表6.1.2の場合は最近の情報に重きをおいて先月または前年の値を使う，表6.1.5の場合は取り上げた範囲全体に同じウエイトをおいて計算した平均値を使う…こういう考え方です．

いわば，「昔と比べればかわったのは当然，最近の変化をみよう」という時系列の見方にもとづく発想と，「かわっている・いないの判断基準として平均値を使う」という一般的な見方にもとづく発想のちがいです．

表 6.1.4　変化を検出するための基準

	原系列				
	1～3月	4～6月	7～9月	10～12月	平均
1975	620.7	1186.9	1270.6	849.4	981.9
1976	536.0	1158.1	1183.1	762.4	909.9
1977	584.3	1260.4	1338.0	891.9	1018.7
1978	700.4	1352.7	1456.6	895.5	1101.3
1979	651.6	1373.3	1449.3	998.6	1118.2
1980	839.1	1329.1	1344.0	999.3	1127.9
1981	818.1	1380.0	1425.5	986.7	1152.6
1982	709.0	1534.0	1413.5	1077.0	1183.4
1983	739.6	1511.4	1816.3	841.6	1227.2
平均	688.8	1342.9	1410.8	922.5	1091.2

6.1 季節性とトレンドの分離

表 6.1.5 時系列データの分解 (2)

	平均値との差			
1975	−470.5	95.7	179.4	−241.8
1976	−555.2	66.9	91.9	−328.8
1977	−506.9	169.2	246.8	−199.3
1978	−390.8	261.5	365.4	−195.7
1979	−439.6	282.1	358.1	−92.6
1980	−252.1	237.9	252.8	−91.9
1981	−273.1	288.8	334.3	−104.5
1982	−382.2	442.8	322.3	−14.2
1983	−351.6	420.2	725.1	−249.6
	$SS=3746880,\quad V=104080$			

	年別平均値との差			
1975	−361.2	205.0	288.7	−132.5
1976	−373.9	248.2	273.2	−147.5
1977	−434.4	241.7	319.3	−126.8
1978	−400.9	251.4	355.3	−205.8
1979	−466.6	255.1	331.1	−119.6
1980	−288.8	201.2	216.1	−128.6
1981	−334.5	227.4	272.9	−165.9
1982	−474.4	350.6	230.1	−106.4
1983	−487.6	284.2	589.1	−385.6
	$SS=3414800,\quad V=94856$			

この部分は,すべて,同じ平均値を基準としてみていますから,各部分の差をみるという意味をもちません.

列方向に並んだ4つの数字が各四半期に対応します.その差は,明らかです.ここでは,その四半期別差異がどの年も同じかどうかをみます.

	四半期別平均値との差			
1975	−68.1	−156.0	−140.2	−73.1
1976	−152.8	−184.8	−227.7	−160.1
1977	−104.5	−82.5	−72.8	−30.6
1978	11.6	9.8	45.8	−27.0
1979	−37.2	30.4	38.5	76.1
1980	150.3	−13.8	−66.8	76.8
1981	129.3	37.1	14.7	64.2
1982	20.2	191.1	2.7	154.5
1983	50.8	168.5	405.5	−80.9
	$SS=543879,\quad V=15108$			

	残差 (差の差)			
1975	41.3	−46.7	−30.8	36.2
1976	28.6	−3.5	−46.3	21.2
1977	−31.9	−9.9	−0.2	42.0
1978	1.6	−0.3	35.8	−37.1
1979	−64.1	3.4	11.6	49.1
1980	113.7	−50.4	−103.4	40.2
1981	68.0	−24.2	−46.6	2.9
1982	−71.9	99.0	−89.4	62.4
1983	−85.2	32.5	269.5	−216.9
	$SS=211793,\quad V=5883$			

行方向に並んだ9つの数字が各年次に対応します.四半期の影響は消去されていますから,それにかかわらない年次傾向の有無をみるために使います.

年次別傾向,四半期別傾向のいずれでも説明できない変動を測ったものになっています.
 一般には0に近い値になるでしょうが,特別な事態が発生したとき大きくなりますから,そういう事態の発生を検出する手がかりになります.

⑦ **分散分析** 成分分解 (2) では,変化をみる指標値の分散を使って分散分析 (差の大きさを測る指標) の形に組み立てることができます.
 すなわち,表の各ブロックの数字が「平均値からの偏差」になっています.さらにくわしくいうと,「ブロック全体での平均値を基準とした偏差」,「行方向の平均値を基準とした偏差」,「列方向の平均値を基準とした偏差」になっています.
 したがって,それぞれの偏差の大きさを評価する分散を使って,どの偏差が大きいか,いいかえると,どの基準が「データの変化の説明要因」として有効かを判断する

手順を組み立てることができます。
⑧　これが「分散分析表」(表6.1.6(a))です。
これによって，それぞれの成分の寄与度を測ることができるのです。
たとえば，表6.1.5の3番目のブロックは，各年ごとに求めた「4つの四半期データの平均」を基準とした偏差です。
したがって，そういう「基準」を採用することによって，データの変動を表わす分散が104080から15108に減少したことがわかります。この減少88972によって，「採用した基準の有効度を測る」ことができるのです。この場合は，四半期別平均値の有効度を測るものになっています。これを減少率の形で表わした85.4%が「決定係数」です。
また，各四半期ごとに求めた「9つの年別データの平均値」を基準とした偏差を使った場合の分散の減少 104080-94856=9224 によって，その有効度を測ることができます。
4番目のブロックの数字は，年次区分別平均値および四半期区分別平均値を組み合わせた基準値からの偏差です。したがって，これら2つの要因のいずれでも説明されずに残った変動です。
このような分析結果をまとめたのが，表6.1.6(a)です。
例示の場合，四半期別平均値(年別データの平均値)を基準とすることによって説明されるのは85%に達するのに対して，年平均値(四半期別データの平均値)を基準とすることによって説明されるのは9%，いずれでも説明されずに残る部分は6%だということです。
この分散分析表は，このような形で「データのもつ変動を，要因別にわけて評価す

表6.1.6(a)　分散分析表　for　要因分析

	SS	N	SS/N	R^2
全体	3746880	36	104080	100
四半期間	3203001	36	88972	85.4
年次間	332080	36	9224	8.9
残差	211793	36	5884	5.7

表6.1.6(b)　分散分析表　for　仮説検定

	SS	DF	SS/DF	F	
全体	3746880	35	107054		
四半期間	3203001	3	1067667	121	**
年次間	332080	8	41510	4.7	**
残差	211793	24	8825	1	

6.1 季節性とトレンドの分離

図 6.1.7 ビールの消費量（平均的季節変動との差）

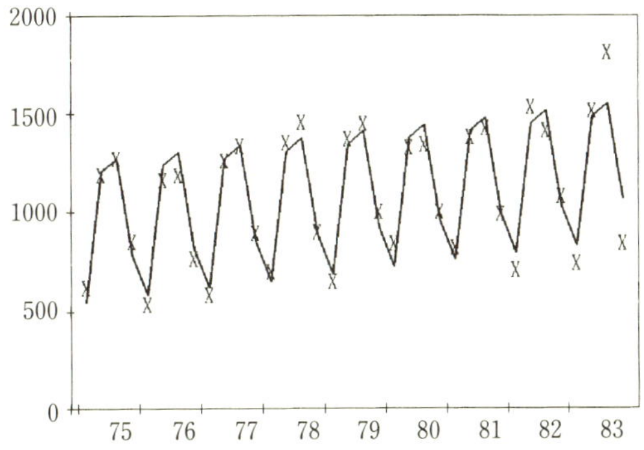

る」機能をもつものです．

⑨ ここで，「いずれでも説明されずに残った部分」を誤差だとみなすなら，ある確率分布（普通は正規分布）をもつ変動だと仮定できる場合には，それと対比することによって，他の成分が「誤差範囲をこえている」ことを検定できます．そういう見方をするときには，表 6.1.6 (a) の分散分析表のかわりに，表 6.1.6 (b) の形式の分散分析表を使います（本シリーズ第 1 巻『統計学の基礎』を参照）．

この例では，年次間変動も「誤差範囲」をこえていると判定されます．

⑩ **時系列解析** 時系列データの変動について，説明変数を入れず，その「時間的推移を表わす傾向線を見出す」扱い方を採用することもあります．

この節のデータの場合については，次のような傾向線が計算されます．

$$
\begin{aligned}
Y(T) = \ & 549.01 D_1 \\
& +1194.40 D_2 \\
& +1253.55 D_3 \\
& + 756.54 D_4 + 8.7340 T, \quad R^2 = 93\%
\end{aligned}
$$

ここで，D_1, D_2, D_3, D_4 は，それぞれ 1～3 月，4～6 月，7～9 月，10～12 月に対応するダミー変数です．図 6.1.7 は，この傾向線を書き込んだものです．

1983 年の 7～9 月，10～12 月の値が傾向と大きく外れていることがわかります．それをどう説明するか，あるいは，さかのぼって，傾向線をどう説明するかを考えるためにはなんらかの説明変数を入れる方向で分析をつづけることが必要です．

⑪ **季節性を説明する変数の導入** これまでの説明では，「季節性を四半期区分に対応する差」とみなしていましたが，現象は「時計の動きによって変化するものではない」という観点では，なんらかの説明変数を導入する方向へ進むべきです．たとえば，「季節差すなわち気温の差」と説明できるように，変動の説明変数を導入することも考えられます．

例示の場合には，

気温を説明変数とする回帰式を使う
ことが考えられますが,必ずしも簡単ではありません.
　人が感じる季節性は,気温の差だけではない.ビールを飲むのはどんなときかを考えれば,「気温だけで説明できるはずはない」というコメントが出るでしょう.
　多分そうでしょうが,まずは
　　　「気温でどの程度説明できるかを計測しよう」
という進め方を採用しましょう.
　図6.1.8は気温の季節変動(実線)です.ビールの消費量(点線)と重ねてあります.
　これでみると,うまく説明できそうですが,図6.1.9のように,横軸に気温,縦軸にビール出荷量をとってそれらの関係をプロットしてみると,両者の関係が「直線関係でない」ことがわかります.
　したがって直線を想定した回帰式では十分な説明力は得られないと予想されます.
　実際に計算してみると,次のようになっています.
$$Y = 420.7 + 42.650 U, \quad 残差分散 = 21065, \quad 決定係数 = 80\%$$

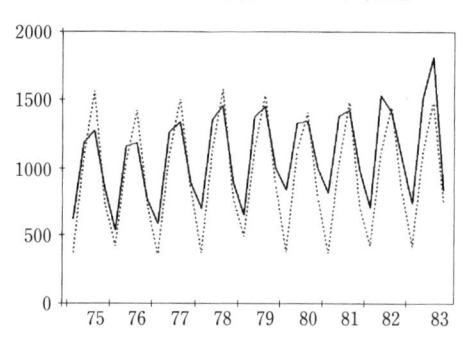

図6.1.8　ビール消費量と気温の季節変動

図6.1.9　ビール消費量と気温の関係

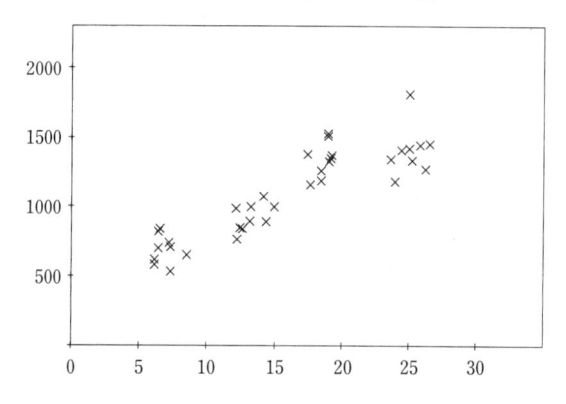

気温を考慮せずに「ビール出荷量の四半期別平均」を基準とした決定係数が85%でした．「せっかく気温を考慮に入れても，直線性を仮定したのでは効果がない」ということです．

そこで，決定係数を改善するために，
　　　　「非直線のモデルを考える」
ことが考えられます．しかし，同じ15度でも春の15度と秋の15度ではビール出荷量がちがいますから，「気温」の数値にこだわらず，「春夏秋冬」によるちがいという説明で80%という大きい値になるのですから，それで十分だとしてよいでしょう．個人差が関与する問題においては，これ以上を期待するのは無理でしょう．

試してみるということなら，たとえば春すなわち気温上昇期と，秋すなわち気温低下期を区別するために
　　　　各期の気温のほかに，前期との差を説明変数に入れたらどうか
という案もありえます．

また，基礎データの方にも注意を向けましょう．データの性格によっては，気温の変化に即応して出荷量がかわるものとは限らない，予報を参考にして生産出荷するでしょうから，タイムラグを考慮せよ…と，話が難しくなります．

⑫　春夏秋冬といった大きい変化は自明だ，
　　　　「今年の夏は例年以上に暑い」といったことが効いている
そういう問題提起なら，
　　　　夏の消費の年次系列を夏の気温と対照する形でみたらどうか
これも，有力な提案です．

この案を試してみましょう．

図6.1.8における4〜6月の部分に注目すると，この扱いでも気温の効果としては説明されないようです．

回帰式は
$$Y = -327.7 + 91.066 U, \quad 決定係数は 22\%$$
と計算され，ビール消費量の分散が14754だったものが，この回帰式による計算値を基準としても11583とわずかにかわるだけです．決定係数は22%です．

他の季節についても，同様に計算した結果を表6.1.10にあげておきましょう．

7〜9月については，他の年次と著しくちがう1983年の値の影響で残差分散が大きくなっています．これらの値に何か特有の事情が効いているのではないでしょうか．

1〜3月については，気温とビール消費の関係が負になっています．

要約すると…気温との関係として説明されるのは，
　　　　春夏秋冬に対応する大きい変化まで
でしょう．それ以上に細かく立ち入った説明は難しいようです．

⑬　**季節性とトレンドを分離する**　　関心はトレンドの方だ，それなら，
　　　　季節性の説明は省略して季節の影響を除去する

表 6.1.10 ビール出荷量と気温の関係を示す傾向線

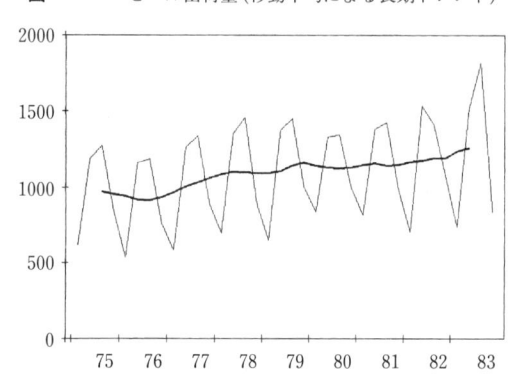

傾向をみる範囲	傾向線	全分散	残差分散	回帰分散
全体	$Y = 420.7 + 42.650U$	104080	21065	83015
1～3月	$Y = 811.0 - 18.331U$	9191	9008	183
4～6月	$Y = -327.7 + 91.066U$	14754	11583	3171
7～9月	$Y = 591.1 + 32.963U$	27722	26773	949
10～12月	$Y = 227.9 + 53.385U$	8763	6169	2554

図 6.1.11 ビール出荷量(移動平均による長期トレンド)

ことを考えます.

たとえば,これまでの分析例のように「同じ季節の値を抜き出して比較する」ことによって「季節にかかわらない見方」ができますが,平均値を計算するために過去数年の情報を使う形になっています.

新しい情報を使って最近の変化をすぐに探知する(変化があればそれを探知する)という目的に対応するには

　　　1年分の平均値を使えば春夏秋冬の影響が消去される

ことを利用します.

この平均値は,毎月新しい月の情報を使って計算しなおせますから,変化を探知するための指標になりえます.

平均をとる範囲をずらすことから,移動平均とよばれています.

この場合,1月から12月(または第1四半期から第4四半期)までの平均値を期間の中央に対応させると,6.5月(または第2.5四半期)の情報だということになりますから,次のように13か月分(または5四半期分)のデータを使って,6月の情報(または第2四半期の情報)だと解釈できるようにします.

$$\frac{1}{12}[X(I-6)/2 + X(I-5) + \cdots + X(I) + \cdots + X(I+5) + X(I+6)/2]$$

$$\frac{1}{4}[X(I-2)/2 + X(I-1) + X(I) + X(I+1) + X(I+2)/2]$$

図 6.1.11 は，ビールの消費量について，この移動平均を適用した結果を図示したものです．

消費量が漸増している傾向がよみとれます．

季節変動と比べて変動幅は小さいものの，変化のパターンははっきりしており，ビールの消費量を増やす要因が存在しているようです．

◆ 注　この移動平均法をベースにして
　　　　長期トレンド，1 年以外の周期をもつ循環変動，季節変化
などを分解する「季節変動調整法」が提唱されています．また，多くの経済統計については，それを適用した結果が公表されています．

▷6.2　タイムラグ

① 例　題　　図 6.2.1 は，離婚率の推移を 1947 年から 1980 年までの期間についてみたものです．

最近（今は 1980 年と思ってください）の増加傾向は今後もつづくでしょうか．

この問いに答えるのが，この節のテーマです．

なお，離婚率の分母は，結婚件数としています．

人口の今後を決める有配偶者数を増やす要因と，減らす要因を対比しようという趣旨です．

図 6.2.1　離婚率の推移

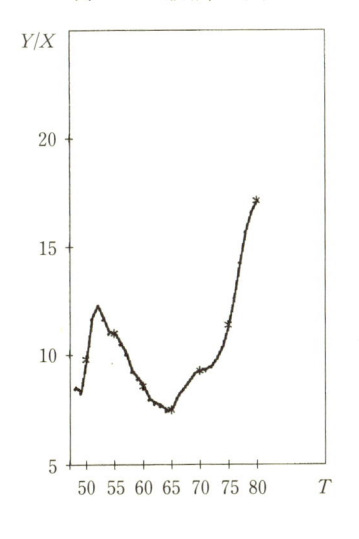

図 6.2.2　結婚数と離婚数

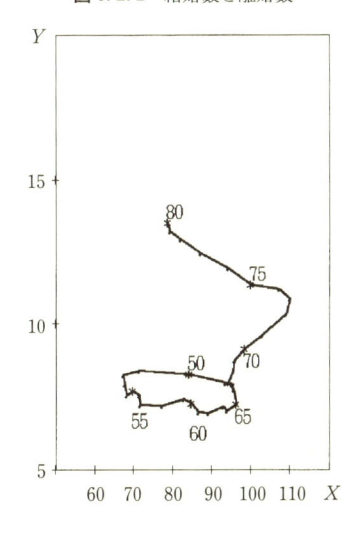

② **予　測**　$Y=f(t)$ の形を表わす傾向線を求めて，それを先に延ばす … そういう形での予想は，一般にはあたりません．あたっても「変化の説明」につながりません．また，変化の要因を表わす変数 $X(t)$ を探り，$Y(t)$ と $X(t)$ とが同じ形で動いているということだけでは不十分です．因果関係がなくても同じ傾向を示す場合があるからです．

「現象の予測」につなぐためには，
　　　原因の発生があって，ある期間たって結果が発生する
そういう関係をもつ変数対を見出すことを考えなければならないのです．

③　例題では，結婚 ⇒ 離婚，という順に発生します．統計的な対応関係をみようということですから，因果関係というコトバを厳密に考える必要はありません．これらのイベントの発生に関して，X が増えた/減った，数年して Y が増えた/減ったという対応関係に注目すればよいのです．

結婚 ⇒ 出産 ⇒ 結婚適齢期の人口 ⇒ 結婚，という序列も考えられます．長い間隔をともなう変化ですが，それゆえに長い先の予想に役立つわけです．だから，これも探求してみるとよいでしょう．

④　**傾向性の把握 (定性的予測)**　図 6.2.1 では，離婚数と結婚数とを「比率」の形に表わしていますから，結婚 ⇒ 離婚，あるいは結婚 ⇒ 次の世代の結婚，の関連性をよみとれません．

図 6.2.2 のように改めてみましょう．この図なら，提起した見方が可能となります．

結婚 ⇒ 離婚，の関連については，たとえば
　　　1955 年ごろからの結婚数増加 ⇒ 1965 年ごろからの離婚数の増加
　　　1965 年ごろからの結婚数増加 ⇒ 1973 年ごろからの離婚数の増加
と対応していますから，
　　　1973 年ごろからの結婚数減少
が 1980 年以降の近い時期に，離婚数の減少につながると予想できるでしょう．

また，結婚件数については，1947 年から数年間の減少が 1973 年からの減少に対応しているようです．そのことから，
　　　1955 年ごろからの結婚件数の増加が，1980 年以降に結婚件数の増加につながる
と予想できるでしょう．1980 年からだとはいえませんが，1980 年以降の近い時期にそうなるだろうという予想です．

よって，図 6.2.3 および図 6.2.4 に書き込んだ矢印の方向が予想されます．

もちろん定性的な説明ですから，これらの図の矢印の長さは，変化の大きさを表わすものではありません．したがって，図 6.2.3 の矢印も右下方向という程度に受けとってください．

⑤　**計量化のための手順**　以上の予想を計量化することを考えましょう．

形式的にいえば

図 6.2.3 離婚率の推移と予想される変化

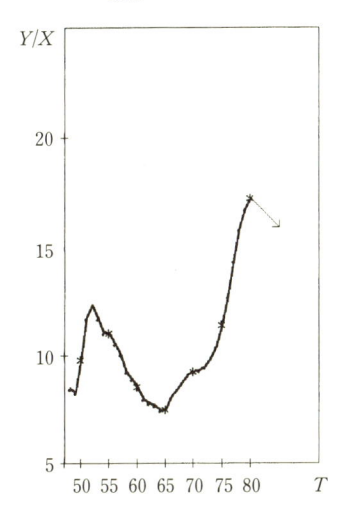

図 6.2.4 離婚数と結婚数の推移と予想される変化

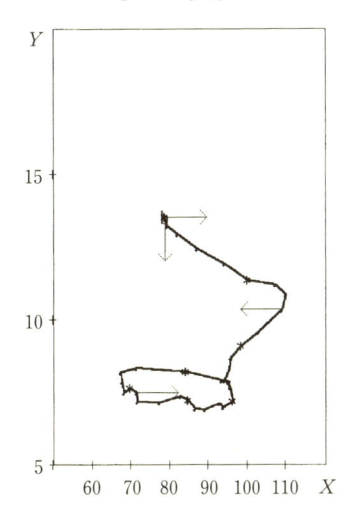

a. $X(t-d) \Rightarrow Y(t)$ の相関関係をみるために相関係数を計算してみる．
b. 相関が高いなら，$Y(t)$ を $X(t-d)$ で説明する傾向線（回帰）を求める，
c. この傾向線で表わされる関係が今後もつづくと想定して，$X(t_0)$ までの値（今が t_0）に対応する $Y(t_0)$ 以降の値を計算する．

という手順を採用するのです．

時系列データの場合，何期かの時点をサンプルとみて計算した相関係数を系列相関係数とよびます．時点をずらして対応づけすることがありえますから，次のようにラグをつける場合を含めた定義になります．

$$\rho = \frac{1}{n}\sum_{I=1}^{n} Y_I X_{I+d} \qquad X_I, Y_I はいずれも標準化されているものとする．$$

この定義で2つの変数 X, Y が同じものの場合を，自己相関係数とよびます．

⑥ **例示の場合** X（＝結婚件数），Y（＝離婚件数）について系列相関係数を計算した結果が表 6.2.5 です．

ラグの幅，計算に用いる範囲をかえていくとおりかの計算をしています．

範囲は，1980年までのデータを使うものとして決めています．たとえば表の左下すみの 0.36 は，定義式の n を 1958年から 1977年とした X_n と Y_{n+3} の相関係数です．

できるだけ新しい期間について計算した値をみるためには，右下から斜め上にみていくことになります．この例の場合それらが最も高い値になっていますから，その範囲で選択しましょう．ラグの長さが 8, 9, 10, 11 のあたりが有力な候補です．相関係数は，0.95 に達しています．

表 6.2.5 結婚件数と離婚件数との系列相関係数

対象期間のはじめ	ラグの幅										
	3	4	5	6	7	8	9	10	11	12	13
1947〜66	0.61	0.69	0.71	0.74	0.75	0.74	0.73	0.73	0.71	0.65	0.61
1948〜67	0.62	0.68	0.73	0.78	0.80	0.81	0.82	0.82	0.79	0.76	0.75
1949〜68	0.62	0.71	0.78	0.84	0.87	0.90	0.92	0.92	0.92	0.91	
1950〜69	0.66	0.74	0.81	0.86	0.90	0.93	0.95	0.96	0.96		
1951〜70	0.71	0.78	0.83	0.87	0.91	0.93	0.95	0.96			
1952〜71	0.78	0.83	0.86	0.90	0.93	0.95	0.96				
1953〜72	0.83	0.86	0.89	0.92	0.94	0.95					
1954〜73	0.85	0.88	0.91	0.93	0.94						
1955〜74	0.83	0.87	0.89	0.91							
1956〜75	0.78	0.81	0.83								
1957〜76	0.63	0.65									
1958〜77	0.36										

たとえば左上の 0.61 は 1947〜66 年の結婚件数と 1950〜69 年の離婚件数との系列相関係数です。

表 6.2.6 結婚件数と 1 世代前の結婚件数との系列相関係数

計算対象期間	ラグの幅				
	20	21	22	23	24
1947〜56	0.00	0.45	0.77	0.94	0.99
1948〜57	0.34	0.65	0.86	0.97	
1949〜58	0.54	0.77	0.91		
1950〜59	0.78	0.93			
1951〜60	0.91				

結婚件数については，図のように「1 世代前の結婚件数」とを結びつけて説明しました．相関係数も，結婚件数の時系列データについてタイムラグを考慮に入れた系列相関係数を計算しています．

それが，表 6.2.6 です．

長いラグをとる関係で計算対象期の選択が限られますが，期間幅を 23 年あるいは 24 年とすることによって相関係数 0.95 が達成されています．

これらの候補について，回帰係数を計算して比較し，次の回帰式を採用することにしました．

「結婚⇒離婚」の関係： $Y(t) = -59953 + 0.18865 X(t-9)$

「結婚⇒結婚」の関係： $Y(t) = 283375 + 0.31384 X(t-23)$

「結婚⇒結婚」において，相関係数最大のところを避けたのは，対象期間に 1947 年を含めると異常な結果となるためです．

これらの式による予測値を書き込んだのが，次の図 6.2.7, 6.2.8 です．

⑦ **予測の評価** 予測は，「過去の傾向がそのままつづくとすれば」という条件つき予測です．

図 6.2.7 離婚率の推移予測   **図 6.2.8** 離婚数と結婚数の推移予測

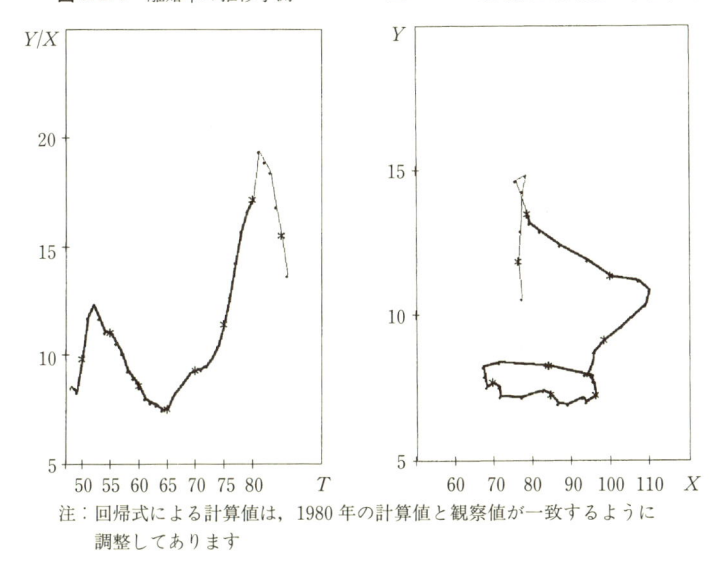

注：回帰式による計算値は，1980年の計算値と観察値が一致するように調整してあります．

したがって，過去の傾向がかわると，予測どおりに動かないことが，当然，ありえます．

その場合も，「予測があたらなかったから，予測は無意味だ」ということではありません．

「状態が変化したのではないか」という感触があったがゆえに「予測したい」という問題提起がなされたのでしょう．

よって，予測どおりに動かなかった場合，

「過去の傾向とちがった状態になった」という事実を確認できた

ことになりますから，その意味で，有効だったと評価すべきです．

ただし，いずれにしても，

予測値と実績値を比べるフォローアップ

が必要です．

例示の場合，1980年以降の実績値を図示すると次の図6.2.9，6.2.10のようになっています．

これらの図から，「離婚件数が減少に転ずる時期が予想より遅れた」ことがよみとれますが，新しい時点のデータについて系列相関を計算する（この結果は省略）と，「結婚件数が予想よりも減ったこと」，または「ラグが長くなったこと」が，そのもとにあると判定されます．

⑧ **まとめ** 「傾向を見出す」という意味では共通性をもつにしても，適用する手法として次の場合をはっきり区別しましょう．どの場合も，変化に影響する説明要

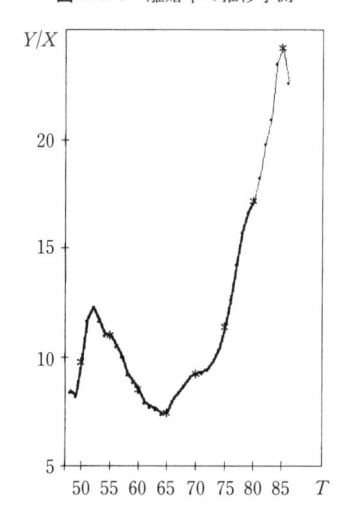

図 6.2.9 離婚率の推移予測　　　**図 6.2.10** 離婚数と結婚数の推移予測

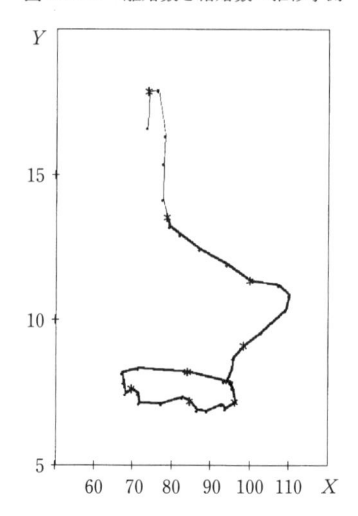

因を取り上げて，それとの関係を求めますが，この節で例示したように，また，次節に例示するように，扱い方を考えるべき点がいくつかあります．

　　　観察値の範囲で，傾向性と個別性を見出す
　　　観察値の範囲で見出された傾向がそのままつづくと仮定して，予測する
　　　条件との変化を考慮に入れて，予測する

▶6.3 変化の説明

① これまでの節では，観察値にもとづいて定めた回帰係数を手がかりにして，現象の説明を展開しています．いいかえると，回帰分析を適用するために使った観察値の範囲（時系列データの場合でいえば期間）で求めた情報が，その範囲で適合すると仮定していることを意味します．

　一般には認めてよい仮定でしょうが，時系列データを扱う場合には，そういいにくい問題場面があります．たとえば，状態がかわったという前提のもとで，その変化を表現するモデルを組み立てたい … そういう場合です．

　そういう場合の典型的な対処策は
　　　ある時点までの状態を記述する傾向線を求め，
　　　それがその時点以降にも適合するかどうかをみる
ということですが，モデルの中で状態変化を把握できるようにする … そこに工夫を要するのです．

② 一例として，「鉱工業生産活動とエネルギー需要との関係」がオイルショック

シリーズ〈データの科学〉1
データの科学

林知己夫著
A5判　144頁　本体2600円

21世紀の新しい科学「データの科学」の思想とこころと方法を第一人者が明快に語る。〔内容〕科学方法論としてのデータの科学／データをとること―計画と実施／データを分析すること―質の検討・簡単な統計量分析からデータの構造発見へ

ISBN4-254-12724-3　　注文数　　冊

シリーズ〈データの科学〉3
複雑現象を量る ―紙リサイクル社会の調査―

羽生和紀・岸野洋久著
A5判　176頁　本体2800円

複雑なシステムに対し，複数のアプローチを用いて生のデータを収集・分析・解釈する方法を解説。〔内容〕紙リサイクル社会／背景／文献調査／世界のリサイクル／業界紙に見る／関係者／資源回収と消費／消費者と製紙産業／静脈を担う主体／他

ISBN4-254-12727-8　　注文数　　冊

シリーズ〈データの科学〉4
心を量る ―個と集団の意識の科学―

吉野諒三著
A5判　168頁　本体2800円

個と集団とは？意識とは？複雑な現象の様々な構造をデータ分析によって明らかにする方法を解説〔内容〕国際比較調査／標本抽出／調査の実施／調査票の翻訳・再翻訳／分析の実際（方法，社会調査の危機，「計量的文明論」他）／調査票の洗練／他

ISBN4-254-12728-6　　注文数　　冊

人間科学の統計学3
生態学的推論

A.J.リヒトマン他著・長谷川政美訳
A5変判　96頁　本体1500円

集団データ解析に関連した一般問題を実例を中心にわかりやすく簡潔にまとめられた入門書。〔内容〕集積偏倚と標準化されない係数―定式化の問題／集積偏倚と標準化された測度／集積偏倚の問題に対する解／結論―集積・計算および理論／他

ISBN4-254-12533-X　　注文数　　冊

＊**本体価格は消費税別です**（2002年2月1日現在）

▶お申込みはお近くの書店へ◀

朝倉書店

162-8707 東京都新宿区新小川町6-29
営業部　直通(03)3260-7631　FAX(03)3260-0180
http://www.asakura.co.jp　eigyo@asakura.co.jp

シリーズ〈社会現象の計量分析〉1
社会現象の統計学

岸野洋久著
A5判　184頁　本体3200円

氾濫する情報の収集からより定量的な分析を行って構造推定をし予測に至るまでの統計手法を明快簡潔に解説。〔内容〕将来予測とデータ収集／データの記述と推定／大きな表から全体像をつかむ／構造をとらえ予測する／モデル選択と総合的予測

ISBN4-254-12631-X　　注文数　　冊

シリーズ〈社会現象の計量分析〉2
株式の統計学

津田博史著
A5判　180頁　本体3200円

現実のデータを適用した場合の実証分析を基に，具体的・実際的に解説。〔内容〕株式の統計学／基本統計量と現代ポートフォリオ理論／株価変動と回帰モデル／株価変動の分類／因子分析と主成分分析による株価変動モデル／株価変動の予測／他

ISBN4-254-12632-8　　注文数　　冊

シリーズ〈社会現象の計量分析〉3
スポーツの統計学

大澤清二編
A5判　224頁　本体3900円

〔内容〕スポーツ人口の計量と予測／スポーツの社会動態と統計（施設，世論形成，体力と運動能力，施設の最適配置，観客，政策，健康生活行動）／スポーツ競技の統計分析（バレーボール，サッカー，水泳競技，陸上競技，野球）／他

ISBN4-254-12633-6　　注文数　　冊

統計解析ハンドブック

武藤眞介著
A5判　648頁　本体22000円

ひける・読める・わかる——。統計学の基本的事項302項目を具体的な数値例を用い，かつ可能なかぎり予備知識を必要としないで理解できるようやさしく解説。全項目が見開き2ページ読み切りのかたちで必要に応じてどこからでも読めるようにまとめられているのも特徴。実用的な統計の事典。〔内容〕記述統計(35項)／確率(37項)／統計理論(10項)／検定・推定の実際(112項)／ノンパラメトリック検定(39項)／多変量解析(47項)／数学的予備知識・統計数値表(28項)。

ISBN4-254-12061-3　　注文数　　冊

6.3 変化の説明

を契機とする「省エネルギーによってどうかわったか」を分析してみましょう．なお，家庭の電化製品によるエネルギー使用も相当量に達しますから，それもあわせてみることが必要です．

したがって

　　$X=$エネルギー需要
　　$U=$鉱工業生産指数
　　$V=$最終消費支出/世帯数

を使うものとします．

表6.3.1がこれらのデータです．

1965年から1983年の全期間について計算すると，次の傾向線が求められます．

$$Y=-5.631+0.14514U+0.7647V,$$
$$R^2=90\% \tag{1}$$

しかし，これを使うことは不適当です．傾向線を求めるにしても，オイルショック前と後とはちがうでしょう．そのちがいを，計測しなければならないのです．

③　前の章でダミー変数を使って状態の変化を含む形で傾向線を誘導できることを説明してあります．まずそれを適用してみましょう．その方法では，結果的には，いくつかの期間ごとに別の傾向線を誘導することになります．

たとえば

$$Y=A_1+BU+CV \quad \text{for} \quad 1965\sim71$$
$$Y=A_2+BU+CV \quad \text{for} \quad 1971\sim77 \tag{2a}$$
$$Y=A_3+BU+CV \quad \text{for} \quad 1977\sim83$$

の形を想定してみましょう．

表6.3.1(a)　エネルギー需要

年度	X	U	V
1965	146	32.9	229
1966	166	38.5	244
1967	190	45.5	258
1968	214	52.4	276
1969	250	61.2	290
1970	284	67.8	300
1971	297	69.1	309
1972	322	76.2	332
1973	354	85.7	342
1974	345	77.3	339
1975	341	73.9	344
1976	362	81.9	352
1977	366	84.5	361
1978	380	90.4	378
1979	390	97.6	381
1980	373	99.7	390
1981	364	101.7	392
1982	355	101.1	403
1983	368	107.6	409

X：エネルギー需要
U：鉱工業生産指数
V：最終消費支出/世帯数

図6.3.1(b)　表6.3.1を説明するモデル(1)

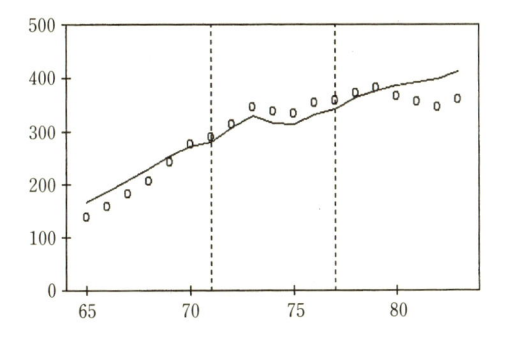

④　これに最小2乗法を適用して，次の結果が得られます．
$$Y = A + 0.22512U + 0.5686V \tag{2}$$
$$A = \begin{bmatrix} -5.198 & \text{for} & 1965\sim71 \\ -2.775 & \text{for} & 1972\sim77, \quad R^2 = 96.4\% \\ -7.573 & \text{for} & 1978\sim83 \end{bmatrix}$$

これによって，オイルショック前と比べると，年あたり23.75 (1978～83年の平均で) のエネルギー需要減を達成できたことがわかるようです．

ただし，定数項 A の変化で需要減をみることは妥当でしょうか．

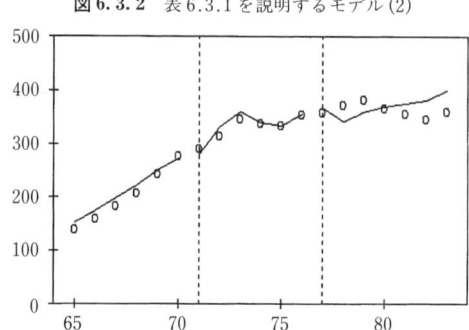

図 6.3.2　表6.3.1を説明するモデル (2)

⑤　問題は，Y と U あるいは V との関係です．したがって，省エネルギーの効果は，U の係数の変化として計測されると考えるのが自然な代案です．

この代案を採用するなら，次の方法をとります．

3つの期間に対応するモデルを
$$Y = \begin{bmatrix} A_1 + B_1 U + CV & \text{for} & 1965\sim71 \\ A_2 + B_2 U + CV & \text{for} & 1971\sim77 \\ A_3 + B_3 U + CV & \text{for} & 1977\sim83 \end{bmatrix} \tag{3a}$$

の形，すなわち U の係数が期間ごとに異なると想定します．ただし，V の係数はどの期間も同じと想定していますから，それぞれの期間について別々に計算することはできません．また，1971年および1977年で傾向線が「ギャップなしに接続する」という条件をみたすように定めます．

そのためには，次のようなダミー変数を使います．図6.3.3とその説明を参照してください．

$$D_1 = \begin{bmatrix} U - U_0 & \text{for} & U_1 > U > U_0 \\ U_1 - U_0 & \text{for} & U_2 > U > U_1 \\ U_1 - U_0 & \text{for} & U_3 > U > U_2 \end{bmatrix}$$

$$D_2 = \begin{bmatrix} 0 & \text{for} & U_1 > U > U_0 \\ U - U_1 & \text{for} & U_2 > U > U_1 \\ U_2 - U_1 & \text{for} & U_3 > U > U_2 \end{bmatrix}$$

6.3 変化の説明

$$D_3 = \begin{cases} 0 & \text{for} \quad U_1 > U > U_0 \\ 0 & \text{for} \quad U_2 > U > U_1 \\ U - U_2 & \text{for} \quad U_3 > U > U_2 \end{cases}$$

ここで取り上げている例では

$U_0 = 32.9, \quad U_1 = 69.1, \quad U_2 = 84.5$

これによって, (3a)式は次の1つの式に表わすことができます.

$$Y = A + B_1 D_1 + B_2 D_2 + B_3 D_3 + CV \tag{3b}$$

これに最小2乗法を適用して

$Y = -6.560 + 0.22672 D_1 + 0.25004 D_2 - 0.16000 D_3 + 0.8913 V,$

$R^2 = 97.8\%$

が得られます. ダミー変数の定義にしたがって期間別にわけてかくと, これは

図 6.3.3 ダミー変数

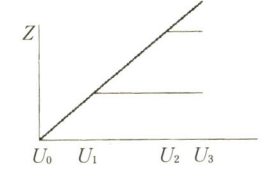

$Z = U$ すなわち, U をそのままの形で使うかわりに図のように区切り…

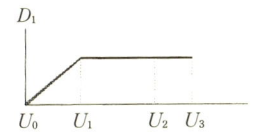

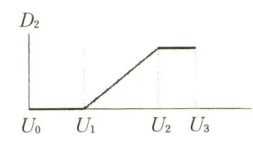

変数 D_1, D_2, D_3 を定義すると, $Z = D_1 + D_2 + D_3$ と分解される.

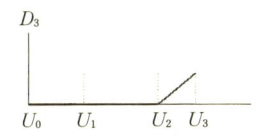

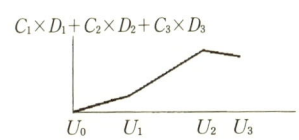

D_1, D_2, D_3 に適当なウエイトをつけると任意の折れ線を表現できる.

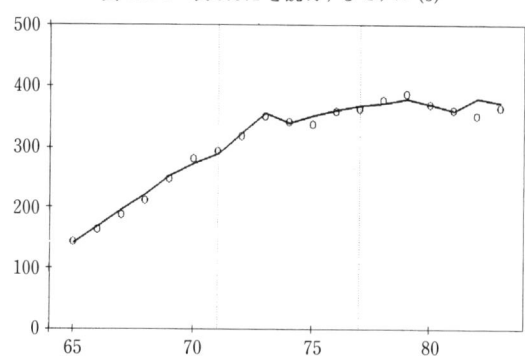

図6.3.4 表6.3.1を説明するモデル(3)

$$Y = \begin{cases} -14.019 + 0.22672U + 0.8913V & \text{for } 1965\sim71 \\ -15.630 + 0.25004U + 0.8913V & \text{for } 1972\sim77 \\ -18.022 - 0.16000U + 0.8913V & \text{for } 1978\sim83 \end{cases} \tag{3}$$

となります．図6.3.4がこれを図示したものです．

説明変数のうち鉱工業生産指数 U による効果については

$$B_1 = 0.23, \quad B_2 = 0.25, \quad B_3 = -0.16$$

と1978〜83年の期間において減少しております．

ここで B が負になったことは，鉱工業生産指数が上昇すればエネルギー消費が減ることを意味しますが，このことについては補足が必要でしょう．省エネで B が小さくなるにしても，負になるというのは….

通常は正になるべき係数ですが，省エネルギーが進行中であるがゆえに，こういうことになりえます．いいかえると，生産のための消費(プラス)と省エネ効果(マイナス)が重なって観察されているため，一時的に，負になったということも考えられます．もう少し期間をひろげて観察すると，正(しかし，オイルショック前より小さい値)になるかもしれません．問題として残しておきましょう．

⑥ 別法として，オイルショック前の状態を表わす傾向線を求めて，その傾向がそのままつづいたとしたらどうなったかを計測し，それと，実際の観察値と比べることが考えられます．

1965〜71年のデータにもとづく傾向線は

$$Y = 7.756 + 0.4958U - 0.4289V, \quad R^2 = 99\% \tag{4}$$

と計算されています．図6.35がこれを図示したものです．

この式による計算を1972年以降に適用して得た予測値(条件がかわらなかったと仮定した条件つき予測値)と，観察値と予測値の差を，表6.3.6に示してあります．

表6.3.6の傾向値，予測値は，いずれも上記の回帰式による計算値ですが，回帰式の誘導でその基礎に使った期間とそれ以外の期間で意味がちがいますから，欄をわけ

図 6.3.5 表 6.3.1 を説明するモデル (4)

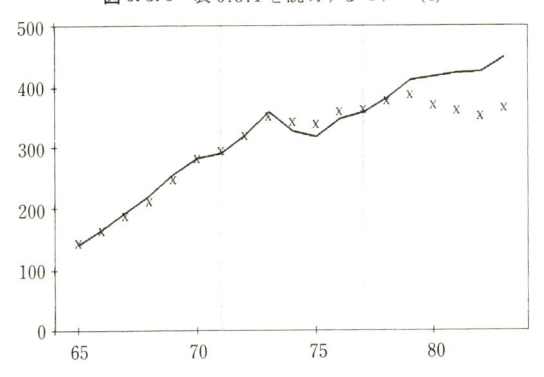

表 6.3.6 表 6.3.1 を説明するモデルと予測値

年度	X	U	V	傾向値	予測値	残差	節減量
1965	146	32.9	229	142.47		3.53	
1966	166	38.5	244	163.80		2.20	
1967	190	45.5	258	192.50		-2.50	
1968	214	52.4	276	218.99		-4.99	
1969	250	61.2	290	256.62		-6.62	
1970	284	67.8	300	285.05		-1.79	
1971	297	69.1	309	287.64		9.36	
1972	322	76.2	332		312.98		
1973	354	85.7	342		355.79		
1974	345	77.3	339		315.43		
1975	341	73.9	344		296.43		
1976	362	81.9	352		332.66		
1977	366	84.5	361		341.69		24.31
1978	380	90.4	378		363.65		16.35
1979	390	97.6	381		398.06		-8.06
1980	373	99.7	390		404.61		-31.61
1981	364	101.7	392		413.67		-49.67
1982	355	101.1	403		405.98		-50.98
1983	368	107.6	409		435.63		-67.63

て示しています．残差と節減量をわけたのも，同じ理由です．

　これから，状態変化(省エネルギー)による減少が，1980〜83年で200，1年あたりで50だと計測されます．予測された需要の約13%の節減になっています．

　⑦　以上の計算では1980年以降にみられる変化を「省エネルギーによる節減」とみなしましたが，その解釈を確認するには，もう少し年次範囲をひろげて計算してみることが必要です．

章末の問題に含めてありますから，試してみてください．

▷6.4 レベルレート図

① この章では，現象の時間的変化を表現し分析する問題を取り上げていますが，この節では，変化の大きさが時とともにかわる現象の一般的な見方を助けるグラフについて説明します．

図6.4.1はカラーテレビの「普及率」の推移を表わします．また，図6.4.2は，カラーテレビについて，工場における「各月末在庫」の推移を表わします．

同じくカラーテレビに関する情報であっても着目点がちがいますから，当然，時間的推移の型がちがいます．そこまでは，はっきりしています．したがって，たとえばその推移を表わすカーブを定める問題の扱い方にもちがった点が出てくると予想されますが，本当にそうでしょうか．

これらを扱う上での共通なフレームワークはないでしょうか．

もし共通面があるものとすれば，そこに注目することによって，問題の扱い方に対する有効なガイドが得られるでしょう．

生産者在庫 ⇔ 出荷 ⇔ 購入 ⇔ 保有率，と，実態に関係づけた分析に進むことも考えられますが，それは次節以降とし，この節では

    時系列データの変化の表現形式

に焦点をしぼります．

② 「推移の型が直線でない」ということは，

    値が大きいところでの変化と値が小さいところでの変化とが異なる

ことを意味します．

同じことですが，

    値のレベルが大きくなってある限度に近づくと，
    値の変化が小さくなる

図 6.4.1 普及率の推移

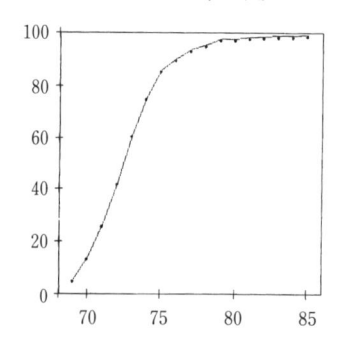

図 6.4.2 各月末在庫の推移

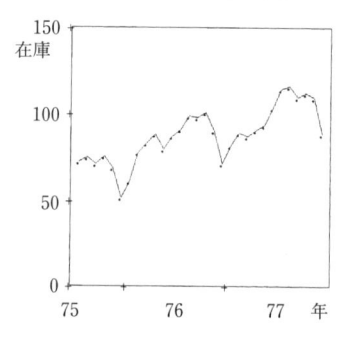

という言い方にしてもよいでしょう.

一般化すると,変数 $X(t)$ の値について,
　　　"このレベルになっている"という観点での計測値(レベル値)
と
　　　"レベルの変化が大きい・小さい"という観点での計測値(レート値)
の2とおりの計測値を組み合わせて説明することを意味します.

後者については,変化量でみることも変化率で考えることもできます.どちらを使うかは問題ごとに考えるものとし,「レート」という言葉で一般化しておきましょう.

記号で表現すると
　　　変化量＝$X(t)-X(t-1)$
　　　変化率＝$(X(t)-X(t-1))/X(t-1)$
ですが,それぞれ DX, RX と略記することにしましょう.

◆注1　レベルの計測値は「時点」に対応し,フローの計測値は「期間」に対応することによって区別されます.

◆注2　これらの表現における DX は,X について差をとる演算記号だと考えてください.ΔX とかく方が一般的ですが,変化率をとる演算記号 RX とあわせて使うので,D,R を使う記法としました.

これらの演算子について時間間隔を短くとった極限として微分におきかえることも考えられます.その場合には
　　　$RX = D \log X$
に相当します.

③　レベルとレートをわけることは,例示の問題に限らず,現象の実態にかかわる説明をするときに有効です.

普及率(レベル)アップに関係する要因と,その普及率の変化(レート)に影響をもたらす要因は,同じではありません.したがって,推移を説明するには,両面をわけて考えねばなりません.

図6.4.1のように上限が存在すると予想されるカーブについては,レベルが上昇するにつれて,レートが減少するでしょう.図6.4.2のように循環性を示すカーブについては,レベルをある範囲におさめる要因が働いてレートをかえることになるでしょう.したがって,
　　　レベルとレートとをわけてみるとともに,
　　　レベルとレートとの間に存在する相互関係を考慮に入れる
ことが必要です.

④　そこで,変数 $X(t)$ の推移を X-T 平面上にプロットするかわりに,
　　　レベル値 $X(t)$ と
　　　レート値 $DX(t)$ または $RX(t)$ の関係を示す図
をかいてみましょう.

図 6.4.3 レベルレート図（図 6.4.1 に対応）
横軸が X, 縦軸が DX

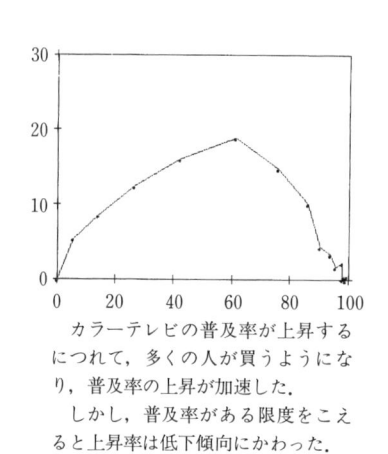

図 6.4.4 レベルレート図（図 6.4.2 に対応）
縦軸が X, 横軸が DX

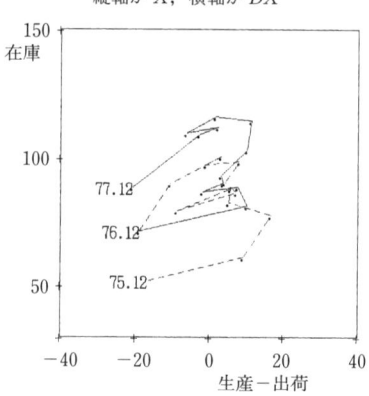

カラーテレビの普及率が上昇するにつれて，多くの人が買うようになり，普及率の上昇が加速した．
しかし，普及率がある限度をこえると上昇率は低下傾向にかわった．

毎年 12 月には年末需要があり大量に出荷する．
そのことをみこして，春夏に生産をつづけ，在庫を増やしている．

これを「レベルレート図」とよびます．

レート値として DX を使った場合と RX を使った場合とを区別したいときには，レベルレート図 (X, DX)，レベルレート図 (X, RX) とよぶことにしましょう．

図 6.4.3 は，図 6.4.1 をレベルレート図 (X, DX) におきかえたものです．
このグラフ上でみた推移曲線は，放物線と想定してよいようです．

これに対して，図 6.4.4，すなわち，図 6.4.2 に対応するレベルレート図 (X, DX) では，推移曲線が円をえがきつつ，上の方へ位置をうつしているようです．

⑤ レベルレート図上の点の位置に関して，図 6.4.5 に示す読み方ができることを念頭におけば，図 6.4.3 および図 6.4.4 上の動きについて，それぞれの図に付記したような説明を導くことができます．

また，このような説明を一般化するために
　レベルレート図上での推移と，
　　XT プロット上での推移曲線の形
に関する対応関係を表わすモデルを想定できます．
　たとえばレベルレート図 (X, DX) 上の
　　直線 $DX = A + BX$ は，
　　　XT プロット上の指数曲線に対応していること，
　　2 次曲線 $DX = A + BX + CX^2$ は
　　　図 6.4.1 のような成長曲線に対応するモデルになっていること

図 6.4.5 レベルレート図の読み方

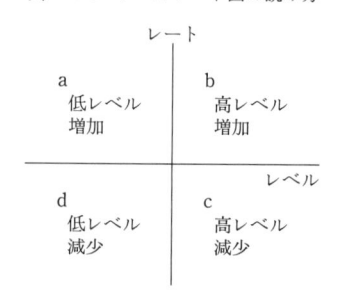

	レート	
a 低レベル 増加		b 高レベル 増加
		レベル
d 低レベル 減少		c 高レベル 減少

を，次節以降，説明します．
⑥ この節では，
　　レベルとレートの両面にわけ
　　かつ，両面を関連づける
という見方が多くの現象を一般的に説明できるグラフ表示であることを示すために，もうひとつ例示しておきましょう．
⑦ 東京都心を中心とする距離が 10 km 以内，10～20 km，20～30 km，30～40 km，50 km 以遠，の距離帯区分を想定して，それぞれの距離帯における人口数の推移をレベルレート図の形で示したものが図 6.4.6 です．対象期間は，1950 年から 1980 年の 5 年間隔です．

数字が距離帯区分を表わし，線は，それぞれの距離帯での 1950 年から 1955 年の間の変化，1955 年から 1960 年の間の変化，… を表わします．

距離帯 3 および 4 をみると，推移説明図 (図 6.4.5) の状態 a から b を経て c に遷移しようとしています．距離帯 2 では，状態 b から c に遷移しています．また，距離帯 1 では，状態 b→c→d です．

したがって，
　　一般に a→b→c→d という状態遷移をたどっているが，
　　都心に近い距離帯ほど先行している
と説明できます．

なお，次節で，これらの推移を表わす傾向線を求めます．

どんな現象も状態変化を起こすのに時間経過をともないますが，その変化の発生地がひろがっていくものです．したがって，
　　「時間的推移」と「その推移の地域的拡散」とを包含するモデル
によって説明することを考えることが必要となるでしょう．

しかし，そこまで進めなくても，この図でも十分に，事態を説明できます．

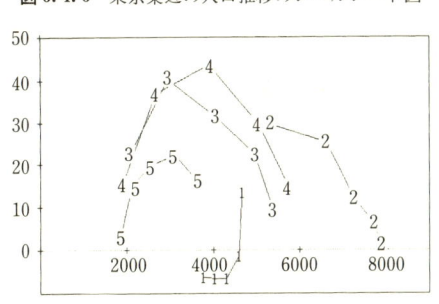

図 6.4.6 東京集辺の人口推移のレベルレート図

▷6.5 レベルレート図上での直線

① 前節で例示したように,レベルレート図上での推移をみると,実データ $X(T)$ の形を知ることができます.よって,レベルレート図での推移と XT プロット上での推移の関係を体系づけてみていきましょう.

この節では,レベルレート図上での直線を取り上げます.

それを

$$DX = \beta(X - \alpha) \tag{1}$$

と表わしましょう.2つのパラメータの意味については以下に述べます.

② このモデル(1)式に対応する $X = f(T)$ の形は, DX を dX/dT とみて積分すれば誘導できます.次のようになります(注1, 2).

$$X = \alpha + \exp(\beta(T - T_0)) \tag{2}$$

③ これは,図6.5.2のような指数曲線です. β は,レベルレート図での傾斜ですが, XT プロットでは, $X(T)$ の変化の方向と速度を表わすパラメータになっています.

α は,レベルレート図での $DX = 0$ に対応するレベル値ですが, XT プロットでは,指数曲線の漸近線にあたります. $\beta > 0$ の場合にはこの漸近線から次第に離れていく指数曲線になり, $\beta < 0$ の場合にはこの漸近線に次第に漸近していく指数曲線に

図 6.5.1 レベルレート図上での直線

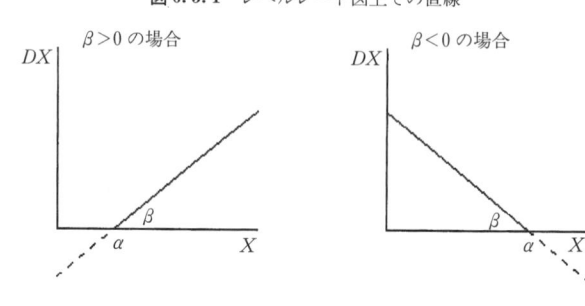

図 6.5.2 図 6.5.1 に対応する推移

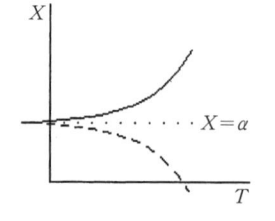

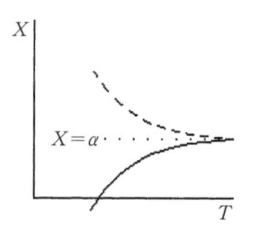

なるのです．

以上の2つのパラメータは，レベルレート図上での直線を求めることによって定まりますが，(2)式に含まれるもう1つのパラメータ T_0 は，XT プロット上でたとえば (X, T) の平均の位置 (X_0, T_0) をとおるという条件を考慮に入れて定めます．

◆**注1** X の値はレベル値 a の上または下に限定されます．したがって，(X_0, T_0) の位置に応じて，漸近線から大きい方(小さい方)へ離れる指数曲線($\beta>0$ の場合)，あるいは大きい方(小さい方)から漸近する指数曲線($\beta<0$ の場合)となります．

◆**注2** $\beta=0$ すなわち，レベルレート図での水平線は，XT プロットでの直線に対応しますが，XT プロット上でたとえば (X, T) の平均の位置 (X_0, T_0) をとおるという条件を考慮に入れて，$X=X_0+\beta_0(T-T_0)$ の形にしておき，同じ点をとおる指数曲線のその位置における傾斜と一致する β_0 を使うと，$\beta=0$ 以外のモデルを採用した場合と対比できます．

◆**注3** (1)式の形から $DX/(L-X)$ または $DX/(X-L)$ を変化率と定義することが考えられます．これを「有界変化率」とよんでいるテキストがあります．レートの発生源を分母にとるという意味をもつものです．次の章でこういう見方が適合する例をあげます．

◆**注4** a, β を XT プロットの上での回帰分析によって定めることもできますが，本文で述べたように，レベルレート図の上での回帰分析による方がよいでしょう．非線形であるという理由もありますが，指数関数の形でその漸近線 a の位置を定めにくいという理由です．

④　指数曲線すなわち「1つの漸近線をもつ」という曲線群ですが，現象の説明としては，$\beta>0$ の場合と $\beta<0$ の場合とを区別すべきです．

$\beta>0$ の場合は，その値からスタートして増加していきますから，「初期水準」です．

$\beta<0$ の場合は，時の経過とともにそれに漸近していくが，それをこえることのない「飽和水準」です．

⑤　このような水準をもつと想定される問題はよくみられます．いくつかの例をみましょう．

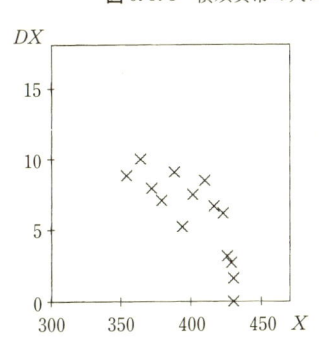

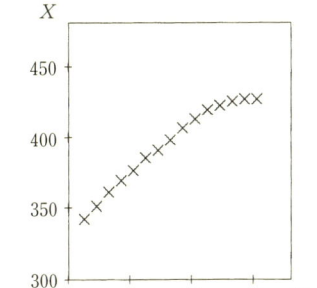

図6.5.3　横須賀市の人口推移とそのレベルレート図

⑥ 付表 D.2 は，横須賀市の人口の推移を表わした時系列データです．

この推移をみると，増加率が逓減しているようですから，いずれはある限界に達するのではないでしょうか．確認するために，この推移を表わす曲線を求めてみましょう．

こういう問いかけに対しては，レベルレート図が有効です．

回帰線を適用するにしても，モデルの想定が結果を決めてしまうことになりますから，レベルレート図での検討をまず行なうことが必要です．

図 6.5.3 が付表 D.2 をレベルレート図にプロットしたものですが，XT プロットもあわせて図示してあります．

レベルレート図によって，右下がりの直線が適合すること，そうして，ある限界水準に漸近すると判断できます．また，レベルレート図上で (X, DX) に対して回帰分析を適用することによって，

$$DX = 475.84 - 1.038X$$

が得られ，これから，$DX=0$ に対応する X が 458.4 であること，すなわち，限界水準が 458.4 であると推定されます．

⑦ 横須賀市の例については上限が推定できましたが，上限の有無を問題視する場合には，

　　上限に近づいた場合にそれまでにはなかった要因が関与してきて
　　モデル自体がかわる可能性

がありえます．したがって，

　　「これまでの傾向がつづいたら」

という条件をつけておきましょう．

⑧ 図 6.5.4 は，オリンピックにおける男子 200 m 走の優勝記録の推移を示します．これでみると「年々記録が向上している」ことははっきりしています．どこまで向上するものでしょうか．こういう問いに答えを出した論文がありますが，ここでは，レベルレート図でみてみましょう．

前回の記録をレベル，今回の記録向上をレートとみなして図示しなおすと，次ページの図 6.5.5 のようになります．

この図で「左上がりの直線」なら，$DX=0$ の線との交点として限界値を推定できるのですが，実際のデータでは上下へのバラツキが大きく，「左上がり」とはみなしにくい結果になっています．

図 6.5.4　オリンピックにおける 200 m 走の記録

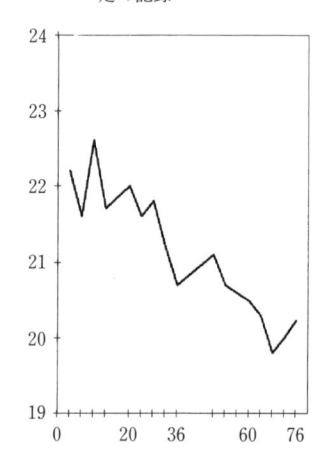

もちろん 200 m を「0 秒で走れるわけはない」という論拠から「いずれは $DX=0$ になる」と主張できますが，「この図でみられる範囲（現在の状態）では $DX=0$ と交わるのはいつで，そのときの X の値がいくつかを計測できない」ということです．

また，こういう状態下では，数理的に工夫して上限値を推定できるにしても，種々の条件がかわりえますから，その意味で「予測できない」と保留するのが妥当でしょう．この節では，ここまでにしておき，9.2 節で再論します．

◆注 Samplit Chatterjee *et al*.: New Lamps for Old: An Exploratory Analysis of Running Times in Olympic Games. *Appl. Statist.* (1982) **31**, No. 1.

⑨ 前節の図 6.4.1 に示したカラーテレビの例では，「初期水準」と「限界水準」の両方をもつとみられる場合には，レベルレート図上での直線にかえて放物線を想定すればよいことを次章で説明します．

⑩ 図 6.4.6 に示した東京周辺の人口推移については，レベルレート図が直線でなく，サイクリックに動いていますが，図の上で $DX=0$ に対応する X すなわち限界水準をよみとることができます．

距離帯区分 1 では 1965 年から 1970 年の間にその値は 4500 に達しており，その後は減少に転じています．距離帯区分 2 でも飽和水準 7600 に達しているとみてよいでしょう．

距離帯区分 3，4 では他の距離帯での動きと同様に経過するものとすれば，それぞれ 5100，5900 ぐらいの水準で飽和するものと判断されます．

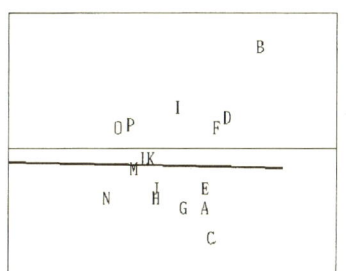

図 6.5.5　図 6.5.4 に対応するレベルレート図

図 6.5.6　図 6.4.6 を説明するモデル

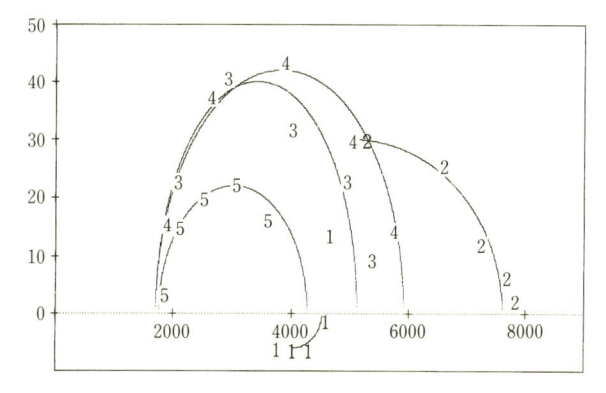

この例の場合はレベルレート図は直線でないので，この節のモデルで正確には計測できません(次章以下の問題として保留)が，グラフの上では $DX=0$ の線との交点としてよみとれるのです．

◆**注**　第7章で説明しますが，この推移曲線に対応するレベルレート図は，楕円だと想定できます．ただし，データ数が少なく特定しにくいので，図の上で見当づけた楕円を書き込んでいます．

● 問題 6 ●

問 1 付表 F.2 (DT32) は，家計調査の結果による「ビール購入量」である．本文 6.1 節のデータ (付表 E.1) とちがって家庭での購入量であるが，気温との関係がはっきりと現われるかもしれない．これを使って，以下の分析 (6.1 節と同様な分析) を行なえ．なお，気温のデータは，本文と同じものを使うこととする．
  a. 季節変動と年次変化を分離するために，表 6.1.2 の形式に分解せよ．
  b. 季節変動と年次変化を分離するために，表 6.1.5 の形式に分解せよ．
  c. b の結果を分散分析表にまとめよ．分散分析表の形式は，本文の表 6.1.6 (a) および表 6.1.6 (b) の形式によるものとする．
  d. 「ビール購入量と気温の関係を示す傾向線」を，データ全体でみた場合と，四半期別にわけてみた場合にわけて計算し，表 6.1.10 の様式に示せ．
  e. 12 か月移動平均を適用して「季節変動を除去した趨勢」を図 6.1.11 の形式に示せ．

問 2 (1) 115 ページ ⑪ に示した傾向線は回帰分析によっているが，次の 2 とおりの代案を使うことによって，ほぼ同じ結果が得られることを確認せよ．
  a. 表 6.1.4 で求めた四半期別平均値 $X(*, m)$ と $X(*, *)$ を使って，原系列 $X(n, m)$ の季節変動を補正した系列
$$Y(n, m) = X(n, m) - (X(*, M) - X(*, *))$$
を求める．
  b. Y についてモデル
$$Y(t) = A + BT \quad (T \text{ は対象データの年月の通し番号})$$
を想定し回帰分析を適用する
(2) 付表 F.2 のデータについて，(1) と同じ方法で季節変動と趨勢を分離した傾向線を求めよ．

問 3 (1) 付表 D.3 に示す資料から 1981 年以降のデータを追加して，表 6.2.5 および表 6.2.6 の計算対象期間をひろげよ．
(2) その結果を参考にして，図 6.2.7 に示した予測が外れた理由を考察せよ．

問 4 6.3 節の分析経過を次の順に計算して，確認せよ．
  基礎データはファイル DT10 であるが，分析を進めるために必要な変数をセットしたファイル DT11 を使うこと．
  a. 全期間のデータを使って

$$モデル \quad Y = A + BU + CV$$

を想定して回帰分析を適用すると，125 ページの (1) 式が得られる

b. 1965～71 年，1972～77 年，1978 年以降の 3 期間にわけて，それぞれの期間ごとに傾向線を求めると，次の結果が得られる．

$$Y = \quad 7.7562 + 0.4958U - 0.4289V, \quad \sigma_e^2 = 0.2556, \quad R^2 = 99.1\%$$
$$Y = -12.0881 + 0.1223U + 1.0768V, \quad \sigma_e^2 = 0.2428, \quad R^2 = 88.7\%$$
$$Y = \quad 77.1740 + 0.1526U - 1.4080V, \quad \sigma_e^2 = 0.3994, \quad R^2 = 68.4\%$$

c. b の結果では，回帰係数の推定値がすべて異なるが，係数 A 以外は同じ値をもつという仮定をおいて計算すると，126 ページの (2) 式が得られる．

d. c の仮定を「係数 C はどの期間も同じ値をもつ」とおきかえて計算すると 128 ページ (3) 式が得られる．

e. 1972 年以降は状態変化(省エネルギー)が起きていると判断し，その変化の影響を計測するためには，1965～71 年について計算された傾向値と実績値を比べることが考えられる．この考え方で，「予測されたエネルギー需要の約 13% が節減された」と見積もられることを示せ．

問 5　6.3 節の分析で対象とした年次は 1983 年までであるが，省エネルギーの効果を計測するためには，年次範囲をひろげてみることが必要だろう．1989 年までに範囲をひろげて，分析してみよ．

その場合，エネルギー需要の推計値が「種々のエネルギーのカロリー換算率をかえた新推計値」になっているので，1983 年までのデータも新推計値を使って計算しなおすことになる．

新しい値を収録した DT11NEW を使って，問 4 の a～e の計算を行なえ．

問 6　問 5 の分析用データファイル DT11NEW では，対象期間を 1965～71 年，1972～77 年，1978 年以降の 3 期間にわけて分析するものとしてダミー変数などを用意しているが，分析 4 の結果と比べるために，1978 年以降を 1978～83 年と 1984～89 年にわけて計算しなおせ．

この場合，ダミー変数などは，UEDA 中の変数変換プログラム VARCONV を使って用意すること (140～141 ページ参照)．

問 7　付表 I.1 に示す種々の耐久消費財について，図 6.4.1 および図 6.4.3 と同様の図をかき，予想される普及率の上限が 1 に近いとみられるもの，1 より小さい上限に収束するとみられるものを識別せよ．

問 8　本文 134 ページの (1) 式から (2) 式が誘導されることを示せ．

VARCONVの使い方 (2)

問題 6 の計算を行なうには，対象データについて
  (1) 期間ごとに分割したデータファイルをつくる
  (2) 期間区分に対応するダミー変数を用意する

問　題　6

(3) 図6.3.3の形のダミー変数(スプライン関数)を用意する.

ことが必要であるが，こういう処理も，一種の変数変換です．

VARCONVには，こういう変換用の関数を用意してありますから，それを適用せよという指定文を付加すれば，必要な変数がジェネレートされます．

VARCONVの使い方は73ページに説明してありますから，ここでは，ダミー変数を用意するための指定方法を示しておきます．

a. プログラムVARCONVと，データファイルDT11NEWを指定する．
b. DT11NEWの内容が表示されるので，分析で使う3つの変数を確認して＊USEで示す．
c. それぞれの場合に対応する＊DERIVEと＊CONVERTをおく．
＊CONVERTで使う変換ルールについては，例題の場合の書き方を示しておく．
くわしくは第9巻『統計ソフトUEDAの使い方』の説明を参照．
d. 最後に＊ENDをおく．
e. Escキイをおすと，この指定にしたがって，変数変換を実行し，作業用ファイルができる．
f. この作業用ファイルを使うとそれぞれの計算ができる．

```
対象データの一部選択の指定
＊USE
  VAR.U1＝エネルギー需要
  VAR.U2＝鉱工業生産指数
  VAR.U3＝家計消費支出
＊CONVERT
  V＊＝SELECTF(U＊/1/7)
  V＊＝SELECTF(U＊/8/13)
  V＊＝SELECTF(U＊/14/19)
  V＊＝SELECTF(U＊/20/25)
＊END
注：この例の場合は＊DERIVE
  の部分をおかず，プログラ
  ムにまかせる
```

```
期間区分に対応するダミー変数の指定
＊USE
  VAR.U1＝エネルギー需要
  VAR.U2＝鉱工業生産指数
  VAR.U3＝家計消費支出
＊DERIVE
  VAR.V1＝U1
  VAR.V2＝U2
  VAR.V3＝U3
  VAR.V4＝DUMMY変数FOR期間1
  VAR.V5＝DUMMY変数FOR期間2
  VAR.V6＝DUMMY変数FOR期間3
  VAR.V7＝DUMMY変数FOR期間4
＊CONVERT
  V4＝DUMMYF(U0/1/7)
  V5＝DUMMYF(U0/8/13)
  V6＝DUMMYF(U0/14/19)
  V7＝DUMMYF(U0/20/25)
＊END
```

```
期間区分に対応するスプライン変数指定
＊USE
  VAR.U1＝エネルギー需要
  VAR.U2＝鉱工業生産指数
  VAR.U3＝家計消費支出
＊DERIVE
  VAR.V1＝U1
  VAR.V2＝U2
  VAR.V3＝U3
  VAR.V4＝SPLINE変数FOR期間1
  VAR.V5＝SPLINE変数FOR期間2
  VAR.V6＝SPLINE変数FOR期間3
  VAR.V7＝SPLINE変数FOR期間4
＊CONVERT
  V4＝SPLINEF(U2/1/7)
  V5＝SPLINEF(U2/8/13)
  V6＝SPLINEF(U2/14/19)
  V7＝SPLINEF(U2/20/25)
＊END
```

7

時間的推移の分析

「現象の変化を説明する」ときには，各時点におけるレベルと，その変化（レート）の関係を表わす種々のモデルが知られていますから，はじめから特定してしまうのでなく，データに照らして，現象の説明に有効なものを選ぶことが必要です．そのためには，多くのモデルをその特別のケースとみなしうるものを使うと有効です．

この章では，時系列データのモデルとして「ロジスティックカーブ」が一般化できることを指摘した後，時系列データを扱う場合に必要な注意点を説明します．

▶7.1 成長曲線のモデル —— ロジスティックカーブ

① 図7.1.1に例示するように，ある水準（例では0）から増加しはじめ，別の水準（例では100%のようです）に漸近していく推移を示す例がよくみられます．

この型の推移曲線のモデルとして，次の式で表現されるモデルがしばしば採用されます．

$$Y = \frac{L}{1+\exp(-\beta L(T-T_0))} \quad (1)$$

これを，ロジスティックカーブとよびます．

このような形で導入すると，この式の形から，いかにも特殊なものだという印象を与えるかもしれません．しかし，よく使われることは，現象を説明する上で，なんらかの一般性をもつことを意味します．

したがって，このモデルの位置づけから考えていくことが必要です．

前章では，レベルレート図上での直線で表わされるモデルが，指数関数で表わされ

図7.1.1 ロジスティックカーブ

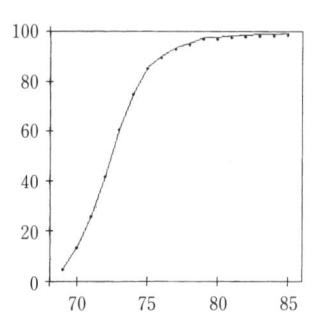

7.1 成長曲線のモデル——ロジスティックカーブ

る変化に対応することを示しました.

この章では,「レベルレート図上での放物線」で表わされるモデルを(結果的には)考えることになるのです.

② レート DY に関して

$$DY = \beta Y, \quad \beta > 0 \tag{2}$$

すなわち,レベル Y に比例する形のレートが考えられる場合,

　　レベル 0 から増加しはじめ,

　　Y が増加するにつれて DY も大きくなる

形,すなわち,指数曲線 $Y = C \exp(\beta T)$ に沿って推移する結果になります.そうして,Y の変域は,$0 < Y < \infty$ です.

これに定数項が加わった形,すなわち

$$DY = \beta(Y - L), \quad Y > L \tag{3}$$

の場合は,初期水準 L から増加しはじめる指数曲線 $Y = L + C \exp(\beta T)$ です.変域は,$L < Y < \infty$ となります.また,

$$DY = \beta(Y - L), \quad Y < L \tag{4}$$

すなわち,「ある飽和水準 L との差に比例する形のレート」が考えられる場合には,L に漸近する指数曲線 $Y = L - C \exp(-\beta T)$ で表わされます.この場合には,Y の変域として $-\infty < Y < L$ を考えることとなります.

いわば初期にはレベルの上昇に応じて加速していき,先(限界)がみえてくると,上昇をおさえる要因が働く … こう説明できる推移曲線です.

ここまでは,前節で述べたことです.

③ 初期水準と飽和水準の両方が存在すると考えられる例も,よくみられます.

この場合については,

　　レベル値が低いところではそれを加速する要因が働き,

　　レベル値が高いところではそれを減速する要因が働く

ものと考えることができます.

こういう場合について,2 つの要因が「あるところできりかわる」… いいかえると,

　　2 とおりのモデルを "適用範囲を考えて使いわける"

のがひとつの案ですが,

　　加速する要因と減速する要因の両方を 1 つの式中に含むモデルを考える

と,適用範囲に関して一般性をもたせることができます.

そのために,たとえば

$$DY = \beta Y(L - Y) \tag{5}$$

によって特徴づけられる推移曲線の形を計算してみましょう.

積分を実行して,この推移曲線が (1) 式となることが計算されます.

(5) 式は,レベルレート図 (DY, Y) 上では 2 次曲線です.

したがって,Y のレベルが増大するにつれて,

「その変化量も増加する状態」から，
「その変化量が一定になる状態」を経て
「その変化量が減少する状態」にうつっていく
という (5) 式で，(1) 式による推移曲線の形を説明できるということです．Y の変域は $0 < Y < L$ となります．

また

　　　レベルレート図で直線　　⇔　指数型の成長曲線

　　　レベルレート図で2次曲線 ⇔ ロジスティック曲線

ということですから，ロジスティック曲線を考えることは自然な方向です．

たとえば，耐久消費財の普及率や，限られた地域での人口増加など，このモデルが適合すると思われる現象をあげることができます．

なお，レートを変化率 RY で測ると

$$RY = \beta(L-Y) \tag{6}$$

すなわち，右下がりの直線になることがわかります．この意味ではレベルレート図 (Y, RY) で扱うとよいのですが，他のモデルとの関係を展開する上での便宜を考えてレベルレート図 (Y, DY) で扱うこととします．

④　図 7.1.2 は，このロジスティックカーブの種々の表現を対比したものです．

(a) が通常の時間的推移のグラフです．現象の動きは，この形で観察されます．

(c), (d) は，レベルレート図です．現象の動きを説明するために役立ちます．

図 7.1.2　ロジスティックカーブ

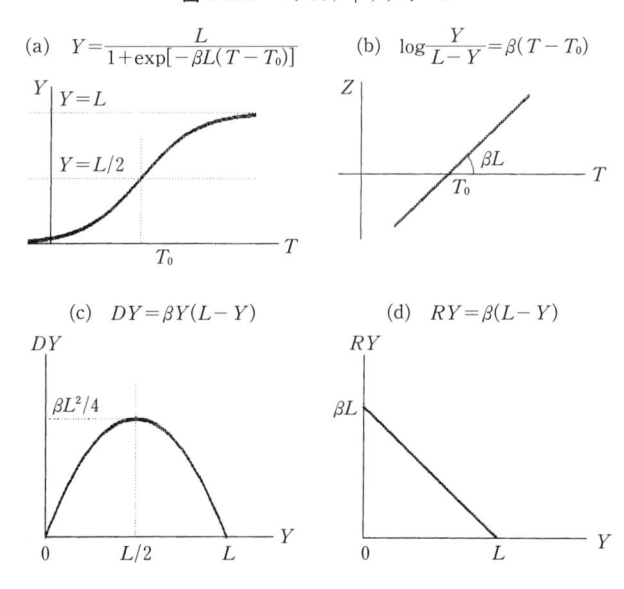

(a) $Y = \dfrac{L}{1+\exp[-\beta L(T-T_0)]}$　　　(b) $\log \dfrac{Y}{L-Y} = \beta(T-T_0)$

(c) $DY = \beta Y(L-Y)$　　　(d) $RY = \beta(L-Y)$

(b) の表現については，7.3 節で注記します．

⑤　ロジスティックカーブで表わされる成長経路は，これらの表現式から，

　　$Y=0$ の状態から指数的に増加しはじめ，

　　$Y=L/2$ のところで増加率最大になり，

　　$Y=L$ の線に漸近していく

形になっていることがわかります．

これらの性質は，レベルレート図上での放物線に対応していますが，その放物線が，

　　$DY=0$ の線と，0 と L で交わっている

ことで，特殊化されています．

また，

　　放物線を想定したこと

　　　　$\Rightarrow L/2$ の位置に関して対称性があること

でも特殊化されています．

これらのことから，このモデルをさらに拡張するときの方向づけが得られます．たとえば「レベルレート図上で放物線」ということだけとして，$DY=0$ との交点に関する特定を外すことを考えるのです．

▶7.2　ロジスティックカーブ（一般型）

①　前節のモデルではレベルレート図 (DY, Y) 上の放物線が $(0,0), (L,0)$ の 2 点を通る形になっていました．すなわち，成長曲線の下限が 0，上限が L の場合です．これが，よくあるケースですが，一般化できることはたしかです．

次のように，$Y=-K_2$ および $Y=K_1$ において $DY=0$ となる 2 次曲線を想定しましょう．すなわち，

$$DY = \beta(K_1 - Y)(K_2 + Y), \quad -K_2 < Y < K_1 \tag{1}$$

と想定します．

すると，成長曲線は，次の形に表わされることが計算されます．

$$Y = \frac{K_1 - K_2 \exp[-\beta(K_1+K_2)(T-T_0)]}{1 + \exp[-\beta(K_1+K_2)(T-T_0)]} \tag{2}$$

これを，一般化ロジスティックカーブとよぶことにしましょう．

これについて，図 7.1.2 は，図 7.2.1 のように一般化できます．それぞれの部分が図 7.1.2 の一般化になっていることを確認してください．

なお，$L=K_1+K_2$ とおいています．

②　このモデルに対応する成長曲線は，図 7.2.1(a) のようになります．

　　$Y=-K_2$ のところ（初期水準）から増加しはじめ

　　$Y=K_1$ のレベル（飽和水準）に漸近する

図 7.2.1 ロジスティックカーブ (一般形)

(a) $Y = \dfrac{K_1 - K_2 \exp[-\beta(K_1+K_2)(T-T_0)]}{1+\exp[-\beta(K_1+K_2)(T-T_0)]}$

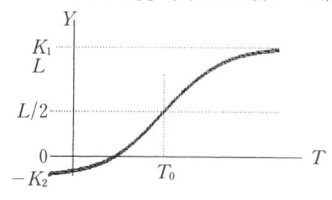

(b) $\log \dfrac{K_2+Y}{K_1-Y} = \beta(K_1+K_2)(T-T_0)$

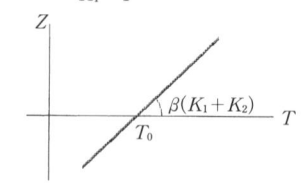

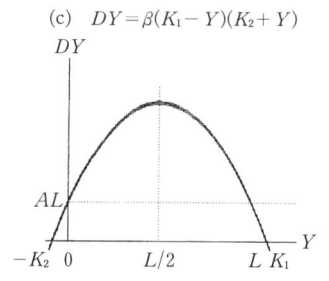

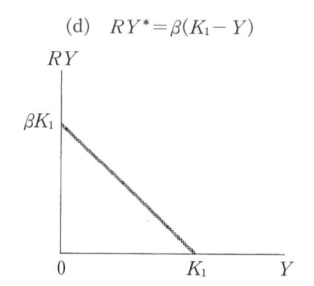

(c) $DY = \beta(K_1-Y)(K_2+Y)$

(d) $RY^* = \beta(K_1-Y)$

ことが，この成長曲線の数学的性質ですが，現象説明に適用する場面では K_2 が正の場合と負の場合とをわけて考える方がよいでしょう．

それぞれの場合について，Y の変域とその範囲での状況をまとめておきましょう．

$K_2<0$ すなわち初期水準が正の場合

T：$-\infty$ から T_0 を経て ∞ まで

Y：$-K_2$ から $L/2$ を経て K_1 まで

DY：0 から最大になり 0 になる

RY^*：βK_1 から漸減し 0 になる

$K_2>0$ すなわち初期水準が負の場合

推移曲線の表現では，初期水準がマイナスになります．負のレベル値を考えることができれば $K_2<0$ の場合と同じように説明できます．

ただし，RY による計測ができませんから，RY^* を使いましょう（注）．

$K_2>0$ すなわち初期水準が負とみられるが，負のレベル値は観察されない場合

この場合には，$Y=0$ に達するまでは現実には観察されないが，潜在的には (3) 式で表わされるメカニズムが働いており，$Y=0$ に達するまではその動きが隠されている，したがって，$Y=0$ 以降の動きは $Y<0$ の部分の動きとつながっている … こう解釈できます．いいかえると，Y および T の変域を次のように制約して適用すればよいのです．

T：あるしきい値から ∞ まで

Y：0 から $L/2$ を経て K_1 まで

$DY : \beta K_1 K_2$ から最大になり 0 になる

$RY^* : \beta K_1$ から漸減し 0 になる

◆注　このモデルの場合，変化率は $RY^* = DY/(K_2+Y)$ を使うことになります．

$Y<0$ となりうるため分母が正となるよう原点をかえて K_2+Y とするという理由のほかに，この指標を使う方がモデルの性質の表現に即しているという理由があります．

③　また，次のようにモデルのパラメータをおきかえてみましょう．

$K_1 - K_2 = L$

$\beta K_1 K_2 / L = \alpha$

すると

$DY = \beta Y(L-Y) + \alpha L$

$RY = \beta(L-Y) + \alpha L/Y$

とかけます．

これを前節の場合と比べることによって，このモデルによる動きを

　　　$Y=0$ のところですでに"スタートダッシュ"がかかっており，

　　　$DY>0, RY>0$ の状態になっている

　　　$Y=L$ のところでも $DY>0, RY>0$ だから

　　　飽和水準がモデルで想定される L をこえるのだ

という形で，

　　　初期水準 0，飽和水準 L の場合の拡張になっている

ものと説明できます．

◆注　現実の問題では，「レベル値に応じてレートが調整されるが，その調整に若干のタイムラグがともなう」とみなされる場合があるでしょう．

この場合も含むようにこのモデルを変形できますが，このテキストでは，ふれません．たとえば(1)式 $DY=\beta Y(1-Y)$ において，$(1-Y)$ の項にタイムラグを入れると，図 7.2.2 のように上限値に振動しつつ漸近する形になります．

図 7.2.2　タイムラグを考慮に入れたロジスティックカーブ

▷ 7.3　成長曲線のパラメータ推定

①　前節で説明した一般化ロジスティックカーブを適用するには，モデル式に含まれているパラメータ β, K_1, K_2 を推定することが必要です．ロジスティックカーブの場合も，$K_1=1, K_2=0$ という想定の妥当性を検討するために，K_1, K_2 も含めて推定した上，想定を受け入れるか否かを決めるとよいでしょう．

②　これらの推定には，これまでの章と同様に「最小 2 乗法」を適用すればよい … そう簡単に考えられない問題があります．

成長曲線 $Y=f(X)$ について最小2乗法を適用しようと考える場合，関数型 $f(X)$ が複雑な形をしていることに注意しましょう．パラメータすなわち推定しようとする母数の入り方が線形ではありません．最小2乗法は，線形であることを前提としています．線形でない場合に適用することもできるのですが(逐次近似法)，そうすることは必ずしもベストだとはいえません．

以下，順を追って，そのことを説明します．

③　まず考えることは，(X, Y) 平面でみた $Y=f(X)$ について「データのあてはめ」をすることの必然性です．前節で述べたように，レベルレート図 (Y, DY) でみると，放物線 $DY=\beta(K_1-Y)(Y+K_2)$ です．

したがって，レベルレート図の上で放物線のあてはめを行なってパラメータ β, K_1, K_2 を推定すれば $Y=f(X)$ をえがくことができます．

ここで，「あてはめ」という言葉と「パラメータの推定」という語をわけて考えていることに注意してください．

ここの例では，

　　　　モデルの原形の変換 $Y=f(X)$ の形でなく，

　　　　それから誘導される $DY=g(Y)$ に対して最小2乗法を適用する

ことにあたります．

原形は線形でないが，それから誘導された $DY=g(Y)$ は線形です．だから，それについて最小2乗法を適用するという考え方です

◆注　経済現象では「多くの式から構成されるモデル」を扱うことから，最小2乗法の適用に関していろいろの工夫がなされています．そのひとつとして，モデルの原形で最小2乗法を適用しにくいので，そのかわりに，パラメータに関して解いた形に変形した式(誘導型)について最小2乗法を適用することがあります．

この扱いを「間接最小2乗法」とよんでいます．

④　ここで問題を提起します．$Y=f(X)$, $DY=g(Y)$ のどちらがモデルの原形であり，どちらが誘導型でしょうか．この問いかけは，問題を，「成長曲線のあてはめ」だと受けとるか，「成長曲線を特徴づけるパラメータ推計」だと受けとるかによります．

結果として成長曲線が定まるにしても，初期水準，飽和水準を表わす K_1, K_2 と，変化の速度を表わす β を計測することをまず考えるという意味では，それが直接求められる $DY=g(Y)$ が原形であり，$Y=f(X)$ が誘導型だといってよいでしょう．

⑤　呼称は，どちらでもよしとしましょう．もっと重要な点があります．

レベルレート図の方で考えると

　　　　パラメータ K_1, K_2 のちがいとして，ロジスティックカーブと

　　　　一般化ロジスティックカーブとを識別できる

ことを指摘しておきました．

また，レベルレート図上の放物線で2乗の項を落とすことができれば(最小2乗法

を適用するときに1乗の項までで打ち切ってよいなら)，
$$DY = A + BY$$
の形に対応する成長曲線(指数曲線など)を，特別のケースとして含めることができます．いいかえると，初期水準と飽和水準の両方が想定される場合(2乗の項を含める)，どちらか一方だけと想定する場合(2乗の項を含めない)として，分析過程で識別できることに注意しましょう．

種々の場合をその特別の場合として包含できる…そういう意義をもつために，$DY = g(Y)$について最小2乗法を適用するのです．

次節で例示するとともに，そのほかにも利点があることを説明します．

◇ **注1** ロジスティックカーブのあてはめに関しては，

被説明変数 Y を $\log \dfrac{Y}{L-Y}$ の形に変換して扱う方法

が採用されています．これによって，モデルを線形化できるからです．

この変換を Logit 変換とよんでいました．
ロジスティックカーブの場合は，この方法で，線形化できますが，一般化ロジスティックカーブの場合の Logit 変換は

$$\log \frac{K_2 + Y}{K_1 - Y}$$

となります．K_1, K_2 が未知の場合は非線形のままです．したがって，線形化できるから Logit 変換を適用するという根拠づけはできません．

◇ **注2** モデルが非線形の場合でも次の手順を適用できます．

K_1, K_2 の値を想定する，
最小2乗法を適用する，
成長曲線をえがいて K_1, K_2 の想定が適正だったかチェックする，
必要なら想定をかえて再計算する．

こういう計算手順を「逐次近似法」とよびます．この方法を適用した結果を158ページの⑪に示してあります．

◇ **注3** Logit 変換を採用すると

$$\log \frac{K_2 + Y}{K_1 - Y} = A + B_1 X_1 + B_2 X_2$$

の形で説明変数 $X_1, X_2, \cdots$ を取り入れることができます．そういう意味では，この変換は重要です．

▷7.4 ロジスティックカーブの適用例

① 図7.1.1に示したカラーテレビの普及率の推移を例に取り上げましょう．
表7.4.1が図の基礎データです．
1968年ごろ5%だった普及率が1977年には95%に達しました．この推移は，ロジスティックカーブとよばれる曲線で表わされるものとして，よく引用されています．

② このカーブを表わす式を求める方法が，この節の問題です．

想定されるモデルが非線形であることから，前節で示したように，レベルレート図上にうつして扱う方法の他にも種々の方法が考えられますが，そのことは後で補足するものとして，ここでは，まず，前節の方法の適用例として取り上げます．

ただし，計算例という範囲をこえた問題点があります．そういう問題点を含めて説明していきます．

たとえば…

「推移曲線が1に収束する」と想定するなら，そういう条件をつけて扱うことになりますが，そういう条件をつけずに扱うことによって「収束値が1だ」という想定の当否を調べるという扱いも考えられます．

基礎データとして「どの年次範囲の数字を使うか」ということも含めて考えましょう．たとえば，普及率の推移をみるときに「95％をこえた状態に達した1978年以降の数字」をつけ加えることは必要でしょうか．

1978年以降は98％とかわらない状態になっていますから，それ以降のデータを使うことは不要ではないか，それらを含めることはその部分での適合度にひきずられて，成長過程の肝心の部分についての適合度を落とす結果になるのではないか….

こういう問題意識です．

③ まず，1968～78年間のデータを使って計算してみましょう．

前節で説明したとおり，レベルレート図 (Y, DY) 上で，2次曲線

$$DY = \beta(L-Y)(Y+K) \tag{1}$$

を，$L=1, K=0$ の条件をつけてあてはめてみましょう．

すると，

$$L=1, \quad K=0, \quad \beta=0.6374, \quad R^2=89.8\% \quad (\text{USE } 1968\sim78\,\text{年}) \tag{2}$$

が得られます．

この結果を書き換えて，推移曲線 $Y=f(t)$ をえがくことができます．

次の図7.4.2が，その結果です．

4種の図は，7.2節の図7.2.1と配置をかえて

　　　　左上：YT 平面上での推移曲線　　　右上：レベルレート図 (Y, DY)
　　　　左下：ロジットカーブ　　　　　　　右下：レベルレート図 (Y, RY)

としています．

まず左上の推移曲線をみると，ロジスティックカーブがよく合致していることがわ

表7.4.1　カラーテレビ普及率

年度	普及率
1966	0.3
1967	1.6
1968	5.4
1969	13.9
1970	26.3
1971	42.3
1972	61.1
1973	75.8
1974	85.9
1975	90.3
1976	93.7
1977	95.4
1978	97.7
1979	97.8
1980	98.2
1981	98.5
1982	98.8
1983	98.8
1984	99.2
1985	99.1

7.4 ロジスティックカーブの適用例

図 7.4.2 1968〜78 年の推移(モデル(2)式, 上限 1, 下限 0 と仮定)

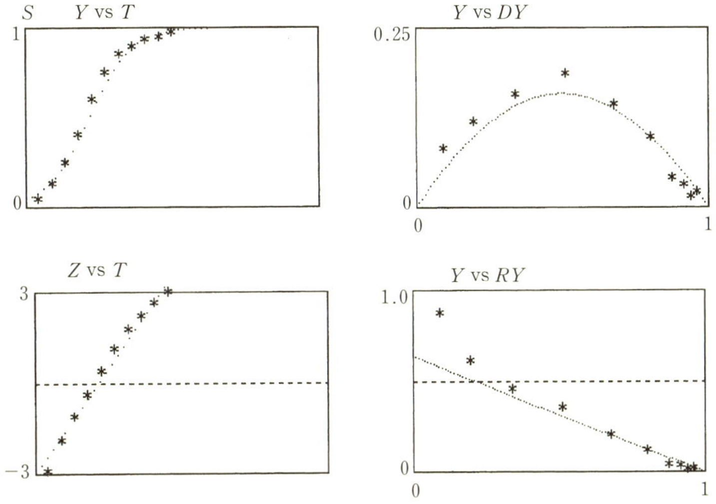

かります.

YT 平面上ではよくあっているようにみえますが, レベルレート図 (Y, DY) での適合度は, 89.8% です((2)式に示した R^2 は DY 対 Y カーブについての決定係数)から, もう少し考えてみましょう.

4とおりの図は, 同じ基礎データ, 同じモデルを使ったものですから,「どの図でみるとよく合致している, いない」という言い方はできません. 適合度を検討するという目的からいうと,「一致していないことがはっきりわかる」レベルレート図が有効だといえます.

> 上限 L, 下限 K に関する想定をおいているため観察値とモデルの差が「レベルレート図」を使うとはっきりよみとれる

注:決定係数だけで判断してはいけない.

④ $L=1, K=0$ とおいたのは, 初期水準 0 からスタートし, 飽和水準 1 に漸近するものと仮定したためです.

実際にそうなるとは限りませんから, この仮定を外してみましょう. レベルレート図 (Y, DY) を使ったのは, 初期水準や飽和水準を図の上でよめるという理由もありますが, その図の上で傾向線を求めようという意図をもちこんだのです.

K, L に関する条件をつけず, 放物線 $DY = A + BY + CY^2$ をあてはめて結果を(1)式の形にかきなおせばよいのです.

$$L=0.976, K=0.037, \beta=0.6851, R^2=98.0\% \quad \text{(USE 1968〜78 年)} \quad (3)$$

図 7.4.3 1968〜78年の推移 (モデル(3)式, 上限・下限も推定)

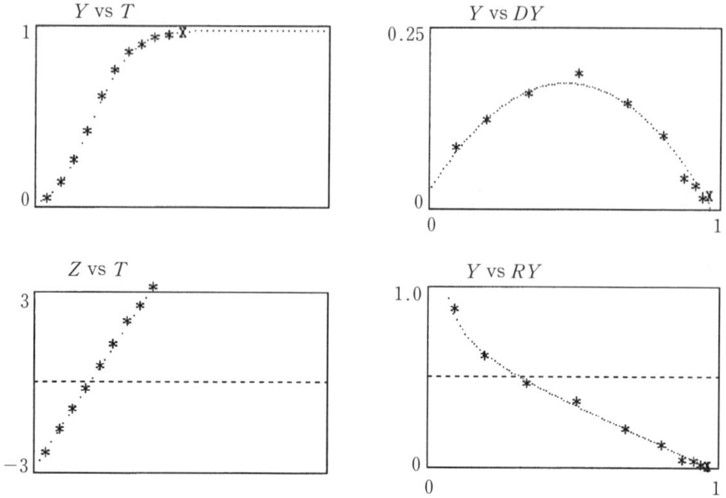

が得られます.

この結果を図示したものが, 図 7.4.3 です.

決定係数が 90% から 98% に増加していることから, $L=1, K=0$ の制約を外したことが妥当だったと確認できます. レベルレート図を図 7.4.2 と比べて, 適合度の改善が確認できます.

ロジスティックカーブの拡張型を採用せよという結果です.

$K=0.037$ ということは, -0.037 の初期水準から動きはじめた形の推移になっていること (観察されるのは $Y>0$ の部分だけ) を意味します. また, $L<1$ ですから, 飽和水準が1よりやや小さいことを意味します.

> 条件を外して計算すると, 「広い範囲でのベスト」を求めることになるから, 当然, 決定係数は改善される.
> 「改善度」の大小によって「条件の当否」がわかる.

注：決定係数の変化に注目すれば, このような言い方ができます. ただし ….

⑤ もっと新しいデータがありますから, 対象年次を 1984 年まで増やして計算してみましょう.

データ数を増やして精度をあげようということもありますが, それよりも,
　　飽和水準が1に達しないという結果を確認するため
に, 新しい情報を付加してみようという趣旨ですから, $L=1$ とおいた場合と, そういう制約を外した場合について計算しましょう.

K, L の制約をおかずに計算した場合について比較すると

7.4 ロジスティックカーブの適用例

図 7.4.4 1968〜84 年の推移(モデル(4)式，上限・下限も推定)

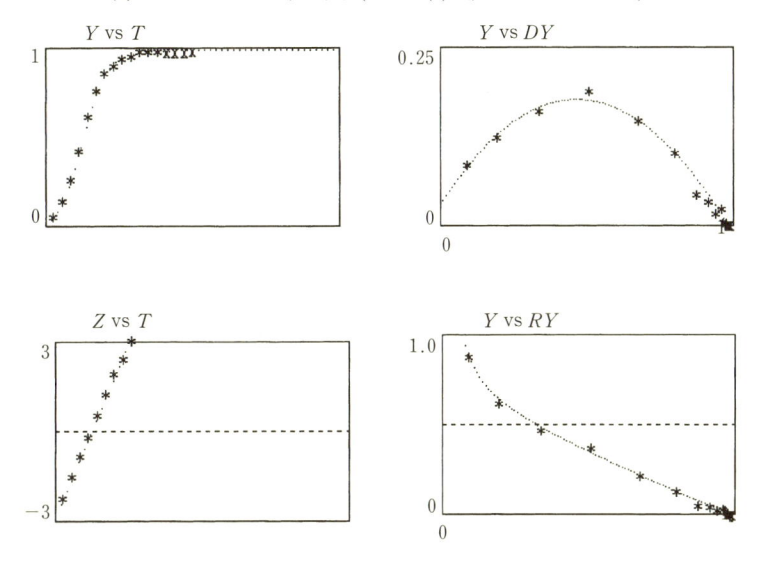

Y vs T

Y vs DY

Z vs T

Y vs RY

$$L=0.976,\quad K=0.037,\quad \beta=0.6851,\quad R^2=98.0\% \quad \text{(USE 1968〜78 年)} \tag{3}$$

だったものが

$$L=0.984,\quad K=0.045,\quad \beta=0.6854,\quad R^2=98.2\% \quad \text{(USE 1968〜84 年)} \tag{4}$$

とかわります(図 7.4.4)．

1978 年までのデータで求められた結果が確認されたといってよいでしょう．

データ数を 11 から 17 に増やしたのに，決定係数はほとんどかわっていません．このことから，データ数を増やす必要はないといえそうですが，もう少し例示を増やした後，この節の終わりで結論を示します．

> データ数を増やすと，決定係数はよくなる．
> そういうケースが多いにしても，
> いつもそうだとはいえない．

注:「データを増やすと当然改善されるはず」と思いこんでいる人は要注意．
同じ条件でくりかえして観察した場合にはそういえますが，考察範囲をひろげてデータを数を増やした場合はそうはいえないのです．

⑥ $L=1, K=0$ という制約下で計算した場合についても，同様に対象期間をひろげてみましょう．

$$L=1,\quad K=0,\quad \beta=0.6374,\quad R^2=89.8\% \quad \text{(USE 1968〜78 年)} \tag{1}$$

図 7.4.5 1968〜84 年の推移(モデル(5)式, 上限 1, 下限 0 と仮定)

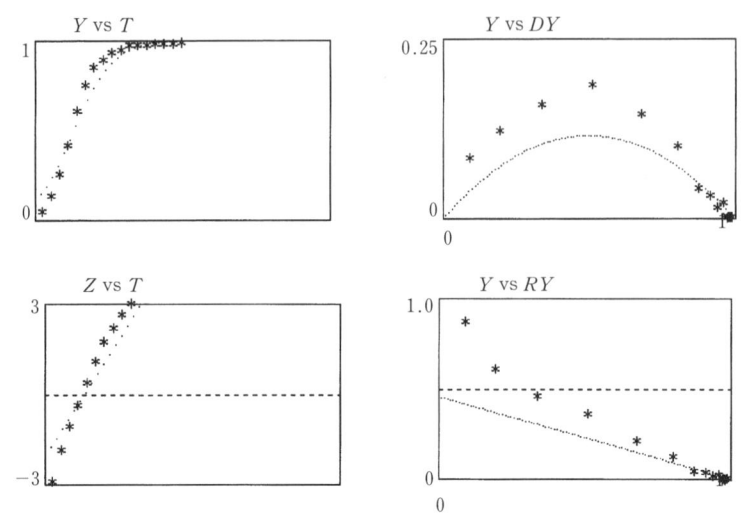

Y vs T

Y vs DY

Z vs T

Y vs RY

だったものが

$L=1$, $K=0$, $\beta=0.4598$, $R^2=74.3\%$　　(USE 1968〜84 年)　　(5)

となります. 図 7.4.5 を一見してわかるように, 適合度が大幅に低下しています.

「データ数を増やしたのにかかわらず, 決定係数が減少した」…

⑤ の場合には,「データ数を増やしてもほとんどかわらなかった」のに対して, この項の場合には,「データを増やすとかえって悪くなる」という結果です. これはおかしい… といいたくなるかもしれません. しかし, そういうことはありえます. 増やした部分が,「$L=1, K=0$ という仮定に合致しないものだった」ためにそうなったのです. 簡単にいえば「よくないデータを増やしたから, 結果が悪くなった」のです.

データの質を考慮に入れずに, 数だけを増やす … その危険をはっきり認識しておきましょう.

> よくないデータを増やすと, その部分にひかれて決定係数が低くなる.
> データの数だけでなく, 質を検討すること.

注: ここでいうよいデータ, よくないデータは, 現象の傾向を説明するのに有効か否かで判断されます. 158 ページのまとめを参照.

正しくいえば,「不適当な想定をおいた場合, その不適当さが, 観察値を増やすことによってはっきりわかるようになった」ということです.

⑦ 対象年次を減らしてみましょう.

1968〜73 年のデータを使うと

7.4 ロジスティックカーブの適用例

図 7.4.6 1968〜73 年の推移（モデル (6) 式，上限・下限も推定）

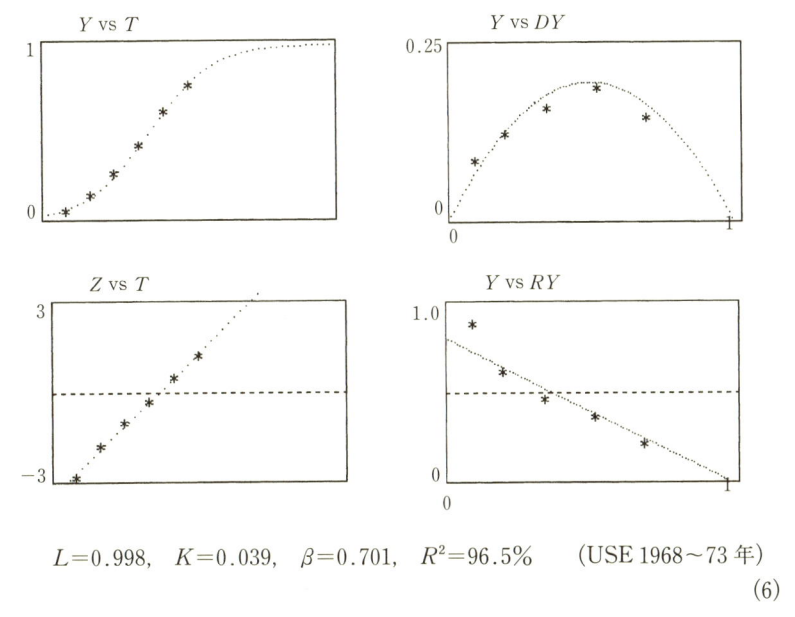

$L=0.998$, $K=0.039$, $\beta=0.701$, $R^2=96.5\%$ （USE 1968〜73 年）
(6)

が得られます．1968〜78 年の場合の結果は

$L=0.976$, $K=0.037$, $\beta=0.685$, $R^2=98.0\%$ （USE 1968〜78 年）
(3)

でした．これと比べて，データ数を減らしたことによって決定係数がやや低下していますが，K, L, β の推計値もかわっています．

これは，「データ数を少なくしたためだ」とはいえないのです．

図 7.4.6 でみるように，「成長曲線の推移のほぼ半ば」まででデータを打ち切っているために推定精度が落ちたのです．

したがって，数の問題ではなく，成長曲線の形をみるために重要な部分のデータが欠けているという，「データの質の問題」です．

しかし，この種の問題では

　　「推移曲線の全貌がわかってから考える」べきことではなく，

　　「推移の途中で，その後の推移を予測する」ことを考える

ことが要求されるものです．

したがって，

　　「1973 年までのデータでも，ほぼ同じ飽和水準値を予測できた」

ことを評価しましょう．

> あるデータを落とすと，それを含めた場合と比べてモデルに含まれる係数の推定値が大きくかわることがある．
>
> 決定係数ではあまりかわらなくても，そういうデータは要注意．重要な意味をもっている可能性がある．

⑧　もう1年分減らしてみましょう．1968〜72年のデータでみるのです．この場合には

$$L=0.998, \quad K=0.039, \quad \beta=0.701, \quad R^2=96.5\% \quad \text{(USE 1968〜73年)(6)}$$

だったものが

$$L=1.377, \quad K=0.089, \quad \beta=0.534, \quad R^2=99.8\% \quad \text{(USE 1968〜72年)(7)}$$

となります．図7.4.7です．

まず，決定係数の大きさが，これまでの計算のどれよりも大きいという結果になっていますが，それゆえに「よい結果だ」と速断できません．データ数が少ないときには，決定係数の推定値が極端に大きく，あるいは小さくなることがありえます．

それよりも問題なのは，飽和水準の推定値1.377です．1973年までのデータを使った場合0.998でした．1973の年のデータを加えたことで，これだけちがってきたのです．現象の説明上それが1か，1をこえるかは重要な着眼点ですから，このどちらを採用するかは，決定係数の大きさだけで判断できることではありません．

「1973年データを加えたことによって下がった」のは，加えた1973年のデータが1972年までのデータとなんらかの意味で異なっていたためだと解釈できます．

> 「モデルを特定する上でキイになるデータ」がある，また，「それを加えても効果の少ないデータ」がある．
>
> 特に，時系列データの分析ではこのことを考えて，対象期間を決める．
>
> 変化が発生したことを把握するためにも，そういうデータを認知することが必要．

この例では，

　　1973年のデータが，ロジスティックカーブの変極点を過ぎたところの情報

ですから，そういうことが起きたものと考えられます．

そうして，その新しいデータが

　　将来落ちつくであろう上限の推定に重要な意義をもっている

と判断できます．

このように，

　　同じく1つのデータであっても，情報としての価値は均等ではない

のです．

⑨　1973年の情報は，飽和水準の推定に大きく貢献することがわかりました．

7.4 ロジスティックカーブの適用例

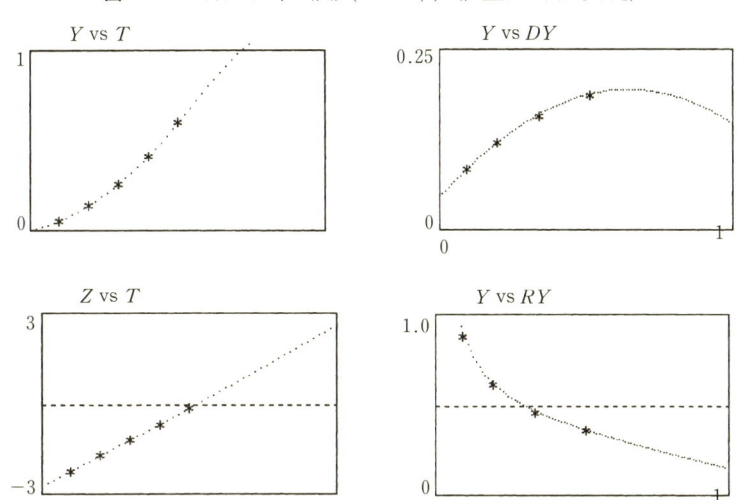

図 7.4.7 1968～72 年の推移（モデル (7) 式，上限・下限も推定）

その情報が使えない 1972 年の段階では，飽和水準を推定することは無理と判断すべきです．また，「飽和水準の推定」の良否を判断するには，決定係数ではなく，「データのもつ意味」を考えに入れることが必要です．

⑩ ここで，この節で計算した結果をまとめた表を示しておきましょう（表 7.4.8）．新しい年次のデータが得られるにつれて，推定結果，特に飽和水準に関する推定値がどのようにかわるかをもう一度みて，「データ数を増やせば増やすほどよい」というわけではないことを確認してください．

---

dirty data の cleaning

X と Y の関係を把握するためには，その関係に影響をもたらす他の条件を一定にたもって観察することを考えます．「実験する」ときの基本的な考え方です．しかし，そのように「条件を制御して観察する」ことのできない問題分野では，観察値に，条件のちがいが混同されることになります．

そういう観察値を dirty なデータとよびます．

X, Y の関係を把握するためには，dirty な状態をクリーニングするための手順を適用しなければならないのです．

その手順を経ずに，クリーンなデータを想定している手法を適用すると，きれいにみえる結果が得られたとしても，条件のちがい，すなわち，よごれがかくされてしまい，誤読におちいるのです．

表 7.4.8 この節の結果のまとめ

基礎データの範囲	1968~84	1968~78	1968~75	1968~73	1968~72
$L=1, K=0$ と仮定した場合の R^2	0.743	0.898	0.871	0.803	0.828
L, K を推定した場合の R^2	0.982	0.984	0.971	0.965	0.998
L の推定値	0.984	0.976	0.957	0.998	1.377
K の推定値	0.045	0.037	0.024	0.039	0.089

⑪ **補注:Logit 変換して回帰分析を適用**

一般化ロジスティック曲線を求めるために,成長曲線 $Y(T)$ を次の $Z(T)$ に変換し,$Z(T)$ に関して最小2乗法を適用する方法が考えられます.

図 7.4.9 逐次近似計算

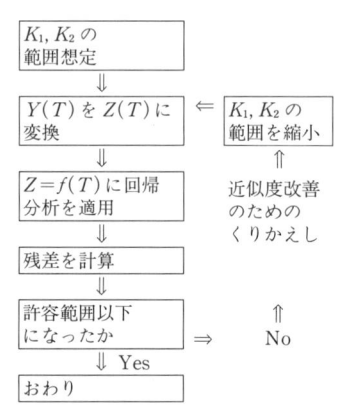

$$\text{Logit 変換} \quad Z(T) = \log\frac{K_2 + Y}{K_1 - Y}$$

$$\text{モデル} \quad Z(T) = \beta(K_1 + K_2)(T - T_0)$$

$K_1=1, K_2=0$ の場合に慣用される方法ですが,一般化ロジスティックカーブの場合には変換式の中に K_1, K_2 を含んでいるために,図 7.4.9 のような逐次近似計算を適用することになります.同じ計算を何回もくりかえして実行しますから,コンピュータを使います.

1968~75 年のデータについてこれを適用した結果は,次のようになります

$$K_1 = 0.95554, \quad K_2 = 0.02724, \quad R^2 = 99.9564\%$$
$$(K_1 = 0.957, \quad K_2 = 0.024, \quad R^2 = 99.9528\%)$$

括弧書きは,レベルレート図上で回帰分析を適用して得た結果です.Logit 変換を適用した場合,これとほぼ一致した結果になっていることを確認できます.

なお,決定係数は,(Z, T) 平面でみた場合とレベルレート図でみた場合でちがいますから,(Z, T) 平面でみた値に換算した結果を示してあります.

◆**注** レベルレート図で扱う場合には,成長経路の中央部での値を重視した結果になり,Logit 変換して扱う場合には,成長経路の端の方の値を重視した結果になります.このことが,決定係数に影響します.

⑫ 成長曲線について $K_1=1, K_2=0$ と想定すると,Logit 変換の変換式はパラメータを含まない形になります.したがって,変換値 $Z(T)$ に対して T 以外の説明変数を含むモデルを扱うことが簡単になります.

付表 I.3 に示す「ホームエアコンの普及率」について,所得階層区分 $X(k)$ を含めて回帰分析を適用してみましょう.次の結果が得られます.

7.4 ロジスティックカーブの適用例

図 7.4.10 ホームエアコン普及率推移の所得階層別比較 (1)

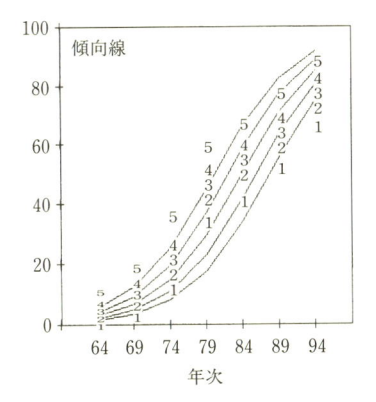

図 7.4.11 ホームエアコン普及率観察値の推移

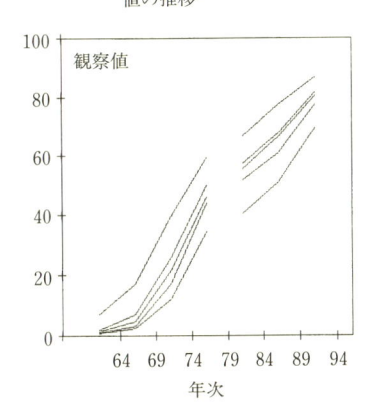

図 7.4.12 ホームエアコン普及率推移の所得階層別比較 (2)

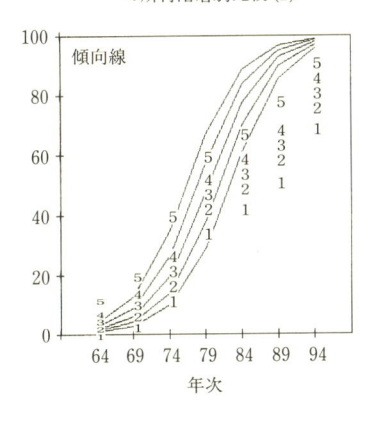

図 7.4.13 Logit 変換した値を図示した場合

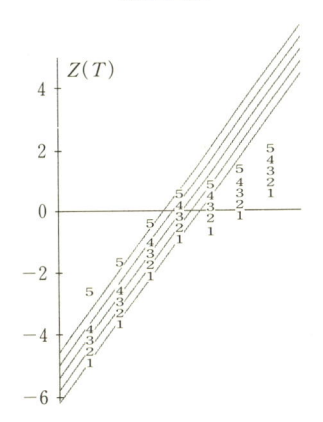

$$Z = -5.3867 + 0.8774T + 0.3551X, \quad R^2 = 93.2\%$$

図 7.4.10 は，この結果を XT 平面にうつして，実績値と推計値を比較したものですが，1979 年の値が傾向線から外れていることに注意しましょう．

このデータのように，長い期間をカバーするデータの場合には，必ず，データの定義を確認することが必要です．

報告書をみると，「ホームエアコン」の定義をかえていることがわかります．

観察値の動きをプロットした図 7.4.11 によっても，1974 年と 1979 年の間にギャップが認められます．

1974 年までのデータを使うと次の結果が得られます．

$$Z = -6.5766 + 1.3244T + 0.3990X, \quad R^2 = 97.2\%$$

図 7.4.12 では，この傾向線が 1975 年以降もつづくとしたときの動きを図示しています．

計算に使った 1974 年まではよく合致しており，1979 年以降は，定義の変更を反映して，傾向線と外れた動きを示しています．

定義変更があったので，基礎データは 4 年分しかない，これだけではデータ数が少ないので時間的推移を推定できない … 一般にはそうですが，ここでは，「所得階層別にわけ，どの階層も平行に動く」というモデルを想定しているために，4 年分でも，十分な精度をもつ結果が得られたのです．

4 年×5 区分あわせて 20 のデータを使えるようになったためだとみればよいのです．

▶ 7.5 モデル選定の考え方

① "成長曲線"を求める問題は，7.4 節までの範囲で考えれば，まず十分でしょう．一連のモデルについて，それぞれの位置づけを一貫して説明できることがわかったと思いますが，この節では，これまでの展開のまとめを兼ねて，モデルの選定あるいはパラメータ推定に関する考え方を一般化して述べておきましょう．

② **モデル想定の基本的な考え方**　モデルの表現式は非線形ですが，モデルの表現式に含まれるパラメータは

　　　　"現象のある面を記述するもの"

になっています．

また，それらは，

　　　　レベルレート図上での直線あるいは放物線の位置と対応づける

ことができますから，データをプロットすることによって，パラメータの値についておよその見当をつけることができます．

こういう体系化が

　　　　現象の動きを "XT 平面でみると非線形だ"

　　　　そうなることを説明したい

　　　　その説明に対応するパラメータ (複数) を導入する

　　　　そのパラメータの位置を図上でよめる形にプロットする

という考え方によってなされたことが重要です．

「被説明変数の動きをみる」ことから，「現象の動きを説明する」ことに一歩ふみこむ … それを自然な形で進めることができます．

③ **線形モデルということ**　回帰分析の数理は，線形モデルでないと (厳密には) 適用できないと教えていますが，線形ということは，現象を記述する関数式 $f(t)$ ではなく，関数式に含まれるパラメータ (その値を推定することになる) との関係が線

形だということです．

したがって，ロジスティックカーブ（拡張形を含む）については，レベルレート図でみることによって，パラメータに関しては線形化されているのです．

④ ロジスティックカーブに関しては，被説明変数を Logit 変換することによって線形化する方法が慣用されていますが，この方法では，ロジスティックカーブ拡張型まで論を進めようとした場合には，変換ルールの中にパラメータ K, L を含んでいるために，線形化されないことになります．

したがって，線形化する別の方法（レベルレート図を使う方法）があって，それが自然な拡張方向になっているなら，それを採用すべきです．

ただし，2つ以上の説明変数を含む場合への対処が簡明だという利点がありますから (158 ページの補注)，Logit 変換による方法も，選択肢のひとつとしておきましょう．

⑤ **モデルの良否の評価**　モデル選定またはパラメータ推定の良否を判定するために，データとの適合度を測ることが必要ですが，データとして観察された範囲外のことまで言及しようとするには（それが成長曲線を求める問題のポイントです），

　　　　"モデルの意味を考えること"

が必要です．そのためには，データ (Y, T) を YT 平面にプロットして傾向線をあてはめるという機械的な扱いでなく，

　　　　"種々のモデルのちがいを図の上で識別し，説明できるレベルレート図"

を使いましょう．

レベルレート図を使うと，その図の上で，パラメータの予測値をみることができます．また，新しい観察値が加わった場合の予測値の変化をみることもできます．

⑥ もうひとつ，重要な注意をつけ加えておきましょう．

回帰分析を使うと，計算された関係式について推定誤差を見積もることができます．しかし，

　　　　分散を最小化するという基準だけで決めてしまうのは，きわめて危険

です．

特に時系列データの場合，データひとつひとつがちがった時点に対応している，すなわち，大なり小なり，事態の変化にともなう異質性をもっていることから，この注意は，重要です．

⑦ **ある前提下での最適**　条件つき最適性ですから，前提がかわったら最適とはいえなくなります．

成長経路を求める問題では，成長曲線が限界に近づいた場合，関係する要因に対しそれをかえようとする動きが発生するでしょう．予測は，すべて

　　　　"それまでの条件がかわらないものとすれば"，という条件つき予測

です．また，

　　　　データとの適合度も，条件がかわらないとみられる範囲で，

それを測っている
のです.

状態変化が想定される場合，たとえば対象期間を区切って，それぞれの期間ごとにモデルまたはパラメータをかえることを考えます．問題に関連する情報を，こういう形で … 回帰分析の計算への入力としてでなく，モデルの適合範囲を考え，範囲を区切る判断のために使うことが必要となるのです．

⑧ データにもとづく推測でデータとの適合度に注目するのは当然ですが，"適合度を分散で計測する"ことは必ずしも適当ではないのです．

基本は，"モデルとの適合度"です．それをみるためには，ある1つの指標で測るよりも，

種々のモデルを図の上で識別できる"レベルレート図"を使うと有効
である … これが，重要な結論です．

⑨ 統計手法の適用について，基本的な考え方をまとめておきましょう．

> 統計手法の適用
> 情報に潜在する意味をくみとること

統計手法は，観察値のもつ情報を，現象に関する推論に利用する方法だと了解できます．

したがって，情報のもつ意味を失うことなく，忠実に要約することを考えます．そうして，そのためには，量的指標による要約よりも，図的表現による要約の方が有効な場合が多いでしょう．このために，種々のモデルを識別できる図的表現を考えるのです．それによって，観察値の側から示唆されるモデルをしぼっていくのです．

手法の数理が想定するモデルをもちだすのは，その後です．データの観察が不十分なまま数理的手法を先行させ，機械的にそれを適用すると，ミスリーディングする可能性があります．

データとの適合度に注目することは当然必要ですが，それを，分散や決定係数だけでみていると，実態を見誤るおそれがあります．また，対象とする期間のとりかたを十分に考えないと，"形の上で合致していても，事態を説明できない"結果になってしまいます．

この章で取り上げた"成長曲線の推計"は，こういう注意の必要な典型的な問題分野です．

データ主導型で問題を考えていく，これが，探索的データ解析(5ページで説明しました)の基本理念ですが，その立場で問題を扱うと，こういう筋書きになることを理解しましょう．

● 問題 7 ●

問1 プログラム LOGISTH を呼び出して，ロジスティックカーブの位置づけなどに関する説明をよめ．

問2 レベルレート図 (Y, DY) 上での推移が 143 ページの (5) 式で表わされる場合の成長曲線が 142 ページの (1) 式で表わされることを示せ．

問3 レベルレート図 (Y, DY) 上での推移が 145 ページの (1) 式で表わされる場合の成長曲線が同じページの (2) 式で表わされることを示せ．

問4 (1) レベルレート図 (Y, DY) 上での推移が図 7.A.1 のような直線で表わされる場合の成長曲線が「指数型漸近モデル」にあたることを示せ．

(2) レベルレート図 $(Y, D\log Y)$ 上での推移が図 7.A.2 のような直線で表わされる場合の成長曲線が「ロジスティックカーブ」にあたることを示せ．

(3) レベルレート図 $(\log Y, D\log Y)$ 上での推移が図 7.A.3 のような直線で表わされる場合の成長曲線が次の式で表わされることを示せ．

$$Y = L\exp[-\exp\{-\beta(T-T_0)\}]$$

これは，ゴンペルツカーブとよばれるものである．

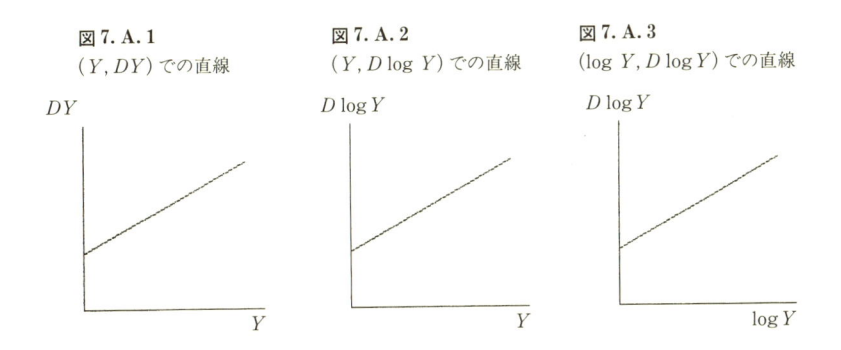

図 7.A.1　(Y, DY) での直線

図 7.A.2　$(Y, D\log Y)$ での直線

図 7.A.3　$(\log Y, D\log Y)$ での直線

問5 本文 7.4 節の分析例では付表 I.1 中の 1968 年以降のデータを使っていたが，1966 年以降のデータを使うと結果がどうかわるか．結果は 158 ページの表 7.4.8 の形に示せ．プログラム LOGISTIC とデータファイル DT20a を使うこと．

問6 付表 I.1 (DT20) は，種々の耐久消費財について普及率の推移をみたものであ

る．これを，レベルレート図 (Y, DY) にプロットして，どんな成長曲線で表わされるかを調べよ．

注：プログラム XTPLOT において，変数 Y の変化 DY を計算し，Y を横軸，DY を縦軸にとって図示すると，レベルレート図になる．

問 7 (1) 付表 I.1 のうちホームエアコンについて，ロジスティックカーブ (7.4 節の一般形の範囲で) をあてはめてみよ．

(2) 表に示す年次の全部を使うのでなく，1980 年までのデータを使って計算すると結果はどうかわるか．

(3) 1970 年から 1980 年までのデータを使うとどうかわるか．

問 8 (1) 付表 I.2 (DT23) は，ルームクーラーの普及率の推移を県別に示している．各県での推移の型のちがいをレベルレート図を使って調べよ．いくつかの代表的な県を選んで調べればよい．

(2) また，ロジスティックカーブをあてはめて，調べよ．(1) と同じ県を対象とすること．

問 9 (1) 付表 I.3 (DT22) は，ホームエアコンの普及率の推移を所得階層 (五分位階級) 別にわけてみたものである．これをレベルレート図上にプロットして，それぞれの所得階層での推移が，同じ推移曲線に沿って動く (時間おくれをもつにしても同じ曲線上を動く) か，異なる推移曲線を動くかを識別せよ．

この場合，それぞれの所得階層区分に属する世帯が，5 年後には別の階層区分にうつっている可能性があるが，そのことは無視して扱うこととする．

(2) 同一年次の階層区分別の数字にロジスティックカーブをあてはめて，階層区分によるちがいを調べよ．

この場合のロジスティックカーブは，「所得が上昇することによる普及率の変化」だと解釈してよいだろう．

問 10 各所得階層におけるルームクーラー普及率を Logit 変換 ($K=0, L=1$ と仮定) したものを Z と表わし，これについて，モデル $Z(T)=A+BT$ を各階層ごとに求めて普及率推移の階層によるちがいを分析せよ．

注：$Y(T)$ を $Z(T)=\log(Y/(1-Y))$ と変換した結果も DT22 に収録されている．

システムダイナミックス

　社会現象や自然現象の動きを表わすモデルとして，システムダイミックスとよばれるタイプのものがある．

　このモデルでは，事象の関係を，ストックとフローとしてとらえ，ストックの推移を表わす「レベル変数」，それに変化をもたらす「フロー変数」，フローの量をコントロールする係数（レート）の関係を表わす一群の式によって，システムの動きを表現し，レベルやレートの変化に応じるシステムの変化を分析しようとするものである．さらに，事象の発生に関するタイムラグや，しきい値などを考慮に入れるのが普通である．

　この章で取り上げた成長曲線のモデルでもこれらの概念を使ってモデリングしているが，システムダイミックスでは，自然現象・社会現象をたとえば地球規模でとらえ，数百に達する関係式を含む大きなモデルを扱う場面で採用される．

　広範な現象を扱おうとすると，基礎変数に関して観察値が得られていないものも取り上げることが必要となる．観察値が得られていないという理由で範囲をしぼるよりも，観察値に関してフレクシブルに考え，たとえば「類似データに基づく想定」，「関連するとみられる現象の動きを参考にした想定」，「技術的な視点にもとづく判断」，「これ以上あるいはこれ以下にはならないという判断」などを取り入れることによって，考察範囲の広さを確保することを重視する．

　このことに関連して，いくつかの手段の効果を対比したり，因果序列を把握するといった使い方をすることが多い．計量的な予測を下すにしても，「こういう前提をおけばこうなる」といった条件つき予測を複数提示する．

　『成長の限界』で使われたことはよく知られている．

8

アウトライヤーへの対処

この章では，① アウトライヤーについて，同じ条件下でも他と離れた値を示す場合と，条件が異なるために他と離れた値をもつ場合を識別する方法，② ある説明変数を追加したときに期待される効果や回帰係数推定値の変化を計測する方法，および ③ アウトライヤーの影響を避けるために，離れた度合いに応じたウエイトづけをして傾向線を求める方法を説明します．

▶ 8.1 観察単位の異質性

① 回帰分析は，(X, Y) の関係を表わす図をかき，それに傾向線をあてはめるものだと説明されていますが，実際の問題に適用してみると，"これが傾向線かな"と疑問に思われる結果が出てくることがよくあります．たとえば，データの中にアウトライヤー（外れ値）とみられるものが含まれていると，それ（全体の中の少数例）にひきずられて，他の多数例を代表しているとはいいにくい結果になる可能性があるのです．この章では，そういう場合への対応を考えましょう．

② 次ページの表 8.1.1 に示す"セールスマンの増員と売上げ増加の関係"を分析してみましょう．基礎データ（付表 L）に付記した資料から引用したデータです．両方とも「比尺度」の形で計測されていますから，対数変換して扱います．

③ 図 8.1.2 は，この関係を示したものです．

図をみると，データ P は他と離れているようです．まず，これを除外して分析することが考えられます．しかし … 結論を保留し，もう少し考えてみましょう．

まず質問．「P を除く」ことに賛成できるでしょうか．

それを除外するという考え方を採用した場合，次々と問題が派生してきます．たとえば，次に，データ I, J, M が問題視されるでしょう．上にずれているようですが，3 つが一群をなしている上，それらを除外すると，ほぼ同じように離れている D, E, H

8.1 観察単位の異質性

表 8.1.1 セールスマン増員率と売上げ増加

データ番号	A	B	C	D	E	F	G	H	I
売上げ額比	−0.43	−0.48	−0.21	0.40	0.32	−0.07	0.00	0.35	0.79
販売者数比	−0.87	−0.78	−0.24	−0.13	−0.12	−0.04	−0.04	−0.04	0.26

データ番号	J	K	L	M	N	O	P	Q	R
売上げ額比	0.69	0.25	0.35	0.88	0.30	0.48	−0.21	0.26	0.30
販売者数比	0.42	0.52	0.52	0.52	0.54	0.59	0.60	0.67	0.67

図 8.1.2 セールスマン増員率と売上げ増加

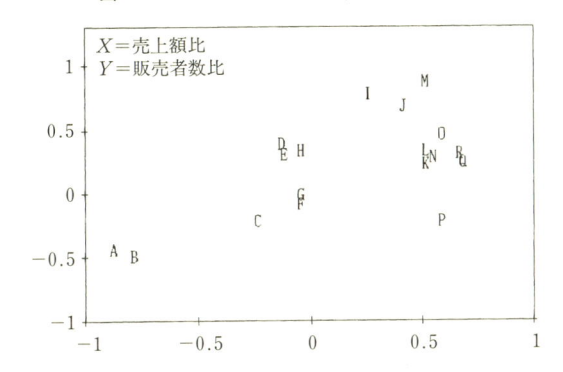

をどうするか … これが問題になってきます．

答えにくい問題です．

基本的に，セールスマンの働きを評価する問題だから，上の方に外れたもの，すなわち，注目すべきものを除くと分析する意味がなくなる … こういう有力な反論が出てきます．

また，左の方2つ(データA, B)が離れている，それを除いてみると，X, Y は関連をもたない…．これも，もっともらしい説明ですが，「上下に離れているケース」と「左右に離れているケース」とを同じように扱ってよいものでしょうか．X の方は，「この範囲で X と Y の関係をみよう」と，いわば議論の前提として提起された条件です．条件のちがいから Y が離れた場合がA, Bであり，条件が同じでも結果として観察される Y が離れた場合がPなのですから，ちがった見方をすべきでしょう．

④ こういう問題をどう扱うべきでしょうか．

これまでの各章で，「アウトライヤーの存在を探るには，残差をプロットしてみることが必要だ」と強調してきましたが，それにも問題があります．

アウトライヤーが存在するのにそれを含めて計算すると，それにひかれて，その値に近い回帰線が求まってしまい，残差プロットでみると「よくあっている」と判定さ

れてしまいます。アウトライヤーによる「よごれ」が除去されないまま「平均化」されたため、「一見きれいにみえる」が、実は「灰色になっている」のです。

アウトライヤーが混在しているデータを、dirty data(よごれたデータ)とよびます。そういうデータを扱う場合、まず、それをクリーニングすることが必要とされるということです。

⑤ このテキストの主題である「傾向線の誘導」を扱うときにも、説明変数 X の値が大きく離れているために被説明変数 Y の値が離れた場合と、X の値が標準なみであっても Y が大きく離れた場合を区別して論ずるために、アウトライヤーという言葉を次のように精密化することになります。

広義のアウトライヤー ─┬─ 説明変数値セットのちがいによって
　　　　　　　　　　　　　残差が大きくなったもの(作用点効果)
　　　　　　　　　　　└─ 説明変数値セットが同じであるのに
　　　　　　　　　　　　　他と離れているもの(狭義のアウトライヤー)

このために必要となるハット行列について、8.2節で説明した後、これらのみわけ方、あるいは、回帰分析における扱い方を、8.3節以降で説明します。

⑥ 8.3節では、まず、2.7節で説明した「残差プロット」に関して再論します。

次に、8.4節では、アウトライヤーとみられるデータが存在する場合、「それを除外して分析したら結果にどの程度ひびくかを評価する」指標や手段を説明します。

また、アウトライヤーだと断定しにくいため「除外する」、「除外しない」と一概にはいいにくいケースに対処するため、アウトライヤーの影響を受けることの少ない推定法がいくつか提唱されていますから、それらを紹介します(8.6節)。

▷8.2 ハット行列

① 前節で指摘したように、回帰分析を適用する場面では、変数 Y のアウトライヤーを扱うときに、説明変数 X との関係を視野に入れることが必要となってきます。

このために使われる基本概念が、ハット行列 H です。

まずその定義を説明しましょう。

モデルとして、
$$Y = \sum_{I=0}^{K} b_I X_I$$

を想定して説明します。定数項を他の項と同じ形式で表わすために、値1をもつ変数 X_0 を使って $b_0 X_0$ としています。

この節では、行列記号を使います。したがって、Y_n を要素とする1列 N 行の行列を Y、X_{In} を要素とする K 列 N 行の行列を X と表わすことにします。

② 回帰分析の数理から Y の推定値 Y^* に対して
　　　モデル　　$Y^* = XB$

における回帰係数は
$$B = (X'X)^{-1}X'Y$$
によって求められます．したがって
$$Y^* = X(X'X)^{-1}X'Y$$
と表わすことができます．
よって
$$H = X(X'X)^{-1}X'$$
とおくと
$$Y^* = HY$$
となります．この H が，ハット行列です．

行列要素でかくと
$$H_{ab} = X_a(X'X)^{-1}X_b'$$
です．

③ この関係から，回帰分析を，
"インプット Y_b をアウトプット Y_a^* に対応させる手続き"
だとみると，

H_{ab} は，Y_b の Y_a^* に対する影響度を表わす量

だと解釈できます．

④ また，ハット行列の表現式を，積和行列 $X'X$ のかわりに偏差積和行列 $D'D$ を使ってかくと，次のようになります．

$$H_{ab} = \frac{1}{N} + D_a'(D'D)^{-1}D_b, \quad D_n = X_n - \bar{X} \tag{1}$$

この右辺の第2項は，各説明変数 X_n の位置関係を表わす指標ですが，複数の説明変数の相互関係を表わす偏差積和行列 $D'D$ を使って $(D_{n1}, D_{n2}, \cdots, D_{nk})$ の情報をスカラー化したものになっています．すなわち，

他の説明変数との関係を考慮外においた場合の $\dfrac{(\bar{X}_K - \bar{X})^2}{\sigma^2}$ を

すべての説明変数対の相互関係を考慮に入れるために

H_{nn} とおきかえたもの

と考えればよいのです．

⑤ これについて，
$$0 \leq H_{ab} \leq 1$$
$$\sum_a H_{ab} = 1, \quad \sum_b H_{ab} = 1, \quad \sum_a H_{aa} = K+1$$

が成り立ちます．K は説明変数の数です．いいかえると，$K+1$ は，推定しようとする係数の数です．

⑥ **作用点** このハット行列の対角線要素
$$H_{nn} = X_n(X'X)^{-1}X_n'$$

をleverageとよびます．日本語に直訳すると「てこ比」ですが，意味をとらえた呼称として「作用点」ということもあります．このテキストでは，作用点とよぶことにします．

この場合に限れば，
　　　観察単位 n の値 Y_n の変化 1 単位が，
　　　その観察単位についての予測値 Y_n^* に
　　　H_{nn} 単位の変化をもたらす
という意味での「影響度を計測する指標」になっています．

◆ **注** 観察単位 n の観察値について，その残差 e_n を
$$e_n = H_{nn}e_n + (1-H_{nn})e_n$$
すなわち，当該観察単位の値による効果と，当該観察単位以外の値による効果に分解できることを意味します．

したがって，その値について
(1) アウトライヤーがないなら，H_{nn} の値は，すべてのデータについて，ほぼ一様になる．したがって，$(K+1)/N$ に近い値をとる
(2) $(K+1)/N$ と著しく離れた値（H_{nn} の値が大）をもつ観察単位は，他の観察単位となんらかの意味で異なるものとみられる

と予想されます．このことから，
(3) H_{nn} が $(K+1)/N$ の 2 倍以上のデータは他と同一バッジとはみなしにくいから注意せよ，

というのが，Hoaglin & Welsch の提唱です．

図 8.1.2 の例では，データ A と B の作用点はそれぞれ 0.3330，0.2865 で，平均 2/18 の 2 倍以上の大きさになっています（172 ページの表 8.3.1）．それ以外は，すべて平均の 1.1 倍以下です．

▷ 8.3 残差プロット

① **この節の問題**　回帰分析によって誘導された傾向線とデータとの適合度は，残差分散や決定係数で計測されますが，それは，観察単位全体でみた"平均的な適合度"です．

したがって，観察値の中に，他と同一には論じにくいものが混在しているときには，
　　　"ひとつひとつの観察単位ごとに，それぞれの適合度をみる"
ことが必要です．

そのために，2.7 節で説明したように，
　　　残差　$e_n = Y_n - Y_n^*$

8.3 残差プロット

をプロットしてみることが必要です．たとえば

e_n 対 Y^* プロット

e_n 対 X_I プロット

e_n 対 データ番号プロット

によって，残差が Y^* や X_I の大きいところ，小さいところで一様か，他と著しく離れた残差をもつ観察単位はないかなどをチェックできます．

② この節では，これらの残差プロットについて補足しましょう．

2.7節ではふれなかった次のような問題点があります．

a. 残差の標準化

モデル　$Y = A + B_1 X_1 + B_2 X_2 + \varepsilon$

において，$V(\varepsilon) = \sigma^2$ が一定であっても，残差 $e_n = Y_n - Y_n^*$ の分散は

$V(e_n) = \sigma^2 (1 - H_{nn})$

となり，説明変数 X_1 や X_2 にかかわる量 H_{nn}（てこ比または作用点とよばれる量）がつくため，一定とはなりません．たとえば，残差の大小を論ずるためには，このことに対応する補正（標準化）を考えること．

b. 残差対作用点プロット

残差について，説明変数値セット $X_1, X_2, \cdots$ のちがいによる影響（H_{nn} で計測される）と，説明変数セットの値が同じだとしても，起きている差をみわける（8.1節で指摘した問題）ためのプロットを使うこと．

c. 偏回帰作用点プロット

すでにモデルに組み込んである説明変数セットのうちの1つ（たとえば X_I）を除いたときに結果がどうかわるかを判断するためのプロットを使うこと，

このうちaについては③，bについては⑥で説明し，cについては，次節で説明します．

③ **標準化残差**　モデルに含まれる ε の分布について，正規分布 $N(0, \sigma)$ を仮定すると

e_n は $N(0, \sigma\sqrt{1 - H_{nn}})$

です．

すなわち，残差分散は一定ではありません．1変数の場合についていうと X の位置，2変数以上の場合についていうと作用点の位置によってちがうのです．

したがって，②にあげた種々のプロットにおいて，残差 $u_n = e_n/\sigma$ をプロットするかわりに，標準化残差

$t_n = e_n / (\sigma\sqrt{1 - H_{nn}})$

を使うことが考えられます．

また，どちらの場合も，σ としてその推定値を使うことになりますが，その場合，データ数でわった「推定値」$\tilde{\sigma}$，自由度でわった「不偏推定値」$\hat{\sigma}$ のどちらを使うかによって，さらにわかれます．

8. アウトライヤーへの対処

$$\tilde{\sigma}^2 = \frac{1}{N}\Sigma e_n{}^2, \quad \hat{\sigma}^2 = \frac{1}{N-K-1}\Sigma e_n{}^2$$

したがって，残差の標準化について，次の4とおりが考えられることになります．

$\tilde{u}_n = e_n/\tilde{\sigma}$ …… 慣用されている標準化残差
$\hat{u}_n = e_n/\hat{\sigma}$ …… 仮説検定を適用する場面ではこれを使う
$\tilde{t}_n = e_n/(\tilde{\sigma}\sqrt{1-H_{nn}})$ …… あまり使われない
$\hat{t}_n = e_n/(\hat{\sigma}\sqrt{1-H_{nn}})$ …… 作用点の考え方を入れるとこれを使う

一般には標準化というと，観察単位数の効果を補正するために $\tilde{\sigma}$ のかわりに $\hat{\sigma}$ を使う場合を指しますが，この節で扱う問題意識では，作用点の効果を補正するために $\sqrt{1-H_{nn}}$ でわる場合を指します．

上に使った記号では，前者の意味での標準化について記号の上につけた ~ と ^ で区別し，作用点に関する補正について記号 u と t で区別しています．この節では，この記号を使います．

記号で区別できるにしても，標準化というコトバは，場合によってちがう意味で使われますから，混乱を避けるためには，長い表現になりますが，次のように区別するとよいでしょう．

第一の場合 $\tilde{u}_n$ … 標準化残差
第二の場合 $\hat{u}_n$ … 自由度効果を補正した標準化残差

表 8.3.1 種々の標準化残差

	観察値 Y_{obs}	推定値 Y_{est}	残差 e_n	作用点 H_{nn}	標準化残差 $\tilde{u}_n$	$\hat{u}_n$	$\tilde{t}_n$	$\hat{t}_{n(I)}$
A	−0.4308	−0.3074	−0.1234	0.3330	−0.4193	−0.3953	−0.4840	−0.4721
B	−0.4780	−0.2611	−0.2169	0.2865	−0.7370	−0.6950	−0.8227	−0.8140
C	−0.2107	0.0144	−0.2251	0.0981	−0.7649	−0.7210	−0.7592	−0.7487
D	0.4055	0.0693	0.3362	0.0785	1.1425	1.0770	1.1219	1.1317
E	0.3221	0.0751	0.2470	0.0768	0.8393	0.7913	0.8236	0.8149
F	−0.0726	0.1136	−0.1862	0.0671	−0.6327	−0.5966	−0.6177	−0.6053
G	0.0000	0.1136	−0.1136	0.0671	−0.3860	−0.3640	−0.3769	−0.3665
H	0.3507	0.1136	0.2371	0.0671	0.8057	0.7595	0.7863	0.7765
I	0.7885	0.2681	0.5204	0.0577	1.7684	1.6673	1.7176	1.8414
J	0.6931	0.3477	0.3454	0.0714	1.1737	1.1066	1.1484	1.1608
K	0.2469	0.3986	−0.1517	0.0868	−0.5155	−0.4861	−0.5087	−0.4966
L	0.3507	0.3986	−0.0479	0.0868	−0.1628	−0.1536	−0.1607	−0.1557
M	0.8838	0.3986	0.4852	0.0868	1.6488	1.5542	1.6264	1.7237
N	0.3001	0.4077	−0.1076	0.0900	−0.3656	−0.3446	−0.3612	−0.3512
O	0.4824	0.4366	0.0458	0.1016	0.1556	0.1468	0.1548	0.1500
P	−0.2107	0.4422	−0.6529	0.1040	2.2186	−2.0916	−2.2096	−2.5665
Q	0.2624	0.4771	−0.2147	0.1205	0.7296	−0.6879	−0.7335	−0.7225
R	0.3001	0.4711	−0.1770	0.1205	0.6015	−0.5671	−0.6047	−0.5923

$\Sigma e_i{}^2 = 1.5590, \quad \tilde{\sigma}^2 = 0.0866, \quad \hat{\sigma}^2 = 0.0974$

第三の場合 $\tilde{t}_n$ ⋯ 作用点効果を補正した標準化残差
第四の場合 $\hat{t}_n$ ⋯ 自由度効果および作用点効果を補正した標準化残差

④ 表8.1.1に例示したデータについて，上掲の種々の標準化残差を表8.3.1に表示しておきます．

この例の場合，u でみた残差の大きい観察単位は P, M, I ですが，u でみた場合と t でみた場合のちがいが A, B, P で大きいことがよみとれます．

このようなちがいをよみとりやすくするための図示法については ⑥ で説明します．

⑤ これまで説明した標準化残差は，いずれも，あるデータを除くかどうかを判断する参考として使うものです．除くかどうかを決める前に使う指標ですから，標準化残差の計算ではすべての値を使って計算しています．

したがって，これまでの標準化とちがった観点ですが，

アウトライヤーとみられるものを除いた場合に予想される残差 $e_{n(I)}$

それを除かなかった場合の残差 e_n

を比較したいでしょう．

◆注 $e_{n(I)}$ は，アウトライヤーを除いて計算すれば得られますが，ある仮定をおくと $e_n/(1-H_{nn})$ と推定されます．これを Press 残差とよんでいます．

その場合にも，標準化残差を使います．自由度効果および作用点効果を補正した標準化残差を

アウトライヤーを除いて計算したものを外的標準化残差　　$\hat{t}_{n(I)}$

アウトライヤーを含めて計算したものを内的標準化残差　　$\hat{t}_n$

とよびます．

表8.1.1についての計算結果を表8.3.1に示してあります．

これらのちがいが大きい観察単位が A, B, P であることを確認してください．「除いたことによる影響」という意味では A, B も P も同じですが，影響が起きる理由としては ④ で述べたように区別されます．

⑥ **残差対作用点プロット**　　同じく残差をみるプロットですが，8.1節に示した考え方に沿って，説明変数セットの位置のちがいとして説明される差と，説明変数セットの位置のちがいを補正した後に残る偏差とを図上で識別しようという趣旨のプロットです．これを

残差対作用点プロット

とよびます．

一般には LR プロット (leverage-residual plot) とよばれていますが，このテキストでは，6.4節で説明した「レベルレート図」との混同を避けるために，残差対作用点プロットとよぶこととします．

⑦ 8.2節で説明したハット行列を使います．すなわち，169ページに示した (1) 式とその説明からわかるように，

　　　　説明変数の値が平均の位置から離れていることが
　　　　　Yの推定値にもたらす効果

にあたるものです．

　説明変数が2つ以上になったことから，Xの位置に相当する指標としてH_{nn}を使うのだと解釈すればよいでしょう．この観点で，H_{nn}を作用点とよんでいたのです．

　$H_{nn}Y_n$が，作用点のちがいがもたらす効果です．

　それ以外にY_n自体がもつ変動があります．したがって，

　　　　被説明変数自体がもつ変動と，

　　　　説明変数の作用点のちがいがもたらす変動とをわけてみる

という考え方を採用できることになります．

　いいかえると，8.1節に注記した「広義のアウトライヤー」と「狭義のアウトライヤー」とを識別できます．

　これが，残差対作用点プロットの効用です．

⑧　表8.1.1のデータについてこの図をかいてみましょう．

　図の基礎データすなわち残差e_nとハット行列H_{nn}は図8.3.1に示してありますが，これらの数値を比較しやすくするために，次のように「標準値を1とするように」換算しておきます．すなわち，

　　　　H_{nn}については，それらがすべて等しいときに期待される平均値$(K+1)/N$
　　　　に対する倍率にしたもの(表ではH/平均と表示)，

表8.3.2　残差対作用点プロットの基礎データ

	e_n	残差寄与度	H_{nn}	H_{nn}/平均
A	-0.1234	0.1758	0.3330	2.9970
B	-0.2169	0.5433	0.2865	2.5784
C	-0.2251	0.5849	0.0981	0.8825
D	0.3362	1.3048	0.0785	0.7063
E	0.2470	0.7045	0.0768	0.6910
F	-0.1862	0.4004	0.0671	0.6036
G	-0.1136	0.1491	0.0671	0.6036
H	0.2371	0.6489	0.0671	0.6036
I	0.5204	3.1273	0.0577	0.5195
J	0.3454	1.3777	0.0714	0.6426
K	-0.1517	0.2658	0.0868	0.7809
L	-0.0479	0.0265	0.0868	0.7809
M	0.4852	2.7176	0.0868	0.7809
N	-0.1076	0.1336	0.0900	0.8102
O	0.0458	0.0242	0.1016	0.9140
P	-0.6529	4.9214	0.1040	0.9358
Q	-0.2147	0.5323	0.1205	1.0846
R	-0.1770	0.3618	0.1205	1.0846

図 8.3.3　残差対作用点プロット

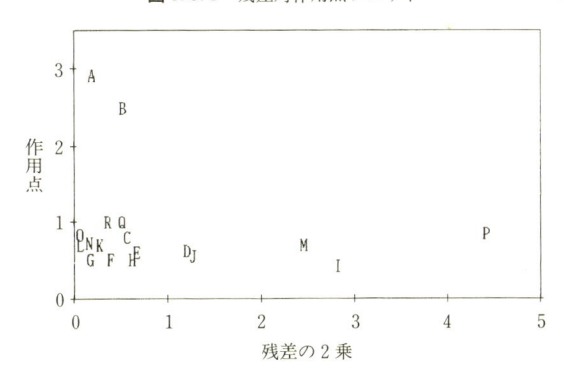

（縦軸：作用点、横軸：残差の 2 乗）

残差については，残差の 2 乗 e_n^2 を $\sum e_n^2/N$ に対する倍率にしたもの（表では残差寄与度）

とします．

したがって，それぞれ，1 を標準として大小をよめばよいことになります．

図 8.3.3 は，表 8.3.2 の数字を図示したものです．この図から，次のことがよみとれます．

　　　点 A, B　作用点のちがいによって他と離れたものであること
　　　点 P　　　アウトライヤーだと判断されること
　　　点 M, I　アウトライヤーの可能性ありとみられること

▷ 8.4　補足：影響分析

① **偏回帰作用点プロット**　8.3 節のプロットでは，観察単位の情報の加除を考える場面を想定していました．これに対して，説明変数の加除を考える場面を想定しているのが，この節で説明する偏回帰作用点プロットです．

② 被説明変数 Y の説明要因として説明変数セット $X_1, X_2, \cdots, X_K$ を想定していますが，その説明変数のすべてを使うとは決めておらず，説明力の低いものがあれば落とすことを考えているものとしましょう．

説明変数 X_J について検討するためには

　　　　X_J 以外の X_I を説明変数とする Y の回帰推定値 $Y_{(-J)}$ と残差 $e_{Y(-J)}$

　　　　X_J 以外の X_I を説明変数とする X_J の回帰推定値 $X_{J(-J)}$ と残差 $e_{XI(-J)}$

を求め，$e_{Y(-J)}$ を縦軸，$e_{XI(-J)}$ を横軸にとったグラフを使います．

これを偏回帰プロットとよびます．

　◇ **注**　回帰推定値および残差を表わす記号における $-J$ は，説明変数 X_J を除いて計算したものであることを示します．

図 8.4.1 偏回帰プロット

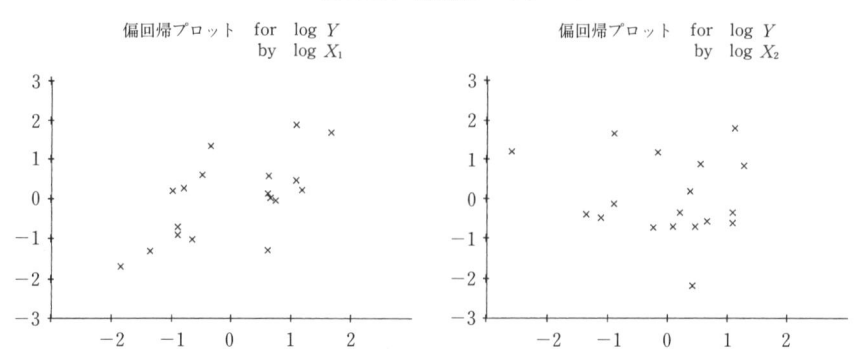

偏回帰プロット for log Y by log X_1

偏回帰プロット for log Y by log X_2

③ このプロットについて
　　バラツキが大きければ，説明変数を追加することは有効でない
と判断され，
　　傾斜 B をもつ直線関係が見出されれば説明変数 X_l を追加することが有効
と判断されます．

　図 8.4.1 は，この章で取り上げている例について，説明変数として X_1（＝セールスマン増員率）の他にもうひとつ X_2（＝仮想データ（Y との相関の低いデータを仮想））があるものとして，X_1 の効果および X_2 の効果をみるための偏回帰プロットです．

　変数 X_2 の効果をみるための偏回帰プロットでは，点の位置がランダムに分布しているようです．このことから，説明変数 X_2 を追加しても効果がないと判断できます．

▶8.5 補足：回帰推定値に対する影響分析

① 他と離れた観察値の影響をみるための手段は，8.3 節に解説した方法以外にもたくさんありますが，ここでは，そのひとつである Atkinson の C について補足しておきます．

② **観察値 (X_{ln}, Y_n) の全部を使った回帰推定値**
$$Y_n = A + \sum B_l X_{ln}$$
と，(X_{ln}, Y_n) のうち (X_{lL}, Y_L) を除いて求めた回帰推定値
$$Y_n(L) = A(L) + \sum B_l(L) X_{ln}$$
とを比べましょう．観察単位 L を除外したことによる変化を
$$\Delta Y_n(L) = Y_n - Y_n(L)$$
のように記号 Δ を使って表わすこととします．

$$e_n = Y_n - \bar{Y}$$

とハット行列 H_{nn} とを使うと

$$\Delta Y_n(L) = \frac{H_{Ln}e_n}{1-H_{LL}}$$

と表わすことができます.

これを標準化するために Y_n の標準偏差 $\sigma\sqrt{H_{nn}}$ でわることにしましょう. この場合 σ の推定値が必要ですが, これも, 観察単位 L を除外して計算した $\sigma(L)$ を使うものとしましょう. すなわち

$$\frac{\Delta Y_{n(L)}}{\sigma(L)\sqrt{H_{LL}}} = \frac{H_{Ln}e_L}{\sigma(L)\sqrt{H_{LL}(1-H_{LL})}}$$

です. これを

$$\Delta_S Y_n(L)$$

とかくことにしましょう. Δ_S の S は標準化したものを指す記号です.

これについて

$$|\Delta_S Y_n(L)| \leq |\Delta_S Y_L(L)| \quad \text{for all } n$$

が成り立っていますから,

> 観察単位 L を除いたことの影響をすべての n について調べなくても Y_L に対する影響だけを調べれば十分だ

ということになります.

ここで, $n=L$ とおいた

$$\Delta_S Y_Y(L) = \frac{\sqrt{H_{LL}}\,e_L}{\sigma(L)(1-H_{LL})}$$

に注目します.

$$\frac{e_L}{\sigma(L)(1-H_{LL})}$$

は, 標準化残差を, 観察単位 L を除いて計算したものになっています.

これが, 8.3節で述べた外的標準化残差です. これを $t(L)$ と表わしましょう. すると

$$\Delta_S Y_L(L) = t(L)\sqrt{\frac{H_{LL}}{1-H_{LL}}}$$

が得られます. これが観察単位 L を除外したときの Y_L に対する影響評価値を与える式で, DFFITS とよばれています.

③ H_{LL} が均等になっているときには $H_{LL}=(K+1)/N$ となりますから, その場合における $t(L)=1$ の状態を基準とみなすことができます. $\Delta_S Y_L(L)$ をそれに対する倍率で表わしたものが, 次の値です.

$$C = \frac{\Delta_S Y_L(L)}{\sqrt{(K+1)/(N-K-1)}}$$

この指標値が2以上なら, 影響ありとみなすことができるでしょう.

表 8.5.1 影響分析のための指標値

| | Press 残差 | 標準化残差 | | DFFITS | 適合度判定のための指標 | | |
		内的	外的		Cook の D	Atkinson の C	Welsh の W
A	−0.1850	−0.4840	−0.4721	−0.3336	0.0585	0.8902	2.8361
B	−0.3040	−0.8227	−0.8140	−0.5158	0.1359	2.1285	6.3393
C	−0.2495	−0.7592	−0.7487	−0.2469	0.0313	0.4875	1.1487
D	0.3648	1.1219	1.1317	0.3303	0.0536	0.8726	2.0121
E	0.2350	0.8236	0.8149	0.2676	0.0282	0.4418	1.0169
F	−0.1996	−0.6177	−0.6053	−0.1623	0.0137	0.2107	0.4799
G	−0.0983	−0.3769	−0.3665	−0.1218	0.0051	0.0773	0.1760
H	0.2541	0.7863	0.7765	0.2082	0.0222	0.3467	0.7897
I	0.4558	1.7176	1.8414	0.5523	0.0904	1.6619	3.7478
J	0.3720	1.1484	1.1608	0.3219	0.0507	0.8289	1.8967
K	−0.1662	−0.5087	−0.4966	−0.1531	0.0123	0.1874	0.4361
L	−0.0525	−0.1607	−0.1557	−0.0525	0.0012	0.0184	0.0429
M	0.5313	1.6264	1.7237	0.5313	0.1257	2.2582	5.2547
N	−0.1182	−0.5087	−0.3512	−0.1182	0.0065	0.0976	0.2279
O	0.0510	0.1548	0.1500	0.0510	0.0014	0.0204	0.0481
P	−0.8743	−2.2096	−2.5665	−0.7287	0.2833	6.1152	14.5027
Q	−0.2441	−0.7335	−0.7225	−0.2674	0.0369	0.5721	1.3824
R	−0.2013	−0.6047	−0.5923	−0.2193	0.0251	0.3846	0.9292

なお，これを 2 乗したものが Atkinson の C とよばれている指標です．

この他 Cook や Welsh が同様の指標を提唱していますが，説明を省略します．

表 8.5.1 に，これらの指標値を示しておきます．基礎データは，これまでの節と同様に表 8.1.1 です．

▷8.6 加重回帰（ロバスト回帰）

① **回帰分析の適用**　たとえば図 8.6.1 は，通常の回帰分析を適用した結果ですが，図示された傾向線が，全体（もしくは多数部分）での傾向を代表しているといえるでしょうか．

これが，この章のはじめに掲げた問題でした．問題は，アウトライヤーか否かの判断にかかわっています．

② アウトライヤーと断定できれば，それを除いて分析すればよいのですが，
　　"そうも断定できない，だから，含めて分析せよ"という説と，
　　"そうらしいものは除いて分析する方がよい"という説
が対立することになります．

ただしいずれにしてもアウトライヤーへの対処を要することは同じです．よって，
　　アウトライヤーがあっても，どれがアウトライヤーなのか断定しにくい

8.6 加重回帰(ロバスト回帰)

図 8.6.1 通常の回帰式

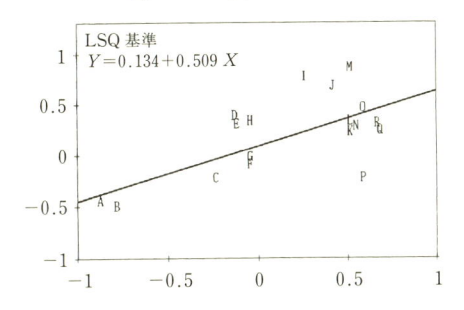

⇒ 除きにくいので，他と一緒に扱うことはやむをえない
⇒ したがって，その影響を受けにくい方法を採用する

ことを考えるのです．
「アウトライヤーの影響を受けにくい」…そういう性質を，"ロバスト(頑健性)"とよびます．そういう性質をもつ方法は種々の場面で提唱されていますが，この章で扱っている回帰分析について提唱されている「ロバストな方法」を説明するのがこの節です．

◆注　一般には，方法を適用するときに「必要な前提条件」に関して，前提がみたされなかったことによる影響が少ない … そういう性質をロバストとよんでいますが，ここでは，アウトライヤーの混在に関するロバストを問題にしているのです．

③ この問題への対処として，8.3節では残差対作用点プロットについて説明し，8.5節ではアウトライヤーと判断して分析範囲から除外した場合の影響を計測する指標について説明しました．しかし，「アウトライヤーらしい」といえるにしても，「アウトライヤー」と断定できるわけではありません．したがって，この問題が解消するとは限りません．

そこで，除く・除かぬと，二者択一的に考えるかわりに，"全体としての傾向から外れている程度"を考慮に入れることによって，アウトライヤーの影響を小さくしようという扱いを採用するのです．

④ **加重回帰**　これが，加重回帰(または，ロバスト回帰)とよばれる一群の方法です．

回帰分析における回帰係数推定の基準は，

$$V(e) = \frac{\sum e_n^2}{N} \to \text{MIN}, \quad e_n = (Y_n - \sum B_l X_{ln})$$

すなわち，偏差を"その2乗で評価する"形の基準です．この形の基準に問題があることは，第4章で述べてあります．その問題を解消するひとつの方向は，この評価式に，ウエイト W をつけ加えた

$$V(e) = \frac{\sum W_n e_n^2}{N} \to \text{MIN}$$

を基準とすれば，ウエイトとして，偏差 e_n が大きいデータほど小さくなるものを使うことによって，e_n の大きいもの，すなわち，アウトライヤーの可能性の高いものの影響をおさえることができるはずだ … こういう発想です．

◆注　データの分散が一様でない場合，分散の大きいもの，すなわち，精度の劣るものはウエイトを小さくして扱うためにも，同じ方法が適用されますが，ウエイトを導入する動機がちがいます．

⑤　ウエイトの与え方についていくつもの案が提唱されています．主なものを紹介しましょう．

以下では，回帰式による計算値からの偏差をシグマでわった e_n，すなわち，

$$e_n = \frac{Y_n - Y_n^*}{\sigma}$$

を使って説明します．

(1) **トリミングを適用する方法**

$$W_n = \begin{bmatrix} 1 & \text{if} & |e_n| \leq c \\ 0 & \text{if} & |e_n| > c \end{bmatrix}$$

とする案です．すなわち，偏差がシグマの c 倍以上（たとえば 2 倍以上）のデータを除外し，残りについて通常の最小 2 乗法を適用する案にあたります．"理屈はともかく，よく採用されている"方法ですが，c 倍以上のデータを「アウトライヤーとみてそれを除く」のだと了解しましょう．その観点にたつなら，c を「ボックスプロット」のフェンスとあわせて 2.7 とします．

◆注　中位値 Q_2，四分位値 Q_1, Q_3 を使って，$UF = Q_3 + 1.5(Q_3 - Q_1)$ をこえるデータ，$LF = Q_1 - 1.5(Q_3 - Q_1)$ 以下のデータをアウトライヤーとせよ … これが Tukey の提唱したボックスプロットの考え方です．

正規分布の場合には $Q_1 = -0.674, Q_2 = 0, Q_3 = 0.674$ であることを参考にして，本文の c を $4 \times Q_3$ としています．

(2) **Huber の方法**

$$W_n = \begin{bmatrix} 1 & \text{if} & |e_n| < a \\ f(|e_n|, a, b) & \text{if} & a < |e_n| < b, \quad f(|e_n|, a, b) = a/|e_n| - a/b(|e_n| - a) \\ 0 & \text{if} & |e_n| > b \end{bmatrix}$$

とする方法です．(1) の方法で，除く，除かないと二者択一するかわりに，除く範囲と除かない範囲の間のデータに対して 0 と 1 の間のウエイトをつける形になっています．このことから a, b を，(1) の方法における区切り値 2.7 をはさむ値にしています．関数形 $f(|e_n|, a, b)$ は後述する LAR 法の場合の関数形に，$e = a$ で 1，$e = b$ で 0 にするための項を付加したものです．

(3) **Andrews の方法**

$$W_n = \begin{cases} \dfrac{\sin(e_n/c)}{e_n/c} & \text{if } |e_n| \leq c\pi \\ 0 & \text{if } |e_n| > c\pi \end{cases}$$

ととる方法です．$|e_n|$ が πc をこえるデータは除外し，それ以外のデータについては，関数 $\sin(u)/u$ で表わされるウエイトをつけて扱うことになります．c は (1) の方法における c，(2) の方法における b とほぼあわせるために 1 とします．

(4) **LAR 法**

$$W_n = \frac{c}{|e_n|}, \qquad c = 1.348$$

をウエイトとして使う案です．この案のウエイトは，これまでの方法と比べて，$|e_n|$ によるちがいを極端に誇張した形になっていますが，分散の定義式にこの W_n を代入すると

$$V(e) = \frac{\sum W_n e_n^2}{N} = \frac{\sum |e_n|}{N}$$

となります．よって，この基準は，平均偏差を

"偏差の絶対値の平均" で測る

案にあたります．したがって，すでに述べた LAR (least absolute residual) 法に相当します．

⑥ 図 8.6.2 は，以上 4 つの方法におけるウエイトの形を対比したものです．これによって，各方法のおよその特徴をつかむことができます．

アウトライヤーの影響を受けやすいのは LSQ 基準，受けにくいのは LAR 基準，他はその中間とみておけばよいでしょう．もちろん，一般的にそういえるとは限りま

図 8.6.2 各方法で想定されるウエイト

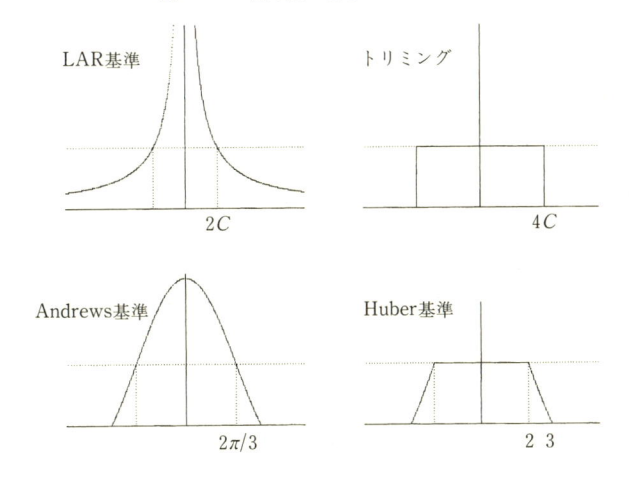

図 8.6.3 LAR 基準による結果

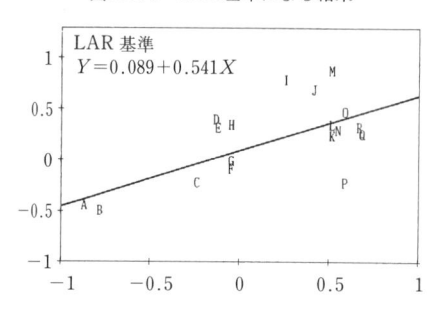

図 8.6.4 TRIM 基準による結果

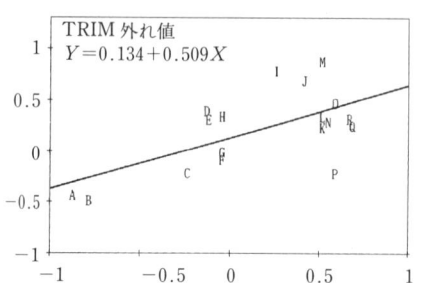

図 8.6.5 Andrews 基準による結果

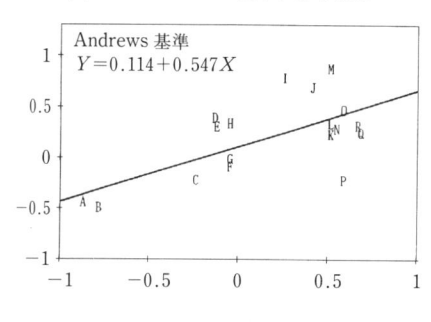

図 8.6.6 Huber 基準による結果

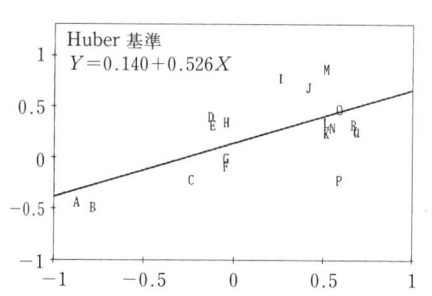

せんから, 問題ごとに検討することが必要です.

⑦ この章のはじめにあげた例題について, これら4とおりのウエイトづけを適用してみましょう.

図 8.6.3～8.6.6 がその結果ですが, 図の上ではほとんど差はみられません.

誘導された傾向線の係数を比べると,

  LSQ 基準 $Y = 0.134 + 0.509X$
  Trim 基準 $Y = 0.134 + 0.509X$ Trim されたデータなし.
  Huber 基準 $Y = 0.140 + 0.526X$ データ P がウエイトづけされている.
  Andrews 基準 $Y = 0.114 + 0.547X$ 偏差の小さいデータにもウエイトづけ.
  LAR 基準 $Y = 0.089 + 0.541X$ 同上. このため他とのちがいが大きい.

となっており,

 ○ 偏差の大きいデータ P のウエイト変更の範囲に入ったことにより Huber 基準における係数 b の値がその前の2つの方法とかわったこと.

 ○ 偏差の小さい部分でウエイトをかえる Andrews 基準, LAR 基準で他と離れたデータ A, B の影響によって係数 a が小さくなっていること.

がわかります.

⑧ この差は, 傾向からの差に応じたウエイトづけによって生じるのですから, 各

8.6 加重回帰（ロバスト回帰）

図 8.6.7 各基準で決まったウエイト

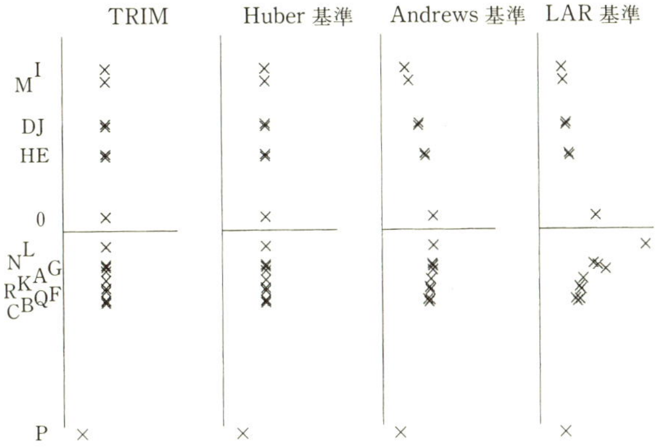

```
         TRIM      Huber 基準   Andrews 基準   LAR 基準
  I       ××         ××            ××           ××
 M        ××         ××            ××           ××
 DJ       ×          ×             ×            ×
 HE       ×          ×             ×            ×

  0       ×          ×             ×            ×
   L      ×          ×             ×              ×××  ×
 N AG    ×××        ×××           ×××            ×××
R K QF   ×××        ×××           ×××           ×
 CB     ×××        ×××           ×××
  
  P       ×          ×             ×            ×
```

規準で定められたウエイトを比較しておきましょう．図 8.6.7 がその結果です．

この例の場合について導入された程度のウエイトの差では，結果はたいしてかわりませんでしたが，問題ごとに事態はちがってくるでしょう．

アウトライヤーを識別する方法は，結局，個々の問題ごとに考えねばならないことです．どんな場合にも有効な方法はないとみるべきです．

参考書：この章に関するくわしい説明は，蓑谷千凰彦『計量経済学の新しい展開』（多賀出版，1992）を参照するとよい．

問題 8

問1 プログラム REG07 を使って，表 8.1.1 のデータ (DU80) について計算し，次の表または図が得られることを確認せよ．
  a. 図 8.1.2 に回帰線を書き込んだ図．
  b. 図 8.1.2 に書き込んだ回帰線を使った場合の残差プロット．
  c. 表 8.3.1 に示す残差と作用点および種々の標準化残差．
  d. 図 8.3.3 に示す残差対作用点プロット (表 8.3.2 がその基礎数字)．
  e. 表 8.5.1 に示す影響分析のための指標値．

問2 プログラム REG08 を使って，表 8.1.1 のデータ (DU80) について計算し，次の表または図が得られることを確認せよ．
  a. 被説明変数および説明変数とあらゆる組み合わせについて，それぞれの回帰式および残差分散など．
  b. 表 3.1.4 に示した適合度を示す決定係数，マローズの C_P，AIC などの指標値．
  c. 図 8.4.1 に示す偏回帰プロット．

問3 UEDA 以外の統計ソフトを利用できる場合，それを使って，問1および問2と同じ出力が得られるか否かを確認せよ．
  注：SAS を使った場合との比較については，次の資料を参照してください．
  川瀬徳彦・上田尚一：残差分析及び影響分析での各指標の有効性，龍谷大学経営学論集第 35 巻第 2 号 (1996 年 1 月)

問4 付表 H は，賃金上昇率 (Y) と有効求人倍率 (X_1)，物価指数変化率 (X_2) および企業の収益率 (X_3) の時系列データである．
  (1) これについて，モデル $Y = A + B_1 X_1 + B_2 X_2 + B_3 X_3$ をあてはめてみよ．
  (2) 1974 年のデータはアウトライヤーとみられるようだが，説明変数 X_1 や X_2 も他の年次と大きく離れているので，ハット行列を使ってその影響を補正した標準化残差を計算し，残差プロット (標準化残差対推定値のグラフ) をかけ．
  (3) また，このプロットで大きい偏差を示した年次について，それが「説明変数値のちがいによるものか，その影響を補正しても残るアウトライヤーであるか」を識別するために，残差対作用点プロットをかいてみよ．
  (4) モデルで取り上げている説明変数の効果をみるために，その説明変数を除き，残りの説明変数だけを使った場合の「偏回帰プロット」をかいてみよ．

問 5 プログラム REG07 を使って，表 8.1.1 のデータについて図 8.6.1 および図 8.6.3〜8.6.6 に示す加重回帰式が得られることを確認せよ．

問 6 付表 B (DH10V) に示す Y(＝食費支出額) と X(＝実収入) について，
(1) これまでの章で説明してきた通常の回帰式と，8.6 節で説明した 4 とおりの「加重回帰」による回帰式を求めよ．
(2) (1)の結果をみて，アウトライヤーとみられるデータを特定し，そのデータを除くことによる効果をみるために，それを除いたことによる標準化残差の変化を調べよ．外的標準化残差と (内的) 標準化残差を比べてみればよい．

9 2変数の関係要約

傾向線のタイプを想定しにくい場合もありえます.
　この章では,そういう場合について,傾向線を求めるとともに,傾向性では表わせない個別変動の大きさを示すための線もあわせて示す方法を説明します.
　データが示唆する傾向性を拾い出すという観点で組み立てられるため,広く適用できることになります.

▶9.1　平均的傾向を表わす線の求め方（1 線要約）

　①　これまでの各章の方法では,傾向線のタイプを想定していましたが,想定をおかず,データが示す傾向をありのまま浮かび上がらせる … こういう「探索的な手法」を適用すべき場合がありえます.
　この章では,そういう場合に適用される方法を取り上げましょう.
　②　説明変数 X と被説明変数 Y の関係を示すグラフの上で"傾向線をえがく"ことを考えるのです.そこまでは,これまでと同じですが,傾向線のタイプを事前に想定せず,データの処理手順を経ることによって見出そうとするのです.
　たとえば,
　　a.　X の値域をいくつかの区分に区切り,
　　b.　各値域に属する観察値 (X_n, Y_n) の平均値 $(\overline{X}, \overline{Y})$ を求め,
　　c.　それらをつらねる折れ線をひく
のがひとつの方法です.
　こうして得られた折れ線を「平均値のトレースライン」とよぶことにしましょう.
　たとえば図 9.1.1 のように値域を区切って各区切りにおける平均値を求め,図 9.1.2 をかくのです.
　③　この場合,区切りの数をいくつにするかが問題となります.少なすぎると細か

9.1 平均的傾向を表わす線の求め方(1線要約)

図 9.1.1 値域を区切る **図 9.1.2** 平均値のトレースライン **図 9.1.3** スムージング

い動きが表現されず,多すぎると各区分のデータ数が少ないことから偶然的な変化が入ってきます.

そこで,いくぶん多めにとっておき,

  d. 折れ線をスムージングする

ステップをつけ加えることが考えられます.

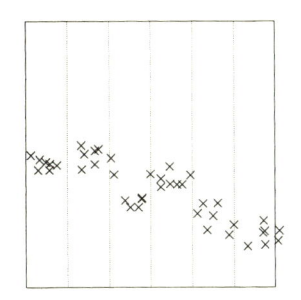

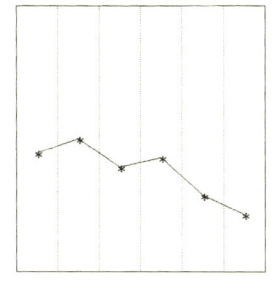

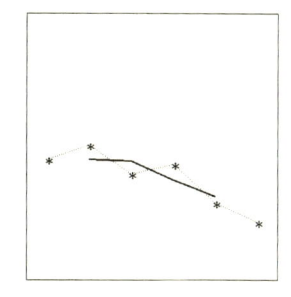

図 9.1.4 傾向性と個別性

そのために,たとえば,点 (X_K, Y_K) の Y_K を,その前後の1点ずつを含めた3点の平均 $(Y_{K-1}+Y_K+Y_{K+1})/3$ とおきかえる方法を採用します.3項移動平均とよばれる方法です.

いいかえると,各区切りに前後の区切りを接続させた上,その範囲での平均値の位置をみるのだと了解できます.

したがって,各平均値の基礎データ数が平均 N/P 個となるところを,移動平均値では1点あたり $3N/P$ 個のデータを使うことになりますから,データ数が少ないことから発生する不規則な凹凸を消すことができます.

ただし,

   意味のある細かい上下も消してしまう

という副作用をもちますから,図9.1.4のようにひとつひとつの観察値を一緒に図示し(図9.1.2に図9.1.1を重ねて図示して)傾向線が"点の分布を代表している"ことを確認すべきです.

3点のかわりに5点を使えばスムージングの効果は上がります.ただし,副作用の方が問題となりますから,5点以上にひろげることは避けましょう.

◆**注1** 移動平均では両端の情報が計算されませんから,たとえば3点移動平均では,両端については,その区間での平均値を使います.

◆**注2** 移動平均法は,時系列データで採用されることが多いものですが,それ以外の場合にも,広く使いうるものです.次節に例示します.

◆**注3** 時系列データの場合には,12か月の周期をもつ成分をそれ以外の変動と分離する手順として用いられます.偶然的な変動を消す場合とはちがう使い方です.この場合は季

節性を除去するために 12 項移動平均を適用し，さらに，中心位置を調整するために 2 項移動平均を適用します．したがって，

$$\left(\frac{1}{2}Y_{-6}+Y_{-5}+Y_{-4}+Y_{-3}+Y_{-2}+Y_{-1}+Y_0+Y_1+Y_2+Y_3+Y_4+Y_5+\frac{1}{2}Y_6\right)/12$$

を Y_0 のかわりに使うことになります．

④ 上記の手順において，平均値のかわりに中位値を使うことが考えられます．すなわち，186 ページの a, b, c のかわりに次の手順 a, b′, c を適用して傾向線を求めるのです．

    a．X の値域をいくつかの区分に区切り，
    b′．各値域に属する観察値 (X_N, Y_N) の中位値 $(\tilde{X}, \tilde{Y})$ を求め，
    c．それらをつらねる折れ線をひく

こうして求めた傾向線を，「中位値のトレースライン」とよぶことにしましょう．

平均値を使う場合と比べて，

    アウトライヤーの影響を受けにくい

という利点をもちます．また，

    代表値からの外れが対称性をもたないデータにも対応できる

ものになっています．

▶ 9.2 傾向を拾い上げる

① 6.5 節の ⑧ で取り上げたオリンピック記録の例（付表 H）について再考しましょう．

記録の推移を示す図 9.2.1（図 6.5.5 の再掲）では，年々記録が向上しているようにみえるが，

    上下のバラツキが大きくて，今後どうなるかをよみとりにくい

だけでなく，

    今後の推移に関して「下限がある」と想定できるか

を判定せよ … という問題でした．

上下のバラツキを誤差とみなすなら，「傾向線に注目すればよい」といえるのですが，下限の有無に答えるために，傾向線の型を想定するところに問題があるのです．

たとえば「レベルレート図の形にプロット」するという扱い方で，この問題に対応できることを説明しましたが，図 9.2.1 をそのままの形で扱うかわりに，前節にあげた移動平均を使うことが考えられます．

② 図 9.2.2 は，図 9.2.1 のデータに 5 項移動平均を適用した結果です．

傾向が 1 線で表わせますから，それを延長して，将来の動きをよみとれます．

その上で，図 9.2.3 のようにレベルレート図の形に表わすと，まず

    点が左に動いていること，すなわち，

9.2 傾向を拾い上げる

図 9.2.1 オリンピックの 200 m 走の記録（図 6.5.5 の再掲）

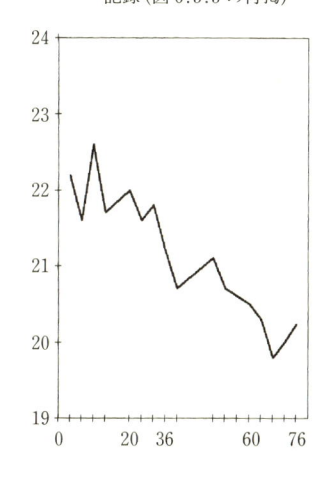

図 9.2.2 図 9.2.1 に移動平均を適用した結果

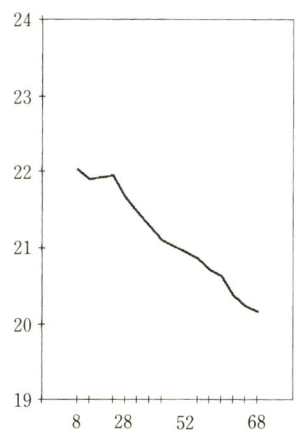

記録が更新されていることがよみとれます．

また，

点が左上に動いていることから，
更新幅が小さくなっている

こともよみとれます．

③ 最も古いデータ A, B を除くと，図 9.2.2 に対して回帰式

$$DX = 1.3823 - 0.0748X$$

が得られます．

図 9.2.3 図 9.2.2 のレベルレート図

傾向線は，図の点 A, B を除いて計算．

これから，X の下限すなわち $DX=0$ に対応する X は 18.5 秒だと推定されます．
ただし，

レベルレート図の縦軸 DX が 0 の線に近づく
　→ 横軸すなわち X の動きが小さくなる

ことに注意しましょう．
このことは，

$DX=0$ に近づくにしても，
　それが実現するというわけではない

ことを意味します．

④ 現在までのデータにもとづく傾向であり，それが今後もつづくという仮定をおいた上での発言ですから，ここに例示した扱いをしたとしても，

記録の上限値について発言するのは無理だ
というコメントがありえます．
　頑張れば，この上限を破れるでしょう．
　統計手法による予測は，「ある想定をおいて求められたもの」ですから，ひとつの参考値と気軽に受けとりましょう．

▶9.3　ひろがり幅を示す（3線要約）

① 　5.2節では
　　1本の傾向線でデータを代表することが
　　「現実に存在する個人差」の情報を無視することになるが，
　　それでよいのか
という問題をあげておきました．
　この節では，この問題への対応を考えましょう．
② 　1本の線をひくことで終わりにせず，その上下に幅をつけよう…こう考えればよいのですが，この章では，データの分布形などに関する仮定をおくことなく，「データがもつ傾向を拾い上げる」という扱い方を考えているのです．
　したがって，9.1節の「平均的傾向を表わす線」の求め方を，「平均的な傾向を表わす幅」の求め方，さらにいいかえると，「ひろがり幅の上限，下限を表わす1対の線」の求め方を考えればよいのです．
③ 　平均値とともに標準偏差を使うのが一案です．
　したがって，
　　a.　Xの値域をいくつかに区切り，
　　b.　各値域のY_Kと標準偏差σ_Kを使い，
　　c.　Y_K　　のトレースライン
　　　　$Y_K + \sigma_K$のトレースライン
　　　　$Y_K - \sigma_K$のトレースライン
　　　の3本をあわせ示す
とよいでしょう．
　こうしたものを平均±標準偏差のトレースラインとよぶことにしましょう．
　この場合σも，値域ごとに求めるべきです．ひろがり幅が一定と仮定することを避けようという趣旨です．
　　◆注　ここで考えているひろがりは，「平均値の見積もりの精度」を表わすためのひろがりではありません．現実のデータがもつひろがりです．

図9.3.1　平均と標準偏差のトレース

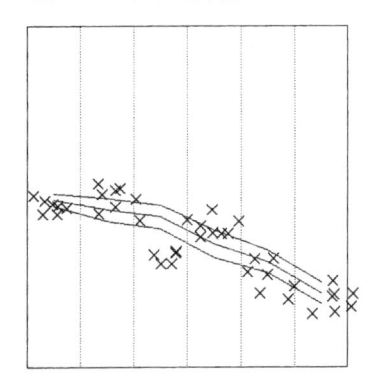

9.3 ひろがり幅を示す（3線要約）　　191

したがって，大きい方へのひろがり，小さい方へのひろがりを同一値で表現することとなる標準偏差は採用しにくいのです．

④　「分布の形に関する仮定を避ける」という意味では，ひろがり幅の指標として標準偏差を使うことを問題視しなければなりません．

大きい方への変動と小さい方への変動とは，大きさがちがい，現象のもつ意味もちがう … 当然，わけて評価すべきだということです．

このためには，平均値のかわりに中位値，標準偏差のかわりに四分位偏差値を使うことが妥当でしょう．

⑤　そこで，9.1節の情報要約手順中の b を
　　　　平均値－標準偏差 ⇒ 第1四分位値
　　　　平均値　　　　　⇒ 中位値
　　　　平均値－標準偏差 ⇒ 第3四分位値
とおきかえましょう．そうして c を，これら3本のトレースを使うことに改めます．

これを，3線トレースあるいは3線要約とよぶことにしましょう（提唱者の名をとって Hartwig の方法とよばれています）．

⑥　図9.3.2がその例です．

この図では第7章と同じデータを使っていますから，図5.2.1などと比べてください．

個別変動の情報を要約表示していること，一般化した言い方をすれば基礎情報の再表現という観点で，有効な表現です．

また，傾向性をみる場合についても，X, Y の関係を表わす傾向線のタイプを特定していないこと，そうして，傾向線の上下へのひろがり方に関する傾向性もよみとれることに注意しましょう．

図9.3.2　中位値・四分位値の3線トレースによる表現

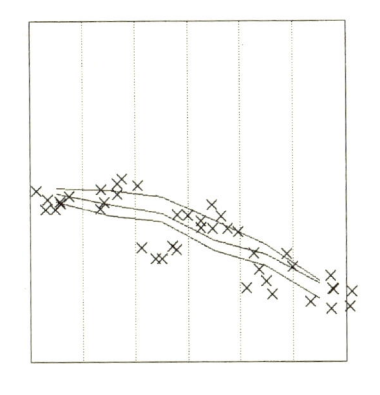

図9.3.3　ボックスプロット形式による表現

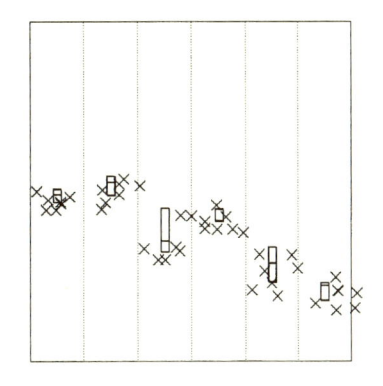

この表現は，Tukey の提唱したボックスプロットの考え方を適用した形になっています．その意味では，各区切りの情報を (Q_1, Q_2, Q_3) に対応するボックスで表わすことも考えられます．図 9.3.3 です．

まず各値域区分ごとにボックスプロットをえがき，それらが系列をなしていることを考慮して，「3 点を 3 線にする」と了解すればよいのです．その際に「移動平均によるスムージングを適用している」のです．

⑦ この方法を意識していたかどうかはわかりませんが，統計調査の結果表現ではかなり前から採用されていました．

たとえば家計調査や賃金センサスにおいて，分布の特性値として，中位値と 2 つの四分位値が集計されています．

たとえば，貯蓄現在高と年収の関係をみようとするとき，年収の区分のそれぞれについて貯蓄現在高の分布表を求めても両者の関係を簡単にはよみとれませんから，分布の情報を 3 点表示 (Q_1, Q_2, Q_3) におきかえ，Q_1, Q_2, Q_3 が年収によってどう動くかをみよう … こういう意図で使われてきたものです．

一例として，世帯の支出総額と食費支出の関係，世帯の支出総額と雑費支出の関係を示す図 (図 9.3.4，9.3.5) をあげておきましょう．

傾向線が直線だという仮定をおいていないため，食費では次第に傾斜が低くなり，雑費では次第に大きくなるといった傾向がよみとれることに注目しましょう．

集計データではひとつひとつの観察単位の情報は利用できません．したがって，これらの図では，値の分布を示す点を (図 9.1.4 のように) 図示できません．その欠点が 3 本の線を使うことによりカバーされているのです．

図 9.3.4　3 線トレースの適用例 (1)

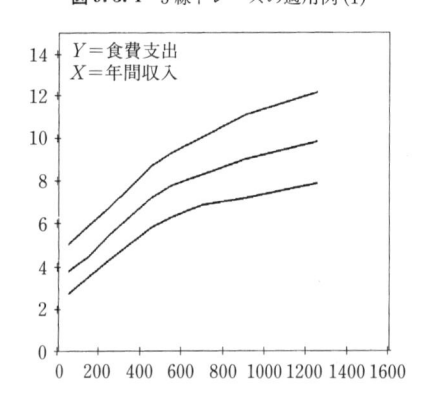

$Y=$ 食費支出
$X=$ 年間収入

図 9.3.5　3 線トレースの適用例 (2)

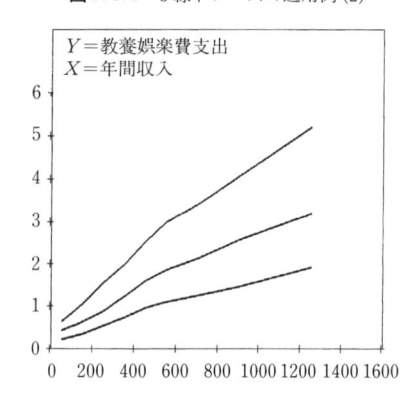

$Y=$ 教養娯楽費支出
$X=$ 年間収入

問題 9

問 1 付表 C.5 (DK80K) を使って，食費支出額と年間収入との関係を示す「中位値・四分位値のトレースライン」および「ボックスプロット形式のグラフ」をかけ．
　この問題では，中位値・四分位値が計算されているので，それを使えばよいものとする．また，各世帯の値は使えないので，それは表示しないものとする．

問 2 (1) 付表 B (DH10V) の食費支出額 (Y) と収入総額 (X) を使って，本文 9.3 節で説明した「中位値・四分位値のトレースライン」(図 9.3.2) および「ボックスプロット形式のグラフ」(図 9.3.3) をかけ．
(2) 平均値と標準偏差を使って，図 9.3.1 の形式のグラフをかいて，(1) のグラフと比較してみよ．
(3) 前章の問 6 でえがいた加重回帰の結果を示すグラフと比較してみよ．
　(1), (2) は XYPLOT2, (3) は REG07 を使うこと

問 3 (1) 付表 G.1 は 80 人のデータであるが，UEDA のデータファイル DE12 には 429 人分のデータが記録されている．これを使って，製造業の規模階級および男女別区分ごとに，年齢別変化をみるための「中位値・四分位値のトレースライン」および「ボックスプロット形式のグラフ」をかけ．
(2) 平均値と標準偏差を使って，図 9.3.1 の形式のグラフをかいて，(1) のグラフと比較してみよ．
(3) (1) のグラフと (2) のグラフを比べ，「(1) のグラフの方がよい」とされる理由を述べよ．

付録A ● 分析例とその資料源

分析例		参照箇所	資料源	付表名
例1	回帰分析の手順例	表 2.1.2〜2.1.5	仮想例	付表 A.2
		図 2.1.6〜2.1.8	資料1	付表 B
	分散分析表	表 2.8.1〜2.8.3	仮想例	付表 A.2
例2	回帰分析の計算手順例	2.5節，2.6節	仮想例	付表 A.1
例3	残差プロットの例	図 2.7.1，図 2.7.4	資料1	付表 B
		図 2.7.2，図 2.7.3	資料6	付表 G.1
		図 2.7.5	資料2	
例4	説明変数と取り上げ方	3.1〜3.7節	資料1	付表 B
例5	ビールの出荷量変動の要因分析	表 4.1.1，表 4.1.2	資料5	付表 F.1
例6	国内総生産の要因分析	表 4.1.3	資料4	付表 E.2
例7	平均賃金比較における年齢の効果補正	表 4.2.3，表 4.2.4	仮想例	
例8	ビール出荷量における気温の影響補正	表 4.3.1	資料5	付表 F.1
例9	家計消費の費目間相関係数の分析	4.4節	資料1	付表 B
例10	平均賃上げ率の要因分析	4.5節	資料12	付表 H
例11	食費支出の分析（集計表の利用）	5.1〜5.4節	資料2	付表 C
例12	ビール出荷量の要因分析	6.1節	資料5	付表 F.1
例13	離婚率の推移の分析と予測	6.2節	資料7	付表 D.3
例14	エネルギー需要の変動要因	6.3節	資料8	付表 E.1
例15	カラーテレビ普及率のレベルレート図	図 6.4.1，図 6.4.3	資料9	付表 I.1
例16	カラーテレビの生産出荷在庫の循環図	図 6.4.2，図 6.4.4	資料10	付表 I.4
例17	東京周辺の人口推移	図 6.4.6	資料11	付表 D.1
例18	横須賀市の人口推移	図 6.5.3	資料12	付表 D.2
例19	オリンピックの記録	図 6.5.4〜6.5.6 と 9.2節	資料13	付表 M
例20	カラーテレビ普及率の推移	7.4節	資料9	付表 I.1
例21	ホームエアコン普及率推移の比較	図 7.4.10〜7.4.13	資料3	付表 I.3
例22	セールスマン増員率と売り上げ増加	8.1〜8.6節	資料14	付表 L
例23	回帰診断のための諸指標	8.3〜8.6節	資料14	付表 L

資料源： 基礎データが掲載されている資料名．
付表名： 基礎データを付録Bに掲載している場合，その表名．

資　　料

資料 1	家計調査モデルデータ 1954 年	非公開
資料 2	総務庁統計局「家計調査年報」	毎年
資料 3	総務庁統計局「全国消費実態調査報告」	毎 5 年
資料 4	経済企画庁「国民経済計算年報」	毎年
資料 5	国税庁「国税統計年報」	毎年
資料 6	労働省「賃金構造基本調査報告」	毎年
資料 7	厚生省「人口動態統計調査年報」	毎年
資料 8	資源エネルギー庁「総合エネルギー統計」	毎年
資料 9	経済企画庁「消費動向調査年報」	毎年
資料 10	通商産業省「工業生産動態調査報告」	毎月
資料 11	総務庁統計局「国勢調査報告書」	毎 5 年
資料 12	蓑谷千凰彦「回帰分析のはなし」，東京図書，1985	
資料 13	S. Chhatterjee, New Lamps for Old : An Exploratory Analysis of Running Times in Olympic Games : *Appl. Statist.* Vol. 31 (1982)	
資料 14	V. Mahajan *et al.*, Parameter Estimation in Marketing Models in Presenc of Influential Data : *J. of Marketting Reseach*, Vol. XXI (1984)	

注：政府刊行物については，省庁再編前の組織名で示している．

付録B ● 付表：図・表・問題の基礎データ

付表 A	仮想例
付表 B	68世帯の家計収支
付表 C	典型的な集計表
付表 D.1	東京50km圏の距離帯別人口推移
付表 D.2	横須賀市の人口推移
付表 D.3	結婚件数・離婚件数の推移
付表 E.1	エネルギー需要と関連指標
付表 E.2	生産関数推定の基礎データ
付表 F.1	ビール販売量と関連指標
付表 F.2	家計におけるビール購入量
付表 G.1	賃金月額
付表 G.2	平均賃金の年齢別推移
付表 H	賃金上昇率と関連要因
付表 I.1	耐久消費財普及率の推移
付表 I.2	ルームクーラー普及率の推移の県別比較
付表 I.3	年間収入階級別耐久消費財普及率の推移
付表 I.4	カラーテレビの生産・出庫・在庫
付表 J	交通事故発生件数の県別比較
付表 K.1	身長・体重の年齢別推移
付表 K.2	身長・体重のクロス表
付表 L	セールスマン増員率と売上げ増加
付表 M	オリンピックの記録（男子陸上）

* それぞれの表に記した資料からの引用です．数字の定義などについては，それぞれの資料を参照してください．
* 数字の表示桁数などをかえたものもあります．
* 数字は，それぞれに付記したファイル名で，UEDAのデータベースに収録されています．
* ファイルには，表示した範囲以外の数字を掲載している場合もあります．

付表 A

付表 A.1 仮想例(1)

世帯番号	Y	X1	X2	X3
1	9642	16043	3	1
2	15321	34024	4	2
3	16453	39951	4	2
4	13238	28815	4	1
5	22406	60030	5	3
6	11901	31233	2	2
7	12305	24512	3	1
8	14445	31491	4	1
9	16330	44385	2	2
10	16930	52907	3	1

Y：食費支出，X1：収入，X2：世帯人員，X3：有業者数，を想定．

[ファイル XX03]

付表 A.2 仮想例(2)

世帯番号	Y	X1	X2
1	1.3	3.4	3
2	1.5	3.6	4
3	1.2	3.5	2
4	1.4	3.9	3
5	1.8	4.0	4
6	1.5	4.1	2
7	1.4	4.2	3
8	1.8	4.4	4
9	1.7	3.7	2
10	1.7	4.1	3

Y：食費支出，X1：収入，X2：世帯人員を想定．

[ファイル XX03]

付表 A.3 仮想例(3)

```
12100   data NOBS=42
12110   data VAR=X of 例3
12120   data 80.08, 61.60, 80.45, 124.09, 108.75, 80.24, 72.73
12130   data 191.82, 166.64, 181.14, 165.87, 155.15, 196.70, 178.19
12140   data 282.49, 267.02, 259.97, 279.92, 271.12, 216.61, 262.52
12150   data 333.33, 364.71, 339.04, 298.51, 289.80, 347.13, 344.11
12160   data 430.89, 386.94, 370.98, 418.18, 391.95, 379.23, 427.64
12170   data 499.35, 478.83, 457.32, 456.82, 524.93, 452.22, 476.32
12200   data NOBS=42
12210   data VAR=Y of 例3
12220   data 394.77, 410.79, 332.93, 409.95, 367.16, 332.19, 377.56
12230   data 349.49, 314.68, 336.94, 321.53, 383.56, 315.67, 327.14
12240   data 414.02, 434.74, 399.58, 407.57, 399.40, 401.88, 363.68
12250   data 371.86, 348.92, 385.30, 395.82, 344.35, 396.36, 415.34
12260   data 430.21, 455.57, 447.24, 436.28, 432.30, 478.04, 432.85
12270   data 516.94, 513.19, 504.10, 525.50, 456.99, 509.89, 461.71
19990   data END
```

UEDA のデータ記録形式である．文番号と DATA は省略可．

[ファイル XX03]

付表B 68世帯の家計収支 (1954年平均)

ID	X1	X6	X7	X8	X9	X10	X11	X12	X13	ID	X1	X6	X7	X8	X9	X10	X11	X12	X13
1	4	399	345	329	99	50	20	103	58	36	4	1198	879	800	211	182	18	31	357
2	2	912	452	402	151	40	12	58	141	37	4	1082	1196	1128	244	71	26	140	647
3	4	398	418	387	181	60	4	38	104	38	3	264	292	270	155	46	4	9	57
4	3	546	468	437	175	71	15	32	141	39	2	600	564	477	133	40	21	92	192
5	3	517	430	382	172	0	5	16	190	40	3	901	637	576	131	18	23	102	302
6	2	400	384	377	141	53	7	40	136	41	4	678	704	657	182	24	17	39	396
7	2	1514	1794	1433	143	217	15	12	1046	42	4	223	262	242	160	22	11	6	43
8	3	694	461	434	213	37	21	20	143	43	5	1305	1293	1152	375	171	18	137	452
9	4	2065	1288	971	236	5	32	11	687	44	5	1663	782	640	252	11	6	4	367
10	5	1085	837	608	214	27	29	31	307	45	4	1210	698	602	251	59	61	31	201
11	4	655	681	582	196	40	20	36	290	46	4	469	481	427	185	2	46	48	145
12	3	846	876	771	225	55	22	64	406	47	6	769	865	745	314	14	38	80	300
13	6	791	710	595	308	18	18	80	174	48	5	945	1381	1259	186	3	19	55	996
14	5	766	747	664	285	11	11	51	306	49	5	792	852	731	312	25	22	36	337
15	4	533	449	414	202	48	20	37	107	50	6	540	687	626	322	57	38	48	161
16	4	784	631	538	226	16	11	52	233	51	2	1106	619	473	104	82	18	5	263
17	2	877	775	346	190	54	15	31	57	52	4	937	658	627	224	54	20	30	299
18	3	475	391	371	166	52	14	46	93	53	5	1092	1207	1151	268	585	37	28	232
19	5	654	646	612	171	8	20	24	388	54	5	1698	1086	982	367	132	39	56	387
20	4	995	836	771	272	155	33	87	224	55	4	551	552	493	212	52	16	4	208
21	4	1142	1036	971	227	149	24	60	512	56	3	477	985	957	146	334	20	381	76
22	7	1444	1420	1386	470	140	31	124	620	57	3	1008	955	855	273	38	46	42	455
23	2	608	484	404	194	54	14	0	142	58	4	1240	747	606	274	3	31	37	262
24	3	713	454	385	231	4	14	37	100	59	7	1226	1033	949	348	1	22	8	569
25	5	752	610	549	269	4	20	54	202	60	5	426	1776	1740	459	1151	15	0	113
26	5	403	420	385	246	5	23	8	104	61	3	1496	1068	897	326	5	10	123	434
27	3	637	400	369	123	19	17	54	156	62	3	880	778	740	240	24	13	120	344
28	4	577	517	434	207	6	8	89	124	63	4	638	709	652	270	20	14	45	302
29	4	720	589	516	155	50	28	72	211	64	4	431	422	376	153	38	19	15	151
30	2	376	354	319	160	3	9	20	127	65	3	417	396	366	141	37	14	29	145
31	4	581	437	383	225	38	17	0	103	66	5	585	652	585	218	43	14	12	298
32	3	782	621	565	284	28	21	51	182	67	2	804	459	394	77	57	11	110	138
33	3	657	961	889	175	26	15	92	581	68	3	627	422	396	160	100	20	5	111
34	5	830	566	448	276	18	24	23	107										
35	3	387	350	327	123	87	5	31	81										

(単位:百円/月)

X1:世帯人員, X6:収入総額, X7:実支出, X8:消費支出総額, X9:食費, X10:被服費, X11:住居費, X12:光熱費, X13:雑費

データファイルには, X2:有業者数, X3~X5:大人, 子供, 乳幼児数も記録されている

[ファイルDH10]

付表C 典型的な集計表

付表 C.1 勤労者世帯の年間収入階級別

年間収入階級	N	X1	X2	X3	Y1	Y2	Y3	Y4	Y5	Y6	Y7
0～99	10	86	2.47	43.5	161	98	91	31948	5453	2145	6286
100～149	68	127	2.76	46.1	269	148	139	43067	7761	3651	9527
150～199	180	177	3.06	42.5	301	160	147	48676	8495	4077	9668
200～249	379	229	3.23	38.9	370	195	175	51797	9285	4086	12036
250～299	572	275	3.41	39.4	417	215	188	56295	11104	4949	13436
300～349	882	324	3.59	39.2	483	247	215	63201	12789	6708	17091
350～399	1068	373	3.68	39.1	542	267	229	65520	14082	7376	18533
400～449	1023	423	3.83	40.4	597	294	248	71309	15190	8115	21483
450～499	993	473	3.87	41.4	660	323	269	74256	17143	10586	23481
500～549	879	522	3.88	42.7	703	343	280	74952	18819	11800	25477
550～599	804	573	3.90	44.0	766	372	303	78309	19945	11773	25223
600～649	665	624	3.92	45.0	820	407	326	82520	23672	16364	31060
650～699	526	672	3.94	45.8	856	415	330	81682	23286	17710	29645
700～749	408	724	3.96	46.0	905	433	338	84417	24255	16170	30096
750～799	300	774	4.11	46.6	961	467	363	86487	23399	17373	33870
800～899	487	844	3.94	47.7	996	486	376	86952	28224	20431	32811
900～999	311	942	4.12	48.7	1105	534	412	90148	31185	21272	42783
1000～	440	1203	4.10	50.3	1362	687	505	97152	46427	25123	46514

N：世帯数，X1：年間収入(万円)，X2：世帯人員，X3：世帯主の年齢，Y1：収入総額(千円)，Y2：実支出(千円)，Y3：消費支出(千円)，Y4：食費支出(円)，Y5：被服費支出(円)，Y6：教育費支出(円)，Y7：教養娯楽費支出(円).

家計調査年報(1984年)
[ファイル DK31]

付表 C.2 勤労者世帯の年間収入十分位階級別

年間収入十分位階級	N	X1	X2	X3	Y1	Y2	Y3	Y4	Y5	Y6	Y7
I	1000	223	3.19	40.4	362	189	169	51362	9441	4206	11787
II	1000	315	3.57	38.9	471	242	211	62058	12469	6525	16363
III	1000	367	3.68	39.0	530	262	224	65111	13509	7333	18013
IV	1000	414	3.80	40.2	587	294	249	70753	15512	8001	21260
V	1000	464	3.88	41.4	653	316	264	73727	16791	9967	22917
VI	1000	516	3.86	42.8	698	341	279	75003	18658	11526	25420
VII	1000	576	3.90	43.8	770	372	302	78294	20453	11787	25993
VIII	1000	648	3.94	45.5	839	412	330	82424	23476	17514	30490
IX	1000	760	3.98	46.5	941	453	352	85208	25466	17800	31741
X	1000	1038	4.07	49.3	1197	593	447	92749	36589	22627	42293

家計調査年報(1984年)
[ファイル DK31A]

付表 C.4(a)　勤労者世帯の年間収入別

年間収入階級区分	世帯数 N	食費支出 X	年間収入 U	世帯人員 V
平均	508883	76663		3.87
～100	679	41229	50	2.69
100～200	9426	47817	150	2.98
200～300	40451	56575	250	3.39
300～400	87825	65105	350	3.63
400～500	106711	73827	450	3.86
500～600	87766	79132	550	3.96
600～800	103478	84465	700	4.03
800～1000	44883	92583	900	4.17
1000～	27664	101532	1200	4.28

各変数値は，年収階級区分の世帯の平均値．ただし，年間収入平均値は集計されていないので，各区分の中央値などと想定．

全国消費実態調査報告(1984年)
[ファイル DK41]

付表 C.4(b)　勤労者世帯の年間収入および世帯人員別

年間収入階級区分	平均	2人	3人	4人	5人	6人	7人
				食料費支出			
平均	76663	56525	67189	80788	88114	92382	95495
～100	41299	36316	43831	50855	56328	×	×
100～200	47817	41851	48668	53739	57131	60483	79787
200～300	56575	47134	53148	61612	68498	72070	77027
300～400	65105	52152	59092	69965	74989	75503	85648
400～500	73827	56320	66993	77101	82009	85525	89015
500～600	79132	60688	69308	82661	88703	90213	87672
600～800	84465	64377	75121	88090	94172	93339	94481
800～1000	92583	66059	81537	96474	100965	100601	108127
1000～	101532	75882	87935	102595	108991	117394	113799
				N 世帯数			
合計	508853	73785	109267	196716	83898	33306	11957
～100	679	383	175	71	50	0	0
100～200	9426	3869	2951	1799	579	143	85
200～300	40451	10341	12224	11878	4391	1156	461
300～400	87825	15131	22485	34637	11849	2988	735
400～500	106711	13485	21986	46629	17396	5229	1986
500～600	87766	11276	16143	36210	15488	6565	2083
600～800	103478	12874	19677	39345	19028	9256	3298
800～1000	44883	4227	8523	16314	9048	4742	1930
1000～	27664	2203	4952	9833	6070	3228	1378

全国消費実態調査報告(1984年)
[ファイル DK45X]

付表 C.3 勤労者世帯の世帯人員別

世帯人員区分	N	X1	X2	X3	Y1	Y2	Y3	Y4	Y5	Y6	Y7
2人	1538	—	2.00	47.7	621	300	241	54225	16435	363	19683
3人	2244	—	3.00	43.3	680	335	271	65517	19145	5966	22102
4人	3920	—	4.00	41.1	719	354	288	77120	19949	15132	25975
5人	1612	—	5.00	42.0	759	379	310	86423	20597	18968	27711
6人	510	—	6.00	41.7	754	375	313	91731	19230	20068	25386
7人	146	—	7.00	42.8	845	405	345	102758	17244	18622	42539
8人	31	—	8.24	38.0	668	351	305	95381	13089	13133	23765

家計調査年報 (1984 年)
[ファイル DK33]

付表 C.5 食費支出額の分布および分布特性値(勤労者世帯)

	世帯数	食費支出金額分布									分布特性値		
		~2.0	2.0~3.5	3.5~5.0	5.0~6.5	6.5~8.0	8.0~9.5	9.5~11.0	11.0~12.5	12.5~	Q1	Q2	Q3
世帯人員													
計	100000	178	3020	11946	20994	23079	18547	11747	5613	4877			
2	14500	108	1524	4478	4180	2559	1021	431	128	72	430	539	675
3	21462	49	909	3797	6326	5074	2943	390	585	389	519	641	797
4	38656	15	395	2592	7270	10019	8814	5511	2348	1692	639	786	948
5	16487	3	148	704	2202	3757	3767	2821	1581	1504	682	853	1040
6	6545	3	32	297	737	1253	1477	1159	767	819	723	888	1091
7	2350	0	12	77	279	417	525	434	204	401	735	919	1111
年間収入													
計	100000	178	3020	11946	20994	23079	18547	11747	5613	4877			
I	10000	106	1261	3049	2997	1618	610	260	65	35	413	528	657
II	10000	19	541	2207	3011	2467	1140	445	104	67	487	608	745
III	10000	6	261	1435	2799	2766	1623	704	262	145	548	676	818
IV	10000	13	245	1061	2480	2780	1931	968	349	172	577	714	862
V	10000	5	223	1045	2154	2656	2024	1213	408	272	597	738	893
VI	10000	18	123	792	1950	2598	2288	1407	506	318	626	774	930
VII	10000	2	129	728	1692	2466	2428	1496	650	428	646	800	956
VIII	10000	5	126	804	1408	2171	2397	1596	871	622	663	828	1002
IX	10000	5	57	511	1430	1999	2284	1690	1099	925	692	862	1053
X	10000	0	54	315	1071	1579	1821	1968	1300	1893	750	964	1171

全国消費実態調査 (1984 年)
[ファイル DK80, DK80X]

付表 C.6 区分別家計支出の推移

区 分	年平均支出額(勤労者世帯)					
	1970年	1975年	1980年	1985年	1990年	1995年
実収入	112949	236152	349686	444846	521757	570817
実支出	91897	186676	282263	360642	412813	438307
消費支出計	82582	166032	238126	289489	331595	349863
A 食 料	26605	49828	66245	74369	79993	78947
B 住 居	4364	8419	11297	13748	16475	23412
C 光熱・水道	3402	6859	12693	17125	16797	19531
D 家具・家事用品	4193	8243	10092	12182	13103	13040
E 被服・履物	7653	14993	17914	20176	23902	21085
F 保健・医療	2141	3957	5771	6814	8670	9334
G 交通・通信	4550	10915	20236	27950	33499	38524
H 教育	2212	4447	8637	12157	16827	18467
I 教養・娯楽	7619	14080	20135	25269	31761	33221
J その他の消費支出	19839	44351	65105	79699	90569	94082

家計調査年報
[ファイル DK30]

付表 C.7 消費者物価指数の推移

区 分	ウエイト	指 数 値(1980年基準)						45~49歳の世帯でのウエイト
		1981年	1982年	1983年	1984年	1985年	1986年	
総 合	10000	104.9	107.7	109.7	112.1	114.4	114.9	10000
A 食 料	3846	105.3	107.2	109.4	112.5	114.4	114.6	3795
B 住 居	519	104.0	107.1	110.3	113.2	116.2	119.9	392
C 光熱・水道	628	107.7	111.5	111.2	111.0	110.6	105.1	597
D 家具・家事用品	523	104.5	105.3	106.0	106.9	107.6	107.6	450
E 被服・履物	960	104.0	107.0	109.5	112.3	116.1	118.7	1005
F 保健・医療	311	102.8	105.8	107.2	111.0	117.5	119.7	264
G 交通・通信	1113	103.4	108.7	107.8	108.8	111.1	110.3	1069
H 教育	411	107.5	114.1	119.7	124.9	130.5	135.2	778
I 教養・娯楽	1157	105.0	107.0	109.6	111.8	114.1	115.8	1119
J 雑 費	532	104.5	106.4	110.5	113.6	114.5	116.8	531

消費者物価指数統計年報
[ファイル DU10]

付表 D

付表 D.1　東京 50 km 圏の距離帯別人口推移

	人口数	距離帯別構成比				
		0〜10	10〜20	20〜30	30〜40	40〜50
60	15788	29.4	24.2	19.5	16.2	14.2
65	18908	33.4	35.0	33.0	31.1	29.8
70	21954	13.2	15.5	18.3	19.9	20.4
75	24761	12.1	14.0	17.7	20.3	21.8
80	26343	11.8	11.2	11.5	12.5	13.7

付表 D.2　横須賀市の人口推移

```
10000  '        ******************************
10002  '        *         横須賀市の人口推移              *
10003  '        *         対象年次  1945 TO 1959        *
10005  '        *         厚生省人口動態統計調査  DD20     *
10010  '        ******************************
10100  data VAR＝人口総数
10110  data NOBS＝15
10120  data 347659, 351515, 361555, 369503, 376619, 385717, 390989, 398477, 406985, 413678
10130  data 419864, 423082, 425821, 427467, 427534
```

付表 D.3　結婚件数・離婚件数の推移

```
10000  '        ******************************
10001  '        *      結婚件数・離婚件数・出生数の推移        *
10003  '        *         対象年次  1947 TO 1980        *
10005  '        *         厚生省人口動態統計調査  DF01     *
10010  '        ******************************
10080  data VAR＝結婚件数
10090  data NVAR＝44
10100  data 934170, 953999, 842170, 715084, 671905, 676995, 682077, 697809, 714861
10110  data 715934, 773362, 826902, 847135, 866115, 890158, 928341, 937516, 963130
10120  data 954852, 940120, 953096, 956312, 984142, 1029405, 1091229, 1099984, 1071923
10130  data 1000455, 941628, 871543, 821029, 793257, 788505, 774702, 776531, 781252
10140  data 762552, 739991, 735850, 710962, 696173, 707716, 708316, 722138
11050  data VAR＝離婚件数
11060  data NOBS＝44
11100  data 79551, 79032, 82575, 83689, 82331, 79021, 75255, 76759, 75267
11120  data 72040, 71651, 74004, 72455, 69410, 69323, 71394, 69996, 72306
11130  data 77195, 79432, 83478, 87327, 91280, 95937, 103595, 108382, 111777
11140  data 113622, 119135, 124512, 129485, 132146, 135250, 141689, 154221, 163980
11150  data 179150, 178746, 166640, 166054, 158227, 153600, 157811, 157608
12050  data VAR＝出生件数
12060  data NOBS＝44
12100  data 2678792, 2681624, 2696638, 2337507, 2137689, 2005162, 1868040, 1769580, 1730692
12110  data 1665278, 1566713, 1653469, 1626088, 1606041, 1589372, 1618616, 1659521, 1716761
12120  data 1823697, 1360974, 1935647, 1871839, 1889815, 1934239, 2000973, 2038682, 2091983
12130  data 2029989, 1901440, 1832617, 1755100, 1708643, 1642580, 1576889, 1529455, 1515392
12140  data 1508687, 1489780, 1431577, 1382946, 1346658, 1314006, 1246802, 1221585
```

付表 E

付表 E.1 エネルギー需要と関連指標

年度	X	U	V	V/H	X*	U*	V*	V*/H	H
1965	146	32.9	56589	229	108.538	(22.3)	(65399)	265.2	24657
1966	166	38.5	62337	244	123.604	(26.1)	(72042)	282.3	25520
1967	190	45.5	68205	258	141.333	(30.8)	(78825)	298.5	26403
1968	214	52.4	74745	276	158.642	(35.5)	(86382)	318.6	27115
1969	250	61.2	81867	290	186.387	(41.5)	(94614)	335.4	28206
1970	284	67.8	87404	300	211.226	(46.0)	101014	346.6	29146
1971	297	69.1	92825	309	223.535	(46.8)	107264	357.2	30027
1972	322	76.2	102556	332	240.305	(51.7)	118662	384.6	30853
1973	354	85.7	109108	342	265.234	58.1	125784	394.2	31908
1974	345	77.3	110479	339	257.878	52.4	127551	390.9	32628
1975	341	73.9	114689	344	251.083	50.1	132481	397.7	33310
1976	362	81.9	119296	352	266.319	55.5	137200	404.6	33911
1977	366	84.5	123981	361	265.245	57.3	142556	414.6	34380
1978	380	90.4	131784	378	273.315	61.3	151443	434.4	34859
1979	390	97.6	138536	381	279.583	66.2	159290	438.2	36350
1980	373	99.7	139654	390	264.508	67.5	160346	447.5	35831
1981	364	101.7	142400	392	257.005	68.9	163800	450.7	36347
1982	355	101.1	148532	403	248.806	68.5	171499	465.3	36859
1983	368	107.6	152956	409	260.326	72.4	176716	472.2	37426
1984					267.452	78.4	181126	477.5	37935
1985					270.630	80.4	187665	488.0	38457
1986					271.685	80.2	194824	499.7	38988
1987					284.656	85.1	202905	513.2	39536
1988					300.992	92.5	214162	535.1	40025
1989					311.252	96.5	222225	547.9	40561

X:最終エネルギー消費(単位 10^{10} kcal)
X*:同上の新推計値(資源エネルギー庁「総合エネルギー統計」)
U:鉱工業生産指数(1980年基準)
U*:同上(1990年基準)(通商産業省「工業生産動態調査報告」)
V:家計最終消費支出(1980年基準価格 10億円)
V*=同上(1990年基準価格 10億円)(経済企画庁「国民経済計算年報」)
H:世帯数(各前年度末 1000世帯)(自治省「住民基本台帳人口要覧」)
( )をつけた数字はリンク係数を使って計算したもの.

[ファイル DT10, DT10NEW]

付表 E.2　生産関数推定の基礎データ

```
20000  '           * * * * * * * * * * * * * * * * * * * * * * * * *
20001  '           *              生産関数の推定              *
20002  '           *                  DU40.DAT                 *
20003  '           *       Y＝国内総生産　（国民経済計算年報）    *
20004  '           *       K＝資本ストック（国民経済計算年報）    *
20005  '           *       L＝労働量　　（年間総労働時間）       *
20006  '           *             for 1965-1980 歴年            *
20009  '           * * * * * * * * * * * * * * * * * * * * * * * * *
20190  data NOBS=16
20200  data VAR=Y
20201  data 68.99, 76.32, 84.57, 95.32, 107.03, 117.59, 123.10, 134.15, 145.98
20202  data 144.17, 147.65, 155.50, 163.75, 172.13, 181.14, 188.73
20210  data VAR=K
20211  data 70.95, 77.26, 85.75, 96.81, 110.09, 125.96, 142.42, 160.29, 178.95
20212  data 195.06, 209.41, 222.19, 235.46, 249.25, 265.92, 283.64
20220  data VAR=L
20221  data 66.58, 69.39, 71.12, 72.80, 72.92, 74.48, 76.01, 76.79, 79.38
20222  data 76.89, 75.44, 78.11, 79.35, 80.29, 82.46, 84.36
20300  data VAR=log Y
20301  data 1.8388, 1.8826, 1.9272, 1.9792, 2.0295, 2.0704, 2.0903, 2.1276, 2.1643
20302  data 2.1589, 2.1692, 2.1917, 2.2142, 2.2359, 2.2580, 2.2758
20310  data VAR=log K
20311  data 1.8509, 1.8880, 1.9332, 1.9859, 2.0417, 2.1002, 2.1536, 2.2049, 2.2527
20312  data 2.2902, 2.3210, 2.3467, 2.3719, 2.3966, 2.4247, 2.4528
20320  data VAR=log L
20321  data 1.8233, 1.8413, 1.8520, 1.8621, 1.8628, 1.8720, 1.8809, 1.8853, 1.8997
20322  data 1.8859, 1.8776, 1.8927, 1.8995, 1.9047, 1.9162, 1.9261
20330  data END
```

付表 F

付表 F.1 ビール販売量と関連指標

```
20000  '        * * * * * * * * * * * * * * * * * * * * * * * * *
20001  '        *           ビール消費の動向                      *
20002  '        *                  DT31.DAT                       *
20003  '        *     X1  ビール消費 (課税移出数量)                *
20004  '        *     X2  家計可処分所得/実質 (国民経済計算)       *
20005  '        *     X3  東京の平均気温                           *
20006  '        *        1975 年から 1983 年まで各 1-3 4-6 7-9 10-12 月 *
20007  '        *     参考  簑谷千凰彦「回帰分析のはなし」東京図書  *
20010  '        * * * * * * * * * * * * * * * * * * * * * * * * *
20100  data  VAR＝ビール消費   for 1975-1983
20110  data  620.7, 1186.9, 1270.6, 849.4, 536.0, 1158.1, 1183.1, 762.4
20120  DATA  584.3, 1260.4, 1338.0, 891.9, 700.4, 1352.7, 1456.6, 895.5
20130  DATA  651.6, 1373.3, 1449.3, 998.6, 839.1, 1329.1, 1344.0, 999.3
20140  DATA  818.1, 1380.0, 1425.5, 986.7, 709.0, 1534.0, 1413.5, 1077.0
20150  DATA  739.6, 1511.4, 1816.3, 841.6
20200  data  VAR＝家計可処分所得  for 1975-1983
20210  data  211.397, 257.999, 266.845, 339.575, 223.099, 271.143, 269.841, 352.532
20220  DATA  221.728, 276.821, 277.535, 363.041, 235.670, 295.782, 281.616, 374.106
20230  DATA  239.929, 311.707, 296.380, 379.140, 247.185, 320.533, 298.714, 384.019
20240  DATA  247.605, 328.305, 300.850, 388.951, 251.748, 331.268, 308.487, 396.652
20250  DATA  259.137, 345.571, 320.130, 403.716
20300  data  VAR＝東京の平均気温  for 1975-1983
20310  data  5.9, 18.2, 26.0, 12.2, 7.1, 17.4, 23.7, 12.0
20320  DATA  5.9, 18.2, 25.0, 14.1, 6.2, 18.9, 26.3, 12.9
20330  DATA  8.3, 19.0, 25.6, 14.7, 6.3, 18.8, 23.4, 13.0
20340  DATA  6.2, 17.2, 24.8, 11.9, 7.1, 18.7, 24.2, 13.9
20350  DATA  7.0, 18.7, 24.8, 12.4
```

付表 F.2 家計におけるビール購入量（月別）

```
20000   ' ********************************* 
20001   ' *                                                    *
20002   ' *            ビール購入量                             *
20003   ' *              DT32.DAT                               *
20004   ' *   X1 ビール購入量（家計調査全世帯） 単位633ML（世帯あたり月平均） *
20006   ' *        1975年から1983年まで各月                    *
20008   ' *                              [家計調査年報/総務庁統計局] *
20010   ' *********************************
20090   data NOBS=144
20100   data VAR=ビール購入量 for 1975-1983
20110   data 2.76, 2.85, 4.11, 5.97, 7.31, 7.83, 10.07, 11.24, 8.38, 4.74, 3.33, 5.74
20120   data 2.50, 2.85, 4.30, 5.23, 7.94, 8.40, 10.14, 10.29, 6.36, 5.07, 4.12, 6.85
20130   data 2.55, 3.15, 4.30, 9.08, 4.83, 6.61, 11.00, 10.63, 5.97, 4.82, 3.36, 6.25
20140   data 2.59, 3.32, 5.00, 6.04, 6.56, 8.39, 10.37, 10.19, 6.26, 5.09, 3.78, 6.28
20150   data 2.476, 2.869, 3.973, 4.754, 6.785, 8.957, 11.186, 11.488, 7.103, 5.551, 4.203, 6.668
20160   data 2.856, 2.811, 3.949, 8.349, 5.770, 7.801, 11.462, 11.792, 6.566, 4.635, 3.462, 5.663
20170   data 2.136, 2.337, 3.587, 4.714, 6.209, 7.240, 10.865, 9.786, 6.676, 4.874, 3.615, 5.981
20180   data 2.241, 1.915, 3.219, 4.035, 5.558, 7.207, 9.821, 9.495, 4.964, 3.705, 2.810, 4.941
20190   data 2.096, 2.507, 4.327, 4.682, 6.288, 7.147, 10.384, 9.591, 6.668, 3.783, 2.805, 5.278
```

付表 G

付表 G.1　賃金月額（疑似個別データ）

```
20000  '          * * * * * * * * * * * * * * * * * * * * * * * * * *
20001  '          *            年令 8 区分 (020-24/25-29/…/55-59)        *
20002  '          *                      DE11                          *
20002  '          *            対象     製造業     男＋女                 *
20003  '          *            年次     83 年                           *
20004  '          * * * * * * * * * * * * * * * * * * * * * * * * * *
20010    data SET＝給与月額 & 年齢 for 製造業/83 年
20020    data NOBS＝80/NVAR＝2
20030    data 142, 20, 126, 20, 118, 20, 97, 20, 131, 20
20080    data 134, 20, 150, 20, 224, 20, 116, 20, 132, 20
20150    data 217, 25, 153, 25, 167, 25, 170, 25, 149, 25
20200    data 112, 25, 206, 25, 147, 25, 114, 25, 178, 25
20270    data 217, 30, 134, 30, 272, 30, 162, 30, 187, 30
20320    data 276, 30, 207, 30, 224, 30, 105, 30, 119, 30
20370    data 181, 30, 160, 30, 301, 35, 215, 35, 221, 35
20440    data 176, 35, 237, 35, 102, 35, 208, 35, 327, 35
20490    data 191, 35, 194, 35, 202, 35, 136, 35, 251, 40
20560    data 165, 40, 198, 40, 169, 40, 103, 40, 138, 40
20610    data 228, 40, 279, 40, 225, 40, 406, 40, 296, 40
20660    data 121, 40, 295, 45, 247, 45, 95, 45, 224, 45
20740    data 233, 45, 378, 45, 141, 45, 426, 45, 306, 45
20790    data 309, 45, 231, 45, 208, 50, 335, 50, 257, 50
20860    data 220, 50, 226, 50, 178, 50, 433, 50, 290, 50
20930    data 94, 55, 256, 55, 265, 55, 183, 55, 312, 55
20980    data END
```

付表 G.2　平均賃金の年齢別推移

年齢区分	X1	X2	X3	X4	X5	X6	X7	X8
20～24	175.3	196.7	152.2	188.4	183.3	198.2	158.6	190.4
25～29	210.7	227.6	164.9	210.8	220.9	235.2	179.7	214.0
30～34	246.0	283.2	159.1	235.0	262.2	293.8	194.7	235.8
35～39	287.0	346.1	158.3	250.0	306.1	346.3	193.6	262.9
40～44	324.1	425.2	161.2	273.8	348.9	429.6	202.7	268.4
45～49	365.3	506.0	164.0	324.0	404.7	490.9	209.1	292.2
50～54	369.7	570.9	164.3	394.4	401.1	561.9	207.3	323.3
55～59	335.2	541.6	164.3	323.2	374.6	514.3	207.0	254.4

X1：製造業・男・高卒，X2：製造業・男・大卒，X3：製造業・女・高卒，X4：製造業・女・大卒，
X5：商業・男・高卒，X6：商業・男・大卒，X7：商業・女・高卒，X8：商業・女・大卒

労働省賃金センサス
［ファイル DE40］

付表 H 賃金上昇率と関連要因

```
10000   '       ***********************************
10001   '       *           賃金上昇率と関連要因              *
10002   '       *                   DU70                *
10003   '       *       Y      春期賃上げ率                  *
10004   '       *       X1     有効求人倍率                  *
10005   '       *       X2     物価指数の変化率                *
10006   '       *       X3     売上げ高経常利益率（製造業）       *
10007   '       *       年次    1960年/1983年              *
10008   '       *          [蓑谷千凰彦・回帰分析のはなし]        *
10009   '       ***********************************
10100   data NOBS=24
10110   data VAR=Y
10120   data 8.7, 13.8, 10.7, 9.1, 12.4, 10.6, 10.6, 12.5, 13.6, 15.8, 18.5, 16.9, 15.3
10130   data 20.1, 32.9, 13.1, 8.8, 8.8, 5.9, 6.0, 6.9, 7.7, 7.0, 4.5
10210   data VAR=X1
10220   data 0.59, 0.74, 0.68, 0.70, 0.80, 0.64, 0.73, 1.00, 1.12, 1.30, 1.41, 1.12, 1.16
10230   data 1.76, 1.20, 0.61, 0.64, 0.56, 0.56, 0.71, 0.75, 0.68, 0.61, 0.60
10310   data VAR=X2
10320   data 3.6, 5.3, 6.8, 7.6, 3.9, 6.6, 5.1, 4.0, 5.3, 5.2, 7.7, 6.1, 4.5
10330   data 11.7, 24.5, 11.8, 9.3, 8.1, 3.8, 3.6, 8.0, 4.9, 2.7, 1.9
10410   data VAR=X3
10420   data 7.10, 7.19, 6.31, 5.03, 6.04, 4.93, 4.29, 5.73, 6.09, 5.84, 6.19, 5.42, 3.77
10430   data 4.53, 5.91, 3.28, 1.05, 2.93, 2.88, 3.49, 4.53, 4.19, 3.36, 3.40
10990   data END
```

付表 I

付表 I.1　耐久消費財普及率の推移

年次	X1	X2	X3	X4	X5	X6
1964		38.2		1.7		
1965		51.4		2.0		
1966	14.3	61.6		2.0	0.3	0.3
1967	16.7	69.7		3.8	1.6	1.6
1968	21.4	77.6		3.9	5.4	5.4
1969	28.6	84.6		4.7	13.9	13.9
1970	37.4	89.1	2.1	5.9	26.3	26.3
1971	46.0	91.2	3.0	7.7	42.3	43.5
1972	50.4	91.6	5.0	9.3	61.1	64.7
1973	57.6	94.7	7.5	12.9	75.8	82.5
1974	63.4	96.5	11.3	12.4	85.9	97.6
1975	67.2	96.7	15.8	17.2	90.3	107.9
1976	69.1	97.9	20.8	19.5	93.7	117.2
1977	71.2	98.4	22.6	25.7	95.4	125.5
1978	72.9	99.4	27.3	29.9	97.7	131.0
1979	75.6	99.1	30.6	35.5	97.8	136.1
1980	76.1	99.1	33.6	39.2	98.2	141.4
1981	77.3	99.2	37.4	41.2	98.5	150.9
1982	77.1	99.5	39.9	42.2	98.9	152.9
1983	68.1	99.0	37.2	49.6	98.8	158.6
1984	69.7	98.7	40.8	49.3	99.2	163.8
1985	68.0	98.4	42.8	52.3	99.1	176.6
1986	69.3	98.4	45.3	54.6	98.9	174.7
1987	68.9	97.9	52.2	57.0	98.7	180.2
1988	67.1	98.3	57.0	59.3	99.0	187.7
1989	65.7	98.6	64.3	63.3	99.3	196.9
1990	65.0	98.2	69.7	63.7	99.4	196.4
1991	62.1	98.9	75.6	68.1	99.3	201.3
1992	62.9	98.1	79.2	69.8	99.0	203.6
1993	58.4	98.0	81.3	72.3	99.1	208.8
1994	60.1	97.9	84.3	74.2	99.0	213.5
1995	58.3	97.8	87.2	77.2	98.9	212.7

X1：ガス湯沸し器普及率(66～95年)，X2：電気冷蔵庫普及率(64～95年)，X3：電子レンジ普及率(70～95年)，X4：ホームエアコン普及率(64～90年)，X5：カラーテレビ普及率(66～95年)，X6：カラーテレビ保有率(66～95年)

消費動向調査年報(平成7年版)
［ファイルDT20］

付表 I.2　ルームクーラー普及率の推移の県別比較

		76	77	78	79	80	81	82	83	84	85	86	87
01	北海道	0.9	1.5	1.7	1.7	2.4	2.7	2.6	2.1	2.8	2.7	2.5	2.9
02	青森	2.1	3.0	5.0	5.9	5.0	5.0	6.1	5.9	2.9	7.7	5.2	6.9
03	岩手	2.3	4.3	4.4	4.1	6.3	7.2	7.6	5.9	8.6	7.2	8.5	11.2
04	宮城	3.8	5.5	7.7	9.9	11.4	13.4	13.2	14.4	14.8	17.4	15.7	19.5
05	秋田	3.9	5.6	5.7	10.3	7.3	12.3	10.8	9.6	9.2	9.5	15.0	18.8
06	山形	10.1	8.7	10.1	15.7	13.3	18.9	18.2	17.2	22.0	22.3	24.2	27.1
07	福島	5.3	5.8	11.8	12.7	11.6	12.7	13.6	18.0	17.1	18.9	26.5	25.3
08	茨城	12.0	15.5	18.5	25.5	24.9	28.7	26.8	30.6	35.5	37.5	39.4	43.1
09	栃木	16.2	17.3	23.4	26.1	31.1	29.2	31.1	36.8	38.5	38.6	46.4	48.3
10	群馬	18.9	21.7	32.7	33.5	34.4	37.6	41.3	44.4	48.3	51.5	52.4	62.4
11	埼玉	32.5	36.6	44.8	52.4	58.9	60.2	62.0	64.7	72.3	68.7	73.2	77.0
12	千葉	21.3	24.8	30.0	36.0	40.8	45.7	46.0	47.7	53.6	53.4	53.3	61.4
13	東京	40.7	44.0	48.0	54.2	55.8	62.0	61.4	65.4	69.1	70.8	71.2	76.5
14	神奈川	25.0	27.4	32.4	39.2	41.4	46.5	48.0	49.0	51.4	59.7	60.7	64.6
15	新潟	16.7	21.5	28.0	29.4	30.2	37.3	34.4	43.6	40.8	41.2	46.8	52.5
16	富山	20.3	24.1	30.8	35.2	38.7	44.9	46.1	50.4	49.9	53.7	60.1	61.1
17	石川	27.4	31.2	32.6	35.7	38.2	42.4	47.3	49.1	50.2	53.3	59.8	63.2
18	福井	27.9	31.8	31.9	45.9	47.0	50.0	55.7	43.8	59.4	69.5	65.3	65.2
19	山梨	11.4	16.4	15.7	17.7	22.4	26.9	19.5	19.9	23.3	26.0	23.0	29.4
20	長野	4.1	5.4	8.7	7.8	11.0	13.6	11.2	12.3	15.1	15.9	14.3	18.0
21	岐阜	27.8	29.1	33.3	41.5	39.4	39.8	43.3	53.8	52.8	52.8	57.3	60.4
22	静岡	18.1	22.6	27.4	31.6	35.7	37.4	36.8	39.2	42.6	46.0	50.1	52.6
23	愛知	39.6	43.4	51.4	58.0	59.2	65.8	64.3	67.8	70.0	70.1	75.7	74.7
24	三重	31.3	35.0	37.4	48.6	47.1	54.3	53.5	57.9	59.0	60.9	67.3	70.4
25	滋賀	27.0	31.5	39.7	42.2	44.6	51.1	49.3	57.9	56.8	66.2	65.2	69.3
26	京都	47.3	55.5	59.9	66.3	71.3	70.3	70.7	73.0	78.2	79.0	84.9	79.3
27	大阪	57.6	64.5	70.8	73.9	77.8	79.4	79.3	81.8	85.0	85.8	86.3	89.6
28	兵庫	41.7	43.6	52.3	58.0	61.6	62.2	62.0	67.0	68.9	69.5	73.5	76.3
29	奈良	41.3	41.1	46.8	62.6	65.2	65.3	67.1	65.7	75.0	74.0	76.3	79.8
30	和歌山	39.3	38.8	41.6	53.4	50.7	58.7	58.8	62.2	63.8	62.1	62.0	70.2
31	鳥取	24.4	26.1	31.1	32.3	36.3	32.6	35.1	38.2	49.2	42.7	54.1	55.9
32	島根	13.0	22.2	25.1	20.7	31.4	36.7	31.4	36.1	46.6	46.4	50.9	53.3
33	岡山	42.5	46.5	55.7	49.6	55.9	61.4	56.1	60.5	62.4	66.2	74.4	64.8
34	広島	36.9	42.6	48.8	52.3	57.4	58.7	56.6	61.9	60.0	64.0	67.4	73.9
35	山口	23.1	28.8	32.6	36.1	42.9	37.7	46.1	48.4	49.1	52.1	56.6	58.5
36	徳島	25.4	31.8	31.2	39.8	39.8	39.4	54.9	58.3	56.3	59.9	64.6	70.3
37	香川	43.8	45.7	54.1	53.3	57.7	69.0	65.0	65.8	68.1	75.7	73.7	80.4
38	愛媛	25.2	35.9	31.1	37.3	35.0	35.8	52.5	45.2	43.2	56.2	62.9	57.0
39	高知	25.8	24.1	30.2	26.9	38.5	33.9	37.9	41.6	39.5	44.0	47.6	52.8
40	福岡	27.5	36.6	41.3	50.4	52.2	57.0	56.5	63.7	64.9	65.6	69.7	70.9
41	佐賀	23.2	27.6	36.4	43.5	46.5	49.6	40.5	50.7	62.3	60.3	67.6	69.9
42	長崎	13.7	16.0	21.3	26.0	31.7	33.4	32.6	45.2	49.3	49.2	48.8	52.1
43	熊本	24.0	21.3	32.5	41.2	43.1	45.1	46.4	44.4	55.7	52.1	57.8	57.7
44	大分	21.9	17.8	30.2	29.6	29.7	38.0	38.8	41.8	48.5	47.3	51.8	48.7
45	宮崎	12.0	15.6	25.7	23.9	28.5	28.5	30.4	38.4	45.3	43.2	48.2	48.4
46	鹿児島	14.1	18.9	17.8	23.1	28.8	31.0	37.5	34.2	44.4	32.9	46.9	47.4
47	沖縄	19.3	23.6	30.0	28.8	44.8	39.9	33.3	40.3	43.8	45.5	55.0	63.2

「民力」朝日新聞社
［ファイル DT24］

付表 I.3 年間収入階級別耐久消費財普及率の推移

年次	年間収入五分位階級別				
	電子レンジ				
1974	6.7	9.2	11.8	14.1	22.4
1979	21.9	25.1	29.6	31.9	41.7
1984	37.9	48.0	52.4	55.1	64.1
1989	59.3	70.3	73.7	77.7	83.4
1994	81.1	89.1	91.3	92.2	94.4
	ホームエアコン				
1964	0.8	1.1	1.4	1.9	7.1
1969	2.4	3.3	4.7	7.0	16.9
1974	12.1	17.1	21.4	25.7	39.4
1979	34.6	44.0	46.1	50.1	59.3
1984	40.6	51.8	55.4	57.2	66.6
1989	50.9	60.8	66.2	67.6	77.6
1994	69.2	77.5	80.4	81.7	86.9

全国消費実態調査
[ファイルDT22]

原資料で十分位階級別になっているところは，五分位階級別に編成替え．

付表 I.4 カラーテレビの生産・出庫・在庫

```
10000  ' ******************************************
10001  ' *                    DT52                    *
10003  ' *   X1 月間生産台数 X2 月間出荷台数 X3 月末在庫台数 単位 万台 *
10007  ' *       対象年月 75.70〜77.12      [工業生産動態調査/通産省]  *
10009  ' ******************************************
10020  data NOBS=30
10100  data VAR=生産(月間)万台
10110  data 76.7, 69.6, 81.6, 81.2, 86.9, 90.0
10111  data 68.3, 84.3, 88.0, 93.0, 86.5, 96.8, 102.2, 91.5, 97.4, 97.1, 107.2, 102.4
10113  data 75.8, 79.2, 82.9, 91.8, 87.4, 93.5, 84.3, 70.0, 77.9, 79.8, 82.6, 82.4
10120  data VAR=出荷(月間)万台
10130  data 70.0, 67.4, 85.2, 76.5, 93.6, 106.9
10131  data 59.3, 67.7, 83.0, 87.4, 95.3, 89.4, 98.1, 83.5, 98.5, 94.0, 116.7, 121.4
10133  data 65.8, 71.7, 85.0, 88.3, 84.3, 83.5, 73.2, 68.4, 84.1, 77.5, 85.3, 102.9
10140  data VAR=在庫(月末)万台
10150  data 72.4, 74.6, 70.9, 75.3, 68.6, 51.8
10151  data 60.9, 77.5, 82.6, 88.1, 79.3, 86.6, 90.6, 98.7, 97.6, 100.7, 90.1, 71.2
10153  data 81.2, 88.7, 86.7, 90.2, 93.2, 103.2, 114.4, 115.9, 109.7, 112.0, 109.3, 88.5
```

付表 J　交通事故発生件数の県別比較

```
10000   ' *******************************
10001   ' *         交通事故発生率分析用データセット         *
10002   ' *                 KOTSU70.DAT                   *
10003   ' *            対象年次　70 年                     *
10004   ' *          Y＝県別交通事故発生数                  *
10005   ' *          Xi＝説明変数 8 種                     *
10006   ' *       ほかに，比率におきかえたデータなど       *
10007   ' *        ［社会生活統計指標より/総務庁統計局］    *
10008   ' *******************************
11010   data NOBS＝46
11020   data VAR.U1＝交通事故発生数 ─ 70 年（百件）
11030   data 300.42, 79.98, 65.87, 95.18, 56.64, 54.54, 131.03, 140.92, 131.79, 120.51
11140   data 247.69, 194.60, 651.78, 333.54, 137.00, 65.51, 88.93, 62.47, 61.88, 107.85
11150   data 123.84, 276.54, 376.45, 102.89, 80.55, 250.66, 529.68, 404.54, 53.22, 100.51
11160   data 45.19, 40.67, 136.22, 255.49, 101.69, 73.57, 84.16, 73.00, 60.77, 375.78
11170   data 75.18, 80.33, 119.05, 71.65, 62.32, 98.72
11210   data NOBS＝46
11220   data VAR.U2＝自動車保有台数 ─ 70 年（千台）
11230   data 89.76, 19.35, 18.27, 29.31, 17.65, 21.01, 28.93, 38.53, 30.03, 38.79
11240   data 59.64, 52.41, 221.32, 84.39, 39.46, 20.79, 20.18, 15.78, 16.48, 42.13
11250   data 42.10, 71.18, 131.66, 31.85, 17.63, 41.59, 135.83, 74.37, 16.03, 21.56
11260   data 10.01, 12.24, 35.65, 49.01, 28.24, 15.00, 18.13, 23.83, 16.14, 70.21
11270   data 14.47, 19.00, 28.25, 19.66, 19.89, 24.16
11310   data NOBS＝46
11320   data VAR.U3＝道路実延長 ─ 70 年（千 km）
11330   data 67.865, 14.043, 28.645, 18.689, 20.172, 11.282, 35.241, 59.451, 16.680, 33.579
11340   data 45.197, 33.090, 20.512, 20.049, 39.279, 8.405, 10.380, 7.729, 19.533, 46.225
11350   data 26.292, 34.231, 37.981, 22.008, 9.337, 14.894, 14.764, 27.354, 12.300, 12.391
11360   data 6.533, 18.830, 30.442, 23.868, 12.438, 12.557, 8.350, 14.553, 13.318, 32.738
11370   data 8.201, 15.358, 20.675, 13.320, 14.683, 19.477
11510   data NOBS＝46
11520   data VAR.U5＝交道違反検挙件数 ─ 70 年（万件）
11530   data 27.53, 4.23, 5.48, 7.76, 8.09, 3.75, 7.90, 9.44, 6.32, 10.67
11540   data 12.34, 11.33, 60.39, 7.89, 7.27, 5.41, 6.31, 1.18, 2.63, 10.12
11550   data 6.41, 19.70, 41.94, 7.75, 4.43, 18.21, 43.62, 26.66, 4.54, 5.30
11560   data 3.08, 2.47, 14.75, 23.42, 12.84, 3.58, 6.96, 5.18, 4.79, 22.10
11570   data 3.28, 5.68, 5.85, 8.57, 5.34, 5.38
```

11610 data NOBS=46
11620 data VAR.U8=横断歩道数 — 70 年 (箇所)
11630 data 7411, 1394, 0, 1993, 1501, 2328, 2163, 2356, 2339, 3007
11640 data 5079, 3064, 19646, 9046, 2645, 1670, 1396, 1300, 1092, 2320
11650 data 2552, 5900, 10373, 2522, 1664, 3799, 12393, 6215, 1196, 2006
11660 data 743, 1053, 2420, 3080, 2131, 782, 1012, 1847, 1123, 4869
11670 data 982, 1725, 2352, 1893, 1521, 1933
11810 data NOBS=46
11820 data VAR.U6=人口 — 70 年 (十万人)
11830 data 51.84, 14.28, 13.71, 18.19, 12.41, 12.26, 19.46, 21.44, 15.80, 16.59
11840 data 38.66, 33.67, 114.08, 54.72, 23.61, 10.30, 10.04, 7.44, 7.62, 19.57
11850 data 17.59, 30.90, 53.86, 15.43, 8.90, 22.50, 76.20, 46.68, 9.30, 10.43
11860 data 5.69, 7.74, 17.07, 24.36, 15.11, 7.91, 9.08, 14.18, 7.87, 40.27
11870 data 8.38, 15.70, 17.00, 11.55, 10.51, 17.29
11910 data NOBS=46
11920 data VAR.U7=面積 — 70 年 (万平方 km)
11930 data 83.513, 9.614, 15.277, 7.291, 11.609, 9.326, 13.782, 6.090, 6.414, 6.356
11940 data 3.799, 5.114, 2.145, 2.391, 12.577, 4.252, 4.196, 4.188, 4.463, 13.585
11950 data 10.596, 7.772, 5.114, 5.774, 4.016, 4.613, 1.858, 8.363, 3.692, 4.722
11960 data 3.492, 6.629, 7.079, 8.455, 6.095, 4.145, 1.879, 5.664, 7.107, 4.946
11970 data 2.418, 4.102, 7.399, 6.331, 7.734, 9.153
13710 data END

付表 K

付表 K.1 身長・体重の年齢別推移

```
10000  '     ********************************
10001  '     *           年齢・性別身長と体重              *
10002  '     *                D130.DAT                *
10003  '     *     平均身長および体重/年齢 1-25 の男女      *
10004  '     *        年次    1960 年/1980 年            *
10005  '     *              [国民栄養調査/厚生省]          *
10009  '     ********************************
10100  data NOBS=25
10110  data VAR=身長(男)/1960 年
10120  data 77.9, 85.7, 93.4, 99.6, 104.7, 110.8, 116.7, 121.5, 126.6, 130.8
10130  data 135.9, 141.0, 147.6, 153.6, 158.7, 161.1, 163.2, 162.9, 163.2, 161.1
10140  data 162.6, 162.9, 163.2, 163.2, 162.9
10210  data VAR=体重(男)/1960 年
10220  data 10.27, 12.20, 14.02, 15.52, 17.12, 19.01, 21.04, 23.28, 25.64, 27.64
10230  data 30.48, 34.18, 39.10, 43.94, 49.44, 52.76, 54.86, 55.98, 55.44, 55.58
10240  data 55.60, 56.38, 56.98, 57.60, 56.14
11100  data NOBS=25
11110  data VAR=身長(男)/1980 年
11120  data 79.92, 89.19, 96.71, 102.44, 110.06, 115.31, 120.61, 126.82, 131.49, 136.77
11130  data 142.83, 149.39, 156.74, 162.74, 166.89, 167.25, 169.71, 169.33, 169.52, 170.41
11140  data 169.50, 169.95, 169.17, 167.11, 167.59
11210  data VAR=体重(男)/1980 年
11220  data 10.79, 12.75, 14.87, 16.44, 18.76, 21.07, 23.28, 26.55, 28.84, 32.75
11230  data 36.71, 40.90, 46.48, 52.15, 57.32, 58.01, 61.56, 59.15, 60.56, 60.95
11240  data 60.10, 60.84, 60.95, 58.98, 60.63
```

付表 K.2 身長・体重のクロス表

```
10000  '     ********************************
10001  '     *           身長と体重のクロス表              *
10002  '     *                D140.DAT                *
10003  '     *   身長  17 区分 <150/150-/152-/154-/……/176-/178-/180-  for 男  *
10005  '     *   体重  22 区分 <40/40-/42-/44-/46-/……/76-/78-/80-     for 男  *
10007  '     *   年齢  15 以上    男女別                               *
10008  '     *   年次  1980 年                    [国民栄養調査/厚生省]    *
10009  '     ********************************
10110  data NOBS=17/NVAR=22
10120  data TABLE=身長体重(男)
10131  data 182, 17, 15, 22, 18, 22, 32, 23, 13, 6, 8, 2, 1, 2, 0, 1, 0, 0, 0, 0, 0, 0
10132  data 130, 4, 7, 12, 10, 19, 14, 23, 11, 8, 9, 6, 1, 3, 1, 0, 0, 1, 0, 0, 0, 1
10133  data 222, 3, 8, 18, 19, 27, 20, 26, 31, 18, 21, 11, 4, 4, 6, 3, 2, 1, 0, 0, 0, 0
10134  data 296, 6, 5, 6, 19, 21, 35, 32, 33, 33, 25, 20, 21, 12, 10, 9, 4, 4, 0, 1, 0, 0
10135  data 441, 5, 6, 10, 18, 31, 30, 62, 56, 46, 42, 28, 31, 25, 24, 7, 13, 2, 4, 1, 0, 0
10136  data 550, 2, 2, 8, 20, 31, 48, 42, 59, 66, 64, 45, 48, 41, 25, 12, 11, 7, 7, 3, 2, 6, 1
10137  data 634, 0, 2, 3, 16, 21, 32, 51, 63, 66, 68, 56, 50, 49, 45, 20, 33, 21, 14, 7, 12, 2, 3
10138  data 725, 0, 0, 3, 9, 13, 34, 40, 57, 66, 72, 82, 77, 60, 56, 43, 32, 28, 17, 17, 4, 7, 8
10139  data 692, 1, 0, 2, 4, 10, 18, 33, 53, 73, 70, 83, 57, 60, 55, 49, 37, 24, 21, 14, 11, 4, 13
10140  data 619, 1, 0, 0, 5, 9, 16, 30, 41, 49, 50, 51, 67, 78, 51, 44, 33, 28, 18, 14, 6, 12, 16
10141  data 539, 0, 0, 0, 1, 5, 6, 18, 31, 51, 49, 56, 74, 40, 54, 25, 22, 26, 28, 20, 12, 7, 14
10142  data 416, 0, 0, 0, 0, 3, 5, 13, 13, 32, 36, 36, 41, 43, 37, 46, 23, 32, 23, 25, 23, 15, 2
10143  data 311, 0, 0, 0, 0, 3, 0, 2, 13, 12, 16, 26, 32, 32, 30, 28, 22, 24, 20, 13, 9, 14, 15
10144  data 202, 0, 0, 0, 0, 0, 0, 2, 5, 8, 11, 20, 20, 14, 19, 17, 11, 13, 15, 14, 11, 5, 17
10145  data 106, 0, 0, 0, 0, 0, 0, 0, 2, 7, 2, 6, 8, 10, 9, 6, 15, 12, 6, 5, 6, 2, 10
10146  data 57, 0, 0, 0, 0, 0, 0, 0, 0, 2, 1, 4, 6, 6, 5, 6, 2, 5, 3, 4, 2, 2, 9
10147  data 48, 0, 0, 0, 0, 0, 0, 0, 0, 0, 2, 2, 4, 5, 6, 3, 1, 4, 7, 1, 6, 1, 6
```

付表 L　セールスマン増員率と売上げ増加

```
10000    '     ******************************
10001    '     *           セールスマン増員率と売上げ増加            *
10002    '     *                    DU80                    *
10003    '     *     Y  売上げ額の対前期比                        *
10005    '     *     X  セールスマン数対前期比                      *
10006    '     *               V. Mahajan 他                  *
10007    '     *        J. of Marketting Research : Vol. XXI (1984)  *
10008    '     ******************************
10100    data NOBS=17
10110    data VAR=X
10120    data 0.42, 0.46, 0.79, 0.88, 0.89, 0.96, 0.96, 0.96, 1.30, 1.52
10130    data 1.66, 1.68, 1.68, 1.71, 1.81, 1.83, 1.96, 1.96
10210    data VAR=Y
10220    data 0.65, 0.62, 0.81, 1.50, 1.38, 0.93, 1.00, 1.42, 2.20, 2.00
10230    data 1.28, 1.42, 2.42, 1.35, 1.62, 0.81, 1.30, 1.35
10310    data VAR=log X
10320    data -0.868, -0.777, -0.238, -0.128, -0.117, -0.041, -0.041, -0.041, 0.262, 0.419
10330    data 0.519, 0.519, 0.519, 0.536, 0.593, 0.604, 0.673, 0.673
10410    data VAR=log Y
10420    data -0.431, -0.478, -0.211, 0.405, 0.322, -0.073, 0.000, 0.351, 0.788, 0.893
10430    data 0.247, 0.351, 0.884, 0.300, 0.482, -0.211, 0.282, 0.300
10990    data END
```

付表 M　オリンピックの記録（男子陸上）

年次	100 m	200 m	400 m	800 m
1900	10.80	22.20	49.40	121.40
1904	11.00	21.60	49.20	116.00
1908	10.80	22.60	50.00	112.80
1912	10.80	21.70	48.20	111.90
1920	10.80	22.00	49.60	113.40
1924	10.60	21.60	47.60	112.40
1928	10.80	21.80	47.80	111.80
1932	10.30	21.20	46.20	109.80
1936	10.30	20.70	46.50	112.90
1948	10.30	21.10	46.20	109.20
1952	10.40	20.70	45.90	109.20
1956	10.50	20.60	46.70	107.70
1960	10.20	20.50	44.90	106.30
1964	10.00	20.30	45.10	105.10
1968	9.90	19.80	43.80	104.30
1972	10.14	20.00	44.66	105.90
1976	10.06	20.23	44.26	103.50

［ファイル DU90］

付録C ● 統計ソフト UEDA

① まず明らかなことは

　　　統計手法を適用するためには，コンピュータが必要

だということです．計算機なしでは実行できない複雑な計算，何回も試行錯誤をくりかえして最適解を見出すためのくりかえし計算，多種多様なデータを管理し利用する機能など，コンピュータが果たす役割は大きいのです．また，統計学の学習においても，コンピュータの利用を視点に入れて進めることが必要です．

　したがって，このシリーズについても，各テキストで説明した手法を適用するために必要なプログラムを用意してあります．

② ただし，

　　　「それがあれば何でもできる」というわけではない

ことに注意しましょう．

　道具という意味では，「使いやすいものであれ」と期待されます．当然の要求ですが，広範囲の手法や選択機能がありますから，当面している問題に対して，

　　　「どの手法を選ぶか，どの機能を指定するか」

という「コンピュータには任せられない」ステップがあります．そこが難しく，学習と経験が必要です．「誰でもできます」と気軽に使えるものではありません．「統計学を知らなくても使える」ようにはできません．これが本質です．

③ このため「統計パッケージ」は，「知っている人でないと使えない」という側面をもっているのですが，そういう側面を考慮に入れて使いやすくする … これは，考えましょう．たとえば，「使い方のガイドをおりこんだソフト」にすることを考えるのです．

　特に，学習用のテキストでは

　　　「学習用という側面を考慮に入れた設計が必要」

です．

　UEDA は，このことを考慮に入れた「学習用のソフト」です．

　UEDA は，著者の名前であるとともに，Utility for Educating Data Analysis の略称です．

④ 教育用ということを意図して，

　○手法の説明を画面上に展開するソフト

　○処理の過程を説明つきで示すソフト

○典型的な使い方を体験できるように組み立てたソフトを，学習の順を追って使えるようになっています．たとえば「回帰分析」のプログラムがいくつかにわけてあるのも，このことを考えたためです．はじめに使うプログラムでは，何でもできるようにせず基本的な機能に限定しておく，次に進むと，機能を選択できるようにする … こういう設計にしてあるのです．

⑤ 学習という意味では，そのために適した「データ」を使えるようにしておくことが必要です．したがって，UEDAには，データを入力する機能だけでなく，

　　学習用ということを考えて選んだデータファイルを収録した
　　「データベース」が用意されている

のです．収録されたデータは必ずしも最新の情報ではありません．それを使った場合に，「学習の観点で有効な結果が得られる」ことを優先して選択しているのです．

⑥ 以上のような意味で，UEDAは，テキストと一体をなす「学習用システム」だと位置づけるべきものです．

⑦ このシステムは，10年ほど前にDOS版として開発し，朝倉書店を通じて市販していたもののWindows版です．いくつかの大学や社会人を対象とする研修での利用経験を考慮に入れて，手法の選択や画面上での説明の展開を工夫するなど，大幅に改定したのが，本シリーズで扱うVersion6です（第9巻に添付）．

⑧ 次は，UEDAを使うときに最初に現われるメニュー画面です．このシリーズのすべてのテキストに対応する内容になっているのです．

くわしい内容および使い方は第9巻『統計ソフトUEDAの使い方』を参照してください．

UEDAのメニュー画面

```
         Utility for Educating Data Analysis
    1…データの統計的表現(基本)      8…多次元データ解析
    2…データの統計的表現(分布)      9…地域メッシュデータ
    3…分散分析と仮説検定           10…アンケート処理
    4…2変教の関係                11…統計グラフと統計地図
    5…回帰分析                   12…データベース
    6…時系列分析                 13…共通ルーティン
    7…構成比の比較・分析          14…GUIDE
```

注：プログラムは，富士通のBASIC言語コンパイラーF-BASIC97を使って開発しました．開発したプログラムの実行時に必要なモジュールは，添付されています．
　Windowsは，95, 98, NT, 2000のいずれでも動きます．

索　引

欧　文

AIC　33, 53
Andrewsの方法　181
AtkinsonのC　178

CDA　5
CookのD　178

DATAEDIT　45
DATAIPT　44
DFFITS　177
dirty data　157

EDA　5

F 検定　19
F 比　39

Hartwigの方法　191
Huberの方法　180

LAR法　181
Logit 変換　149
LRプロット　173

VARCONV　73, 140
VIF　62

WelshのW　178

ア　行

アウトライヤー　49, 166
　狭義の——　168
　広義の——　168
　——の影響　54
赤池の情報量基準　33

一様性　17
1線要約　186
一般化ロジスティックカーブ　145
一般線形モデル　21, 22
移動平均　187

ウエイトづけ　97

影響分析　175

カ　行

回帰係数　12
回帰係数などの推定精度　39
回帰推定値対説明変数プロット　15
回帰推定値に対する影響分析　176
回帰分散　14
回帰分析　3
　——の応用　75
　——の計算手順　24
　——の構成　8
　——の数理　3
　——の進め方　30
外的標準化残差　173

確定変数 17
確率変数 17
加重回帰 19, 178
頑健性 19, 178
観察単位 166
　——の異質性 166
　——の選択 53
観察値 9
間接最小2乗法 24, 148

季節性 108, 115
期待値 17
寄与度 75
寄与率 75

傾向性 1
　——の把握 120
傾向線 1
　——の有意性検定 39
　——の有意性判定 2
傾向値 9
系列相関 121
決定係数 3, 10
　自由度調整ずみの—— 10, 33, 38
　——の解釈 94
検証的データ解析 5

誤差項 16
個別性 1
個別データ 4
混同効果 79, 102
　——の補正 78, 79
混同要因 79

サ　行

最小2乗法 2, 16
最小分散推定値 18
最尤法 18
最良線形不偏推定値 18
作用点 169

作用点効果 168
3項移動平均 187
残差 17
　——の標準化 171
残差対観察単位番号プロット 15, 36
残差対作用点プロット 171
残差対推定値プロット 14, 34
残差対説明変数プロット 35
残差プロット 34, 170
残差分散 3, 10
　——の計算 28
　——の不偏推定 33
3線トレース 191
3線要約 191
散布図 14

時間的推移 115
時系列解析 115
時系列データ 4, 108
自己相関係数 121
指数曲線 134
システムダイナミックス 165
質的データ 23
質的変数 62
集計データ 4, 92
集計表 92
重相関係数 12
自由度調整ずみの決定係数 10, 33, 38
12項移動平均 188
条件つき最適性 161
初期水準 135, 145
シンプソンのパラドックス 79

推定値の確率論的性質 38
数量化 62, 66
数量化Ⅰ類 23
数量データの再表現 66
スムージング 187

正規性の仮定 19
成長曲線 142

――のパラメータ 147
成分分解 108, 111
制約条件 22
説明変数 9
　――の扱い方 66
　――の選び方 55
　――の細分 60
　――の逐次除外 52
　――の逐次追加 51
　――の追加 57
　――の取り上げ方 46
　――の変換 56
　――の変更 57
説明変数選択 49, 53
線形モデル 21, 160
全分散 3, 10

相関関係の要約図 47
相関係数 47
相関係数行列 47
粗回帰係数 81
粗相関係数 82
粗平均値 80

タ　行

タイムラグ 119
多重共線性 51, 62
ダミー変数 22, 64, 68
探索的データ解析 5, 162

値域区分 97
逐次近似法 149
中位値のトレースライン 188

定性的予測 120
適用上の問題 19
てこ比 170
データ
　――の質 155
　――の精度 25

――のタイプ 3
統計調査 92
統計法 92
独立性 17
トリミング 180
トレンド 108

ナ　行

内的標準化残差 173

ハ　行

掃き出し計算 27
ハット行列 168
パラメータ 16
バリアンス 17

被説明変数 9
非直線性 49
標準化残差 171
標準化平均値 80

部分モデル 30
不偏性 17
分散拡大要因 62
分散分析 49, 113
分散分析表 14
分析経過図 95
分析のフロー 14

平均値のトレースライン 186
平均的傾向 186
偏回帰係数 81
偏回帰作用点プロット 171, 175
偏回帰プロット 175
変化の説明 124
偏差 9
偏相関係数 82

飽和水準　135, 145

マ 行

マローズの C_P　33, 53

モデル　16
　——の原形　148
　——の選択　21
　——の誘導型　148
　——の良否　161
モデル選定の考え方　160

ヤ 行

要因分析　31, 76

　——の経過要約　31
予測　109, 120
　——の評価　122

ラ 行

レート　131
レベル　131
レベルレート図　132
レベルレート図上での直線　134
レベルレート図上での放物線　143

ロジスティックカーブ　142
ロバスト　179
ロバスト回帰　178

著者略歴

上田 尚一（うえだ・しょういち）
1927年　広島県に生まれる
1950年　東京大学第一工学部応用数学科卒業
　　　　総務庁統計局，厚生省，外務省，統計研修所などにて
　　　　統計・電子計算機関係の職務に従事
1982年　龍谷大学経済学部教授

主著　『パソコンで学ぶデータ解析の方法』I, II（朝倉書店, 1990, 1991）
　　　『統計データの見方・使い方』（朝倉書店, 1981）

講座〈情報をよむ統計学〉3
統計学の数理　　　　　　　　　　　　　　　定価はカバーに表示

2002年11月25日　初版第1刷

著　者　上　田　尚　一
発行者　朝　倉　邦　造
発行所　株式会社　朝　倉　書　店
　　　　東京都新宿区新小川町 6-29
　　　　郵便番号　162-8707
　　　　電　話　03 (3260) 0141
　　　　FAX　03 (3260) 0180
　　　　http://www.asakura.co.jp

〈検印省略〉

© 2002〈無断複写・転載を禁ず〉　　　　　　平河工業社・渡辺製本

ISBN 4-254-12773-1　C 3341　　　　　　　　Printed in Japan

◆ 講座〈情報をよむ統計学〉◆

情報を正しく読み取るための統計学の基礎を解説

前龍谷大 上田尚一著
講座〈情報をよむ統計学〉1
統 計 学 の 基 礎
12771-5 C3341　　A5判 224頁 本体3400円

情報が錯綜する中で正しい情報をよみとるためには「情報のよみかき能力」が必要。すべての場で必要な基本概念を解説。〔内容〕統計的な見方／情報の統計的表現／新しい表現法／データの対比／有意性の検定／混同要因への対応／分布形の比較

前龍谷大 上田尚一著
講座〈情報をよむ統計学〉2
統 計 学 の 論 理
12772-3 C3341　　A5判 240頁 本体3400円

統計学の種々の手法を広く取上げ解説。〔内容〕データ解析の進め方／傾向線の求め方／2変数の関係の表し方／主成分／傾向性と個別性／集計データの利用／時間的変化をみるための指標／ストックとフロー／時間的推移の見方-レベルレート図

前龍谷大 上田尚一著
講座〈情報をよむ統計学〉9
統計ソフトUEDAの使い方
[CD-ROM付]
12779-0 C3341　　A5判 200頁 本体3400円

統計計算や分析が簡単に行え、統計手法の「意味」がわかるソフトとその使い方。シリーズ全巻共通〔内容〕インストール／プログラム構成／内容と使い方：データの表現・分散分析・検定・回帰・時系列・多次元・グラフ他／データ形式と管理／他

◆ シリーズ〈データの科学〉◆

林 知己夫 編集

元統数研 林知己夫著
シリーズ〈データの科学〉1
デ ー タ の 科 学
12724-3 C3341　　A5判 144頁 本体2600円

21世紀の新しい科学「データの科学」の思想とこころと方法を第一人者が明快に語る。〔内容〕科学方法論としてのデータの科学／データをとること―計画と実施／データを分析すること―質の検討・簡単な統計量分析からデータの構造発見へ

東洋英和大 林 文・帝京大 山岡和枝著
シリーズ〈データの科学〉2
調 査 の 実 際
―不完全なデータから何を読みとるか―
12725-1 C3341　　A5判 232頁 本体3500円

良いデータをどう集めるか？不完全なデータから何がわかるか？データの本質を掴える方法を解説〔内容〕〈データの獲得〉どう調査するか／質問票／精度、〈データから情報を読みとる〉データの特性に基づいた解析／データ構造からの情報把握／他

日大 羽生和紀・東大 岸野洋久著
シリーズ〈データの科学〉3
複 雑 現 象 を 量 る
―紙リサイクル社会の調査―
12727-8 C3341　　A5判 176頁 本体2800円

複雑なシステムに対し、複数のアプローチを用いて生のデータを収集・分析・解釈する方法を解説。〔内容〕紙リサイクル社会／背景／文献調査／世界のリサイクル／業界紙に見る／関係者／資源回収と消費／消費者と製紙産業／静脈を担う主体／他

統数研 吉野諒三著
シリーズ〈データの科学〉4
心 を 測 る
―個と集団の意識の科学―
12728-6 C3341　　A5判 168頁 本体2800円

個と集団とは？意識とは？複雑な現象の様々な構造をデータ分析によって明らかにする方法を解説〔内容〕国際比較調査／標本抽出／調査の実施／調査票の翻訳・再翻訳／分析の実際（方法、社会調査の危機、「計量的文明論」他）／調査票の洗練／他

統数研 村上征勝著
シリーズ〈データの科学〉5
文 化 を 計 る
―文化計量学序説―
12729-4 C3341　　A5判 144頁 本体2800円

人々の心の在り様＝文化をデータを用いて数量的に分析・解明する。〔内容〕文化を計る／現象解析のためのデータ／現象理解のためのデータ分析法／文を計る／美を計る（美術と文化，形態美を計る―浮世絵の分析／色彩美を計る）／古代を計る他

上記価格（税別）は 2002 年 10 月現在